应用时间序列分析

白晓东　编著

清华大学出版社
北京

内 容 简 介

本书主要介绍了时间序列的时域分析方法，内容包括时间序列的基本概念、时序数据的预处理方式、时序数据的分解和平滑、趋势的消除、单位根检验和协整、平稳时间序列模型、非平稳时间序列模型、残差自回归模型、季节模型、异方差时间序列模型以及上述模型的性质、建模、预测，此外还包含了大量的实例. 本书全程使用 R 语言分析了来自不同学科的真实数据.

本书通俗易懂，理论与应用并重，可作为高等院校统计、经济、商科、工程以及定量社会科学等相关专业的高年级本科生学习时间序列分析的教材或教学参考书，也可作为硕士研究生使用 R 软件学习时间序列分析的入门书，还可供相关技术人员进行时序数据处理的参考书.

图书在版编目(CIP)数据

应用时间序列分析/白晓东编著.—北京：清华大学出版社，2017(2020.7重印)
ISBN 978-7-302-48969-6

I.①应… II.①白… III.①时间序列分析–教材 IV.①O211.61

中国版本图书馆 CIP 数据核字(2017)第 293293 号

责任编辑：刘　颖
封面设计：傅瑞学
责任校对：王淑云
责任印制：杨　艳

出版发行：清华大学出版社
　　　　网　　址：http://www.tup.com.cn, http://www.wqbook.com
　　　　地　　址：北京清华大学学研大厦 A 座　　　　　邮　　编：100084
　　　　社 总 机：010-62770175　　　　　　　　　　　邮　　购：010-62786544
　　　　投稿与读者服务：010-62776969, c-service@tup.tsinghua.edu.cn
　　　　质量反馈：010-62772015, zhiliang@tup.tsinghua.edu.cn
印 装 者：北京国马印刷厂
经　　销：全国新华书店
开　　本：185mm×230mm　　印　张：15.75　　字　数：368 千字
版　　次：2017 年 12 月第 1 版　　印　次：2020 年 7 月第 3 次印刷
定　　价：48.00 元

产品编号：076489-02

前　言

时间序列分析是一种处理动态数据的统计方法, 它是基于随机过程理论和数理统计方法而发展起来的, 是寻找动态数据的变化特征、挖掘隐含信息、建立拟合模型、进而预测数据未来发展的有力统计工具, 它广泛应用于经济、金融、气象、天文、物理、化学、生物、医学、质量控制等社会科学、自然科学和生产实践的诸多领域, 已经成为许多行业常用的统计方法.

目前, 国内外有关时间序列分析的教材已有很多, 其中一些偏重于理论的讲述, 需要读者具备比较深厚的概率论与数理统计基础, 主要阅读对象是统计学专业的学生; 另一些则侧重于模型的应用, 缺少理论和技术细节的推导, 主要阅读对象是经管类专业的学生. 随着我国招生制度的变化和大数据产业的飞速发展, 大部分高校的统计学及其相关专业的培养目标逐步转为复合应用型人才, 强调培养具有数据分析能力的人才的重要性. 为适应这一变化, 应有相应教材出现.

为适应培养要求的转变, 满足更多专业学生的学习需求, 本书在借鉴国内外相关优秀教材的基础上, 着重突出三个特色. 第一是以精简、易懂、深入浅出的方式讲清楚基本概念、基本理论和推导技巧, 着重阐释统计思想和数据处理方法. 同时, 加强实用性, 通过大量实例, 一方面使得学习者深刻认识时间序列的基本概念、常用性质和基本理论; 另一方面也使得他们尽快掌握时序数据分析的基本技能. 第二是本书全程使用 R 语言进行实例分析, 并且提供全部代码. R 语言是免费的开源编程软件, 占用存储空间小, 安装快捷, 统计功能强大, 使用人数众多, 软件包更新速度快. 它是目前最流行的统计软件, 许多新的统计方法大都以 R 程序包的形式首先展示在世人面前. 第三是本书所使用的数据绝大多数是真实数据. 这些数据都可以在国家统计局网站、中国气象数据网、http://new.censusatschool.org.nz/resource/time-series-data-sets-2013/、https://www.nrscotland.gov.uk/statistics-and-data、http://qed.econ.queensu.ca/jae/1994-v9.S/、http://homepage.divms.uiowa.edu/kchan/TSA.htm、https://fred.stlouisfed.org/、https://stats.bls.gov/ 和 https://robjhyndman.com/TSDL/ 等网站下载. 通过对真实数据的分析, 学习者更能体会到基本理论、数据分析技能和数据分析经验相结合的重要性. 同时, 也给初学者提供了大量免费数据资源和练习的机会.

本书以时间序列分析的理论和实例相结合的方式, 有侧重地介绍以下内容. 第 1 章概述时间序列的发展历程、时间序列的一些基本概念、数据建模的基本步骤、R 语言的一些基本操作和时序数据的预处理. 第 2 章和第 3 章分别介绍平稳时间序列模型的概念、性质、建模和预测方法. 第 4 章介绍时序数据分解的思想以及常用的数据平滑方法. 第 5 章介绍非平稳时间序列模型的概念、趋势的消除、ARIMA 模型的概念、性质、建模方法以及预测, 最后简单讨论了残差自回归模型. 第 6 章介绍几类常见的季节模型以及它们的建模和预测方法. 第 7 章讨论伪回归现象、单位根检验和协整. 第 8 章主要讲述 ARCH 模型和 GARCH 模型的概念、估计和检验. 此外, 本书还配备了一定数量的习题. 目的是通过这些习题的演练, 使读者尽快掌握相应章节的基本理论和方法.

本书主要用作高等院校统计、经济、商科、工程以及定量社会科学等相关专业的高年级本科生学习时间序列分析的教材或教学参考书, 也可作为硕士研究生使用 R 软件学习时间序列分析的入门书, 还可供相关技术人员进行时序数据处理的参考书.

本书在写作过程中参考了国内外许多优秀的教材和论著, 在此向这些教材或著作的作者表示感谢和敬意. 本书能够及时出版, 还要感谢清华大学出版社刘颖编审的大力支持和帮助. 本书内容在大连民族大学统计学专业讲授多次, 感谢同学们对课程内容的浓厚兴趣和热烈讨论, 同时纠正了一些打印错误.

白晓东

baixd_dlnu@163.com

2017 年 10 月

目　　录

第 1 章　引言及基础知识

学习目标与要求

1. 了解时间序列分析的发展简史.
2. 理解时间序列的基本概念和主要特征.
3. 理解时间序列分析的基本步骤.
4. 掌握 R 语言的基本操作.
5. 学会时间序列数据预处理的方法.

1.1　引言

　　时间序列分析在人类早期的生产实践和科学研究中发挥了重要作用. 7000 年前, 古埃及人为了发展农业, 把尼罗河涨落的情况逐天记录下来, 并进行了长期的观察. 他们发现, 在天狼星第一次和太阳同时升起后的两百天左右尼罗河开始泛滥, 洪水大约持续七八十天, 此后土地肥沃、适于农业种植. 由于掌握了尼罗河泛滥的规律, 古埃及的农业迅速发展, 从而创造了古埃及灿烂的史前文明. 再如: 德国天文学家、药剂师 S. H. Schwabe (1789—1875) 从 1826 年至 1843 年, 在每一个晴天, 认真审视太阳表面, 并且记录下每一个黑点, 对这些记录仔细研究后, 最终发现了太阳黑子活动有 11 年左右的周期性规律. 这一发现被视为天文学上最重要的发现之一.

　　另外, 许多经济现象的发展都具有随时间演变的特征. 例如: 宏观经济运行中的国内生产总值、消费支出、货币供应量等; 又如: 微观经济运行中的企业产品价格、销售量、销售额、利润等量; 再如: 金融市场中的股价指数、股票价格、成交量等变量的变化. 将这些变量依时间先后记录下来并加以研究, 揭示其中隐含的经济规律, 预测未来经济行为, 已经成为经济研究的重要手段.

　　像上面这样按照时间的顺序把随机事件变化发展的过程记录下来就构成了一个时间序列, 对时间序列进行观察、研究, 找寻它变化发展的规律, 预测它将来的走势就是时间序列分析.

1.1.1   时间序列的定义

在统计研究中, 一般将按时间顺序排列的一组随机变量

$$X_1, X_2, \cdots, X_t, \cdots \tag{1.1}$$

称为一个**时间序列 (time series)**, 简记为 $\{X_t, t \in T\}$ 或 $\{X_t\}$. 用

$$x_1, x_2, \cdots, x_n \tag{1.2}$$

或

$$\{x_t, t = 1, 2, \cdots, n\}$$

表示该随机序列的 n 个**有序观察 (测) 值**, 称为序列长度为 $\boldsymbol{n}$ 的**观察 (测) 值序列**, 有时也称观察值序列 (1.2) 为时间序列 (1.1) 的一个**实现**. 在上下文不引起歧义的情况下, 有时一个时间序列也记为 $\{x_t\}$.

下面介绍一些时间序列的例子.

例 1.1 把我国 1953—2016 年国内生产总值 (GDP) 按照时间顺序记录下来, 就构成了一个序列长度为 64 的国内生产总值观察值序列. 将数据按时间顺序逐一罗列或绘表罗列, 一般不易观察, 为此通常绘制时序图来观察趋势, 所谓**时序图**是指横轴表示时间, 纵轴表示时间序列的观察值而绘制的图. 借助 R 软件强大的绘图功能可以绘制出许多漂亮的统计图. 图 1.1 为国内生产总值年度时间序列的时序图. 该图是用下列 R 语句生成的 (全书中假设所涉及的数据文件存放在 E 盘的 DATA 子目录下, 读者可根据自己的情况进行调整).

```
> x <- read.table("E:/DATA/CHAP1/data1.1.csv", sep=",", header=T)
> GDP <- ts(x$GDP, start=1953)
> plot(GDP, type="o",xlab="年份",ylab="国内生产总值(GDP)",col=1)
```

从图 1.1 中可以看出, 我国 GDP 从 1992 年开始大幅度增长, 1998 年左右增长速度出现瓶颈, 而 2004 年之后, 除了 2009 年有小幅增速外, 几乎呈现直线型高速增长趋势. 为了更好地预测这种趋势, 我们关心的是相邻年度 GDP 的关联情况. 为此, 我们可以绘制我国当年 GDP 与上一年 GDP 的散点图. 接上面程序, 我们用下列 R 语句生成图 1.2. 从图 1.2 看出相邻年度GDP 的关联呈线性.

```
> y <- GDP[-1]
> x <- GDP[-64]
> plot(x,y,xlab="上一年GDP",ylab="当年GDP", pch=16,col=1)
```

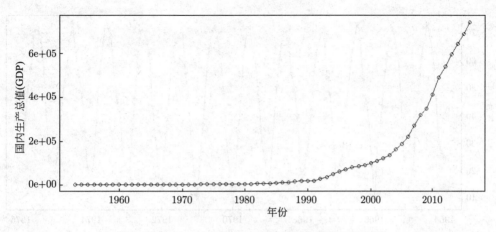

图 1.1   中国 1953 年至 2016 年国内生产总值年度时序图

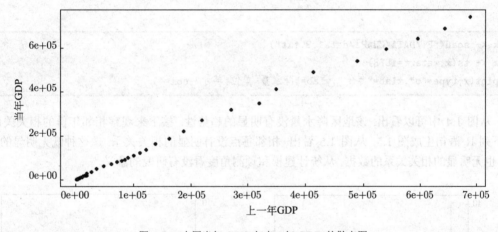

图 1.2   中国当年 GDP 与上一年 GDP 的散点图

例 1.2 将美国爱荷华州杜比克 (Dubic) 市 144 个月的平均气温 (单位：°F) 按时间顺序记录下来, 就得到长度为 144 的观察值序列. 用下列 R 语句生成图 1.3. 从图 1.3 可以看出, 这些观察值显示了很强的季节性趋势. 后面的章节中将会通过构造季节指数的方式, 对这类数据建模.

```
> t <- scan("E:/DATA/CHAP1/data1.2.txt")
> t <- ts(t, start=c(1964,1),frequency=12)
> plot(t,type="o",xlab="年份",ylab="气温",col=4)
```

例 1.3 将美国加利福尼亚州洛杉矶地区 115 年来的年降水量记录下来, 构成一个序列长度为 115 的观察值序列. 用下列 R 语句生成其时序图 (见图 1.4).

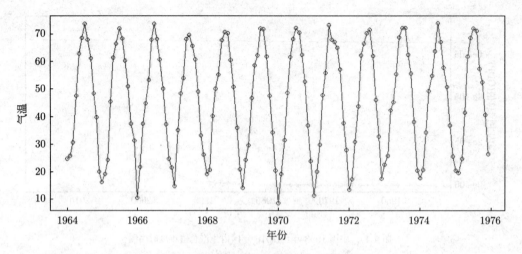

图 1.3   美国爱荷华州杜比克市月平均气温图

```
> x <- scan("E:/DATA/CHAP1/data1.3.txt")
> x <- ts(x, start=1878)
> plot(x,type="o",xlab="年份",ylab="降水量 单位:英寸",col=4)
```

从图 1.4 中可以看出, 该地区降水量没有明显的趋势性. 接下来观察相邻年份的相关关系. 由下列 R 语句生成图 1.5. 从图 1.5 看出, 相邻各点没有明显的相关关系. 像这种既无明显的趋势, 也无明显的相关关系的数据, 从统计建模和预测角度看没有研究的意义.

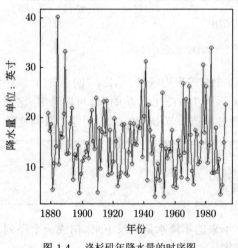

图 1.4   洛杉矶年降水量的时序图

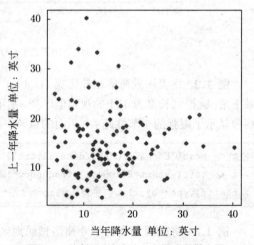

图 1.5   洛杉矶当年与上一年降水量散点图

```
> a <- x[-1]
> b <- x[-115]
> plot(a,b,xlab="当年降水量 单位:英寸",ylab="上一年降水量 单位:英寸",pch=+19,col=4)
```

从上述例子可以看出, 时间序列中观察值的取值随着时间的变化而不同, 反映了相关指标在不同时间进行观察所得到的结果. 这些观察值可以是一个时期内的数据, 也可能是一个时间点上的数据, 通常存在前后时间上的相依性. 从整体上看, 时间序列往往呈现某种趋势性或出现季节性变化的现象, 这种相依性就是系统的动态规律性, 也是进行时间序列分析的基础. 总之, 我们进行时间序列研究的目的是想揭示随机时序 $\{X_t\}$ 的性质, 而要实现这个目标就要分析它的观察值序列 $\{x_t\}$ 的性质, 由观察值序列的性质来建立恰当的模型, 从而推断随机时序 $\{X_t\}$ 的性质.

1.1.2 时间序列的分类

在现实中存在不同类别的时间序列. 根据所研究问题的不同, 可以对时间序列做如下不同的分类.

1. 一元时间序列与多元时间序列

每个时间点只观察一个变量的时间序列称为**一元时间序列**. 如果每个时间点同时观察多个变量的时间序列则称为**多元时间序列**. 多元时间序列不仅描述了各个变量的变化情况, 而且还蕴含了各变量间的相互依存关系. 例如, 考察某国或某地区经济运行情况, 就需要同时观察某国国内或某地区内生产总值、消费支出、投资额、货币供应量等一系列指标, 既要分析每个指标的动态变化情况还要分析各个指标之间的动态影响关系.

2. 连续时间序列与离散时间序列

时间序列是按照时间顺序记录的一系列观测值, 这种观测值可能是按连续的时间记录的, 也可能是按离散的时间点来记录的. 相应地, 通常把这两类序列分别称为**连续时间序列**和**离散时间序列**. 例如, 例 1.1~ 例 1.3 都是离散时间序列, 而利用脑电图记录仪记录大脑活动情况则可视为连续时间序列. 对于连续时间序列, 可通过等间隔抽取样本使之转化为离散时间序列加以研究. 一般地, 如果时间间隔足够小, 那么我们可以认为这种过程几乎不会损失原序列的信息.

3. 平稳时间序列与非平稳时间序列

按时间序列的统计性质, 可将时间序列分为**平稳时间序列**和**非平稳时间序列**. 关于时间序列的平稳性与非平稳性在之后的学习中详细讨论.

此外, 还可以按照模型的表示形式分为**线性时间序列**和**非线性时间序列**, 等等.

1.1.3　时间序列分析的方法回顾

1. 描述性时间序列分析

早期的时间序列分析是通过直观的数据比较或绘图观测, 寻找序列中蕴含的发展规律, 这种分析方法就称为**描述性时间序列分析**. 该方法不采用复杂的模型和分析方法, 仅仅是按照时间顺序收集数据, 描述和呈现序列的波动, 常常能使人们发现意想不到的规律, 具有操作简单、直观有效的特点. 人们在进行时间序列分析时, 往往首先进行描述性分析.

2. 统计时间序列分析

随着研究领域的不断拓展, 单纯的描述性时间序列分析方法越来越显示出局限性. 在许多问题中, 随机变量的发展会表现出很强的随机性, 想通过对序列的简单观察和描述总结出随机变量发展变化的规律, 并准确预测出它们将来的走势通常非常困难. 为了准确地估计随机序列发展变化的规律, 从 20 世纪 20 年代开始, 学术界利用数理统计学原理分析时间序列内在的相关关系, 由此开辟了一门应用统计学科 —— 时间序列分析.

从时间序列分析方法的发展历史来看, 其大致可分为两类: **频域 (frequency domain) 分析方法和时域 (time domain) 分析方法**.

频域分析方法也称为 "频谱分析" 或 "谱分析" 方法. 早期的频域分析方法假设任何一种无趋势的时间序列都可以分解成若干不同频率的周期波动, 借助 Fourier 分析从频率的角度揭示时间序列的规律. 20 世纪 60 年代, Burg 在分析地震信号时提出最大熵谱估计理论. 该理论克服了传统谱分析所固有的分辨率不高和频率泄露等缺点, 使得谱分析进入一个新的阶段, 称为现代谱分析. 谱分析方法是一种非常有用的纵向数据分析方法, 目前已广泛应用于物理学、天文学、海洋学、气候学、电力和通信工程等领域. 谱分析方法的最大缺点是, 需要较强的数学基础才能熟练使用, 而且分析结果较为抽象, 难以解释.

时域分析方法的基本思想是事件的发展通常都具有一定的惯性, 这种惯性用统计学语言来描述就是序列值之间存在一定的相关关系, 而且这种相关关系具有某种统计规律性. 我们分析的重点就是从序列自相关的角度揭示时间序列的某种统计规律. 相对于谱分析方法, 它具有理论基础扎实、操作步骤规范、分析结果易于解释等优点. 目前已经广泛应用于自然科学和社会科学的各个领域, 成为时间序列分析的主流方法之一.

时域分析方法的起源可以追溯到 20 世纪 20 年代英国统计学家 G. U. Yule 在分析和预测市场变化规律等问题中提出的自回归模型 (AR 模型). 同时, 英国科学家 G. T. Walker 爵士在研究气象问题时得到著名的 Yule-Walker 方程. 这些开创性工作奠定了时域分析方法的基础. 20 世纪 60 年代之后, 随着计算机技术和数据处理技术的迅速发展, 时间序列分析的理论和应用得到迅猛发展. 1970 年, 统计学家 G. E. P. Box 和 G. M. Jenkins 在梳理、发展已有研究成果的基础上, 合作出版了 *Time Series Analysis: Forecasting and Control* 一书. 该书系统地阐述了对求和自回归移动平均模型 (ARIMA 模型) 的识别、估计、检验和预测的原理和方法. 这些方法已经成为经典的时域分析方法.

在此基础上, 人们不断拓展研究方法. 20 世纪 80 年代以来, 统计学家逐步转向多变量场合、异方差场合和非线性场合的时间序列分析方法的研究, 并取得突破性的进展. 1982 年, R. F. Engle 在研究英国通货膨胀率的建模问题时, 提出了自回归条件异方差模型 (ARCH 模型). 而 Bollerslov 在 1985 年提出的广义自回归条件异方差模型 (GARCH 模型) 则进一步放宽了自回归条件异方差模型的约束条件. 之后, Nelson 等人又提出指数广义自回归条件异方差模型 (EGARCH 模型)、方差无穷广义自回归条件异方差模型 (IGARCH 模型) 和依均值广义自回归条件异方差模型 (GARCH-M 模型) 等限制条件更为宽松的异方差模型, 大大推广和补充了自回归条件异方差模型. 它们比传统的方差齐性模型更准确地刻画了金融市场风险的变化过程. R. F. Engle 因此获得 2003 年的诺贝尔经济学奖. 在多变量方面, C. Granger 于 1987 年提出协整理论, 极大地促进了多变量时间序列分析方法的发展. C. Granger 也于 2003 年获得诺贝尔经济学奖. 在非线性场合, 各种新的模型纷纷被提出. Granger 和 Anderson 在 1978 年提出双线性模型; 汤家豪于 1989 年提出门限自回归模型; Chen 和 Tasy 于 1993 年提出非线性可加模型, 等等. 非线性模型是个异常广阔的研究领域, 在该领域中, 模型构造、参数估计、参数检验等各方面都有大量的研究工作需要完成.

1.2 基本概念

在本节中, 我们介绍一些时间序列分析过程中的基本概念. 这些基本概念表明了本书中所研究的时间序列的主要统计性质.

1.2.1 时间序列与随机过程

我们知道, 随机变量是分析随机现象的重要工具, 对于简单的随机现象, 用一个随机变量就可以了, 如某时段内共享单车的使用量, 某时刻候车的人数, 等等. 而对于复杂的随机现象, 用一个随机变量描述就不够了, 需要用若干个随机变量来描述. 一般地, 将一族随机变量放在一起就构成一个随机过程. 具体地, 有下面的定义: 我们将概率空间 ($\Omega, \mathcal{F}, P$) 上的一族随机变量 $\{X_t, t \in T\}$ 称为一个 **随机过程 (stochastic process)**, 其中 t 是参数, 它属于某个集合 T, 通常称 T 为 **参数集 (parameter set)**.

参数集 T 可以是离散集合, 也可以是连续集. 若 T 为一连续集, 则 $\{X_t\}$ 为一 **连续型随机过程**. 若 T 为离散集, 则称 $\{X_t\}$ 为一 **离散型随机过程**. 当参数集为某时间集合时, 则相应的随机过程就为时间序列. 可见, 时间序列仅仅是随机过程的特殊情况, 因此随机过程的许多概念和性质同样适用于时间序列.

1.2.2　概率分布族及其特征

由数理统计的知识可知, 分布函数能够完整地描述一个随机变量的统计性质. 同样, 要刻画时间序列的统计特征, 就要探讨一列随机变量的统计分布.

设 $\{X_t, t \in T\}$ 为一个随机过程, 对于任意一个 $t \in T$, X_t 是一个随机变量, 它的分布函数 $F_{X_t}(x)$ 可以通过 $F_{X_t}(x) = P(X_t \leqslant x)$ 得到, 这一分布函数称为**时间序列的一维分布**. 对于 $t_1, t_2 \in T$, 有两个随机变量 X_{t_1}, X_{t_2} 与之对应, X_{t_1}, X_{t_2} 的联合分布函数为 $F_{X_{t_1}, X_{t_2}}(x_1, x_2) = P(X_{t_1} \leqslant x_1, X_{t_2} \leqslant x_2)$, 称为**时间序列的二维联合分布**.

一般地, 任取正整数 n 以及 $t_1, t_2, \cdots, t_n \in T$, 则 n 维向量 $(X_{t_1}, X_{t_2}, \cdots, X_{t_n})^{\mathrm{T}}$ 的联合分布函数为

$$F_{X_{t_1}, X_{t_2}, \cdots, X_{t_n}}(x_1, x_2, \cdots, x_n) = P(X_{t_1} \leqslant x_1, X_{t_2} \leqslant x_2, \cdots, X_{t_n} \leqslant x_n).$$

这些有限维分布函数的全体

$$\{F_{X_{t_1}, X_{t_2}, \cdots, X_{t_n}}(x_1, x_2, \cdots, x_n), \forall n \in \mathbf{Z}^+, \forall t_1, t_2, \cdots, t_n \in T\}$$

被称为**时间序列 $\{X_t, t \in T\}$ 的有限维分布族**.

理论上, 时间序列 $\{X_t, t \in T\}$ 的所有统计性质都可通过有限维分布族推导出来, 但是在实际应用中, 要想得到一个时间序列的有限维分布族几乎是不可能的, 而且有限维分布族在使用中通常涉及非常复杂的数学运算, 因而一般情况下, 我们很少直接使用有限维分布族进行时间序列分析. 事实上, 在时间序列分析中, 更简单实用的方法是通过数字特征来研究其统计规律. 常用的关于时间序列的数字特征有如下几种.

1. 均值函数

对时间序列 $\{X_t, t \in T\}$ 来说, 任意时刻的序列值 X_t 都是一个随机变量. 假设它的分布函数为 $F_{X_t}(x)$, 那么当

$$\mu_t = \mathrm{E}X_t = \int_{-\infty}^{+\infty} x \mathrm{d}F_{X_t}(x) < \infty$$

对于所有 $t \in T$ 成立时, 我们称 μ_t 为时间序列 $\{X_t, t \in T\}$ 的**均值函数 (mean function)**. 它反映的是时间序列 $\{X_t, t \in T\}$ 在各个时刻的平均取值水平, 通常也可记为 $\mathrm{E}(X_t)$.

2. 方差函数

当对于所有 $t \in T$

$$\int_{-\infty}^{+\infty} x^2 \mathrm{d}F_{X_t}(x) < \infty$$

成立时, 我们称

$$\sigma_t^2 = \mathrm{Var}(X_t) = \mathrm{E}(X_t - \mu_t)^2 = \int_{-\infty}^{+\infty} (x - \mu_t)^2 \mathrm{d}F_{X_t}(x)$$

为时间序列 $\{X_t, t \in T\}$ 的 **方差函数 (variance function)**. 它反映了序列值围绕其均值做随机波动时的平均波动程度.

3. 自协方差函数

类似于随机变量间的协方差, 在时间序列分析中, 我们可以定义**自协方差函数 (autocovariance function)** 的概念. 对于时间序列 $\{X_t, t \in T\}$, 任取 $t, s \in T$, 称

$$\gamma(t, s) = \mathrm{E}[(X_t - \mu_t)(X_s - \mu_s)]$$

为序列 $\{X_t, t \in T\}$ 的自协方差函数.

4. 自相关函数

同样地, 类似于随机变量间的相关系数, 我们可以定义时间序列的**自相关函数 (autocorrelation function, ACF)**. 我们称

$$\rho(t, s) = \mathrm{Cor}(X_t, X_s) = \frac{\gamma(t, s)}{\sqrt{\mathrm{Var}(X_t)}\sqrt{\mathrm{Var}(X_s)}}$$

为序列 $\{X_t, t \in T\}$ 的自相关函数. 时间序列的自协方差函数和自相关函数反映了不同时刻的两随机变量的相关程度.

5. 偏自相关函数

自相关函数虽然反映了时间序列 $\{X_t, t \in T\}$ 在两个不同时刻 X_t 和 X_s 的相依程度, 但是这种相关包含了 X_s 通过 X_t 和 X_s 之间的其他变量 $X_{s+1}, X_{s+2}, \cdots, X_{t-1}$ 传递到对 X_t $(s < t)$ 的影响, 也就是说自相关函数实际上掺杂了其他变量的影响. 为了剔除中间变量的影响, 可引入**偏自相关函数 (partial autocorrelation function, PACF)** 的概念. 偏自相关函数的定义为

$$\beta(s, t) = \mathrm{Cor}(X_t, X_s | X_{s+1}, \cdots, X_{t-1}) = \frac{\mathrm{Cov}(X_t, X_s | X_{s+1}, \cdots, X_{t-1})}{\sqrt{\mathrm{Var}(X_t)}\sqrt{\mathrm{Var}(X_s)}}, \quad 0 < s < t.$$

一般来讲, 一个时间序列的上述数字特征与时间有关, 因而可看成关于时间的函数. 不同类型时间序列的数字特征会随时间变化呈现不同的变化规律, 如有些时间序列的均值函数或方差函数不随时间的变化而变化, 有些时间序列的自相关函数或偏自相关函数会出现随时间推移而逐渐变小的规律, 等等. 在之后的章节中, 我们将详细讨论不同类型时间序列在数字特征中表现出的差异.

1.2.3　平稳时间序列的定义

对时间序列进行统计推断时, 通常要对其做出某些简化的假设, 其中最重要的假设是平稳性. 根据限制条件的严格程度, 时间序列的平稳性可分为严平稳和宽平稳两个层面.

1. 严平稳时间序列

严平稳是一种条件较为严格的平稳性定义, 它要求序列的所有有限维分布不随时间的推移而发生变化, 从而序列的全部统计性质也不会随着时间的推移而发生变化. 具体地, 定义如下:

设 $\{X_t, t \in T\}$ 为一时间序列. 若对于任意正整数 n, 任取 $t_1, t_2, \cdots, t_n \in T$ 以及任意正数 h, 都有

$$F_{X_{t_1+h}, X_{t_2+h}, \cdots, X_{t_n+h}}(x_1, x_2, \cdots, x_n) = F_{X_{t_1}, X_{t_2}, \cdots, X_{t_n}}(x_1, x_2, \cdots, x_n),$$

则称时间序列 $\{X_t, t \in T\}$ 为**严平稳时间序列 (strictly stationary time series)**, 简称**严平稳序列**.

严平稳时间序列的定义所要求的条件过分严格. 实际中, 要想知道时间序列 $\{X_t, t \in T\}$ 的有限维分布族是极其困难的事情, 而在此基础上判断一个时间序列是否属于严平稳则更难, 所幸时间序列的主要统计性质是由它的低阶矩决定的, 因此可以把严平稳的条件放宽, 仅仅要求其数字特征不随时间发生变化, 这样就得到了宽平稳的概念.

2. 宽平稳时间序列

一般地, 如果一个时间序列 $\{X_t, t \in T\}$ 满足如下三个条件:

(1) 对于任意的 $t \in T$, 有 $\mathrm{E}X_t = \mu$, μ 为常数;

(2) 对于任意的 $t \in T$, 有 $\mathrm{E}X_t^2 < \infty$;

(3) 对于任意的 $s, t, k \in T$, 且 $k + t - s \in T$ 有

$$\gamma(s, t) = \gamma(k, k + t - s), \quad 0 < s < t.$$

则称 $\{X_t, t \in T\}$ 为**宽平稳时间序列 (weakly stationary time series)**, 简称**宽平稳序列**. 宽平稳也称为弱平稳或二阶矩平稳.

宽平稳的条件显然比严平稳的条件宽泛得多, 更具有操作性, 它只要求二阶矩具有平稳性, 二阶以上的矩没有做任何要求. 一般情况下, 宽平稳不一定是严平稳; 严平稳也不一定是宽平稳. 如服从柯西分布的严平稳序列就不是宽平稳序列, 因为它不存在一、二阶矩, 所以无法验证它二阶矩平稳. 不过, 存在二阶矩的严平稳序列一定是宽平稳的. 宽平稳一般推不出严平稳, 但当序列服从多元正态分布时, 由宽平稳可以推出严平稳.

例 1.4 如果一个时间序列 $\{X_t, t \in T\}$ 满足: 任取正整数 n 和任意的 $t_1, t_2, \cdots, t_n \in T$, 相应的 n 维随机变量 $\boldsymbol{X}_n = (X_{t_1}, X_{t_2}, \cdots, X_{t_n})^{\mathrm{T}}$ 服从 n 维正态分布, 密度函数为

$$f_{\boldsymbol{X}_n}(\boldsymbol{x}_n) = (2\pi)^{-\frac{n}{2}} |\boldsymbol{\Gamma}_n|^{-\frac{1}{2}} \exp\left[-\frac{1}{2}(\boldsymbol{x}_n - \boldsymbol{\mu}_n)^{\mathrm{T}} \boldsymbol{\Gamma}_n^{-1} (\boldsymbol{x}_n - \boldsymbol{\mu}_n)\right],$$

其中, $\boldsymbol{x}_n = (x_{t_1}, x_{t_2}, \cdots, x_{t_n})^{\mathrm{T}}$; $\boldsymbol{\mu}_n = (\mu_{t_1}, \mu_{t_2}, \cdots, \mu_{t_n})^{\mathrm{T}}$; $\boldsymbol{\Gamma}_n$ 为协方差阵, 即

$$\boldsymbol{\Gamma}_n = \begin{pmatrix} \gamma(t_1, t_1) & \gamma(t_1, t_2) & \cdots & \gamma(t_1, t_n) \\ \gamma(t_2, t_1) & \gamma(t_2, t_2) & \cdots & \gamma(t_2, t_n) \\ \vdots & \vdots & & \vdots \\ \gamma(t_n, t_1) & \gamma(t_n, t_2) & \cdots & \gamma(t_n, t_n) \end{pmatrix},$$

那么我们称其为**正态时间序列**.

从正态随机序列的密度函数可以看出, 它的 n 维分布仅由均值向量和协方差阵决定, 因此对于正态随机序列而言, 宽平稳一定严平稳.

需要强调的是, 在实际应用中, 如果不做说明, 我们所说的平稳指的就是宽平稳.

1.2.4 平稳时间序列的一些性质

根据平稳时间序列的定义, 可以将自协方差函数由二维函数 $\gamma(t, s)$ 简化为一维函数 $\gamma(s - t)$:

$$\gamma(t - s) \stackrel{\text{def}}{=} \gamma(s, t), \quad \forall t, s \in T, \ t > s.$$

由此得到延迟 k 自协方差函数的概念.

一般地, 对于平稳时间序列 $\{X_t, t \in T\}$, 称

$$\gamma(k) = \gamma(t, t + k), \quad \forall t, t + k \in T$$

为该时间序列的**延迟 k 自协方差函数**.

根据平稳时间序列的定义可知, 平稳序列具有常数方差,

$$\mathrm{Var}(X_t) = \gamma(t, t) = \gamma(0), \quad \forall t \in T.$$

由延迟 k 自协方差函数的概念可以等价得到**延迟 k 自相关函数**的概念:

$$\rho(k) = \frac{\gamma(t, t+k)}{\sqrt{\mathrm{Var}(X_t)}\sqrt{\mathrm{Var}(X_{t+k})}} = \frac{\gamma(k)}{\gamma(0)}.$$

容易验证延迟 k 自相关函数具有如下三个性质:

(1) 规范性

$$\rho(0) = 1 \quad \text{且} \quad |\rho(k)| \leqslant 1, \quad \forall k.$$

(2) 对称性

$$\rho(k) = \rho(-k).$$

(3) 非负定性

根据协方差阵的非负定性, 可得对于任意正整数 m, 相关阵

$$\boldsymbol{\Gamma}_m = \begin{pmatrix} \rho(0) & \rho(1) & \cdots & \rho(m-1) \\ \rho(1) & \rho(0) & \cdots & \rho(m-2) \\ \vdots & \vdots & & \vdots \\ \rho(m-1) & \rho(m-2) & \cdots & \rho(0) \end{pmatrix}$$

为非负定矩阵.

　　我们应注意的是, 虽然一个平稳时间序列唯一决定了它的自相关函数, 但是一个自相关函数未必唯一对应一个平稳时间序列, 因而延迟 k 自相关函数 $\rho(k)$ 对应模型并不唯一. 这个性质给我们根据样本自相关函数来确定模型增加了难度. 在后面的章节将进一步说明这个问题.

1.2.5　平稳性假设的意义

　　数理统计学是利用样本信息来推测总体信息, 时间序列分析作为数理统计学的一个分支也不例外。根据统计学常识, 要分析一个 n 维随机向量 $\boldsymbol{X} = (X_1, X_2, \cdots, X_n)^{\mathrm{T}}$, 需要如下数据 (见表 1.1).

　　显然, 我们希望维数 n 越小越好, 而对于每个变量希望样本容量 m 越大越好, 这是因为维数越小分析过程越简单, 样本容量越大, 分析结果越可靠.

表 1.1   数据表 (一)

样本 \ 随机变量	X_1	$\cdots$	X_n
1	x_{11}	$\cdots$	x_{n1}
2	x_{12}	$\cdots$	x_{n2}
$\vdots$	$\vdots$		$\vdots$
m	x_{1m}	$\cdots$	x_{nm}

但是对于时间序列而言, 它在任意时刻 t 的序列值都是一个随机变量, 而且由于时间的不可重复性, 该变量在任意一个时刻只能获得唯一的样本观察值, 其数据结构如下 (见表 1.2).

表 1.2   数据表 (二)

样本 \ 随机变量	X_1	$\cdots$	X_t	$\cdots$
1	x_1	$\cdots$	x_t	$\cdots$

由于某时刻对应的随机变量的样本容量太小, 用该数据直接分析此刻的随机变量基本不会得到可用的结果, 因此必须借用一些辅助信息, 才能得到些有用的结果. 序列平稳性假设是解决该问题的有效途径之一.

如果一个时间序列是平稳的, 那么其均值函数是常数函数, 也即 $\{\mu_t, \, t \in T\}$ 变成了常数序列 $\{\mu, \, t \in T\}$。这样, 本来每个随机变量 X_t 的均值 μ_t 只能凭借唯一的样本观察值 x_t 来估计, 即 $\hat{\mu} = x_t$, 现在由于 $\mu_t \equiv \mu, \forall t \in T$, 于是每个样本观测值 $x_t, \forall t \in T$ 都变成了 μ 的样本观察值

$$\hat{\mu} = \overline{x} = \frac{1}{n} \sum_{i=1}^{n} x_i.$$

于是, 不但提高了对均值函数的估计精度, 而且大大降低了时序分析的难度。

同样地, 基于平稳性可计算出延迟 k 自协方差函数的估计值

$$\hat{\gamma}(k) = \frac{1}{n-k} \sum_{t=1}^{n-k} (x_t - \overline{x})(x_{t+k} - \overline{x})$$

和总体方差的估计值

$$\hat{\gamma}(0) = \frac{1}{n-1} \sum_{t=1}^{n} (x_t - \overline{x})^2.$$

进而可得, 延迟 k 自相关函数的估计值

$$\hat{\rho}(k) = \frac{\hat{\gamma}(k)}{\hat{\gamma}(0)}, \quad \forall 0 < k < n.$$

当延迟阶数 k 远远小于样本容量时, 有

$$\hat{\rho}(k) \approx \frac{\sum\limits_{t=1}^{n-k}(x_t - \overline{x})(x_{t+k} - \overline{x})}{\sum\limits_{t=1}^{n}(x_t - \overline{x})^2}, \quad \forall 0 < k < n.$$

1.3   时间序列建模的基本步骤

从实际数据出发, 对时间序列建模一般可遵循四个步骤, 即模型识别、模型估计、模型检验和模型应用. 通常上述四个步骤需要经过多次反复, 才能达到比较满意的效果.

1.3.1   模型识别

从实际数据出发建立时间序列模型时, 首先就要进行模型识别. 所谓**模型识别**就是根据时间序列的统计特征选择适当的拟合模型. 通俗地讲, 就是根据数据的特征, 判断所研究的时间序列属于哪一类. 模型识别主要包含如下内容:

(1) 依照所研究的问题科学地收集数据.

(2) 根据时间序列的数据做出相关图, 求出相关函数进行分析. 相关图能够显示出序列变化的趋势性和周期性等特征, 这些特征不但隐含着序列的平稳性的一些特点, 而且能够发现跳点和拐点. 而这些跳点和拐点也是模型识别的重要参考因素.

(3) 判别时间序列是平稳的还是非平稳的. 一般来讲, 判别时间序列的平稳性有两种方法, 一种是图检验法; 另一种是构造统计量进行假设检验的方法. **图检验法**是根据时序图和自相关图显示的特征做出平稳性判别的方法. 它的优点是操作简便、运用广泛; 它的缺点是判别结论带有很强的主观色彩, 因此最好能够用统计检验方法加以辅助判别. 目前最常用的平稳性统计检验方法是**单位根检验**.

(4) 判别时间序列是否是纯随机序列. 当对一个时间序列进行了平稳性判别之后, 序列被分成了平稳序列和非平稳序列两类. 对于非平稳序列通常要通过进一步的检验、变换或处理, 才能够确定适当的拟合模型. 对于平稳序列来讲, 我们需要检验其是否是纯随机的, 因为只有那些序列值之间具有密切相关关系的序列, 才值得我们花时间去挖掘历史数据中的有效信息, 用来预测序列未来的发展. 如果序列值彼此之间没有任何相关性, 那就意味着该序列是一个没有记忆的序列, 过去的行为对将来的发展没有丝毫影响, 这种序列称为**纯随机序列**. 从统计分析的角度而言, 纯随机序列没有任何分析的价值.

(5) 综合考虑时间序列的统计特征辨识合适的模型类型, 初步确定模型结构.

至于常见的时间序列模型有哪些, 它们分别具有哪些统计特征, 以及如何根据样本信息估计数字特征、识别拟合模型等, 将在后续章节详细研究.

1.3.2 模型估计

依照样本信息进行模型识别之后, 我们得到了所分析的时间序列大概服从什么样的模型类型和模型结构, 模型的最终形式还需要估计模型的参数之后才能够确定. 模型的参数决定了不同时刻随机变量之间的相依关系, 也即反映了随机变量随时间变化的记忆性大小和记忆期的长短. 当参数确定了, 变量的动态关系也就确定了. 比如, 通过模型识别判断出时间序列 $\{X_t\}$ 服从 2 阶自回归模型 (AR(2))

$$X_t = \phi_1 X_{t-1} + \phi_2 X_{t-2} + \varepsilon_t,$$

其中 $\{\varepsilon_t\}$ 是均值为零的白噪声序列, 参数 ϕ_1, ϕ_2 表明了 $\{X_t\}$ 的当前值对其前两个时刻的值的依赖程度, 或者说记忆的大小.

在数理统计中, 估计时间序列模型参数的常用方法有: 矩估计、极大似然估计和最小二乘估计. **矩估计** 是用样本矩代替相应的总体矩, 并通过求解相应的方程而得到参数估计的方法; **极大似然估计** 是使得样本出现概率最大, 也就是使得似然函数达到最大而得到参数估计的方法; **最小二乘估计** 是使得模型拟合的残差平方和达到最小, 从而求得参数估计的方法. 这三种方法都有各自的优点和不足. 矩估计方法具有简单、直观和计算量小等优点; 其缺点是利用信息不足, 估计效率低以及估计精度不高等问题. 一般进行时间序列分析时, 先用矩估计方法进行初步估计, 然后使用极大似然估计方法或者非线性最小二乘方法进行精确估计. 由于极大似然估计和最小二乘估计比较复杂, 在这里就不展开评述了.

1.3.3 模型检验

在模型识别时, 为了简化问题我们会提出一些假设, 这些假设往往因人而异, 带有主观因素, 因此必须对模型本身进行检验. 同时, 由于参数估计方法本身也有许多缺点, 而且有些参数贡献不大, 甚至可以忽略, 所以对所估出的参数也必须进行检验. 由于上述两个原因, 所以时间序列模型的检验有两类, 一类是模型的显著性检验; 另一类是模型参数的显著性检验. 这两类检验统称为模型的**诊断性检验**.

模型的显著性检验主要是检验模型的有效性. 一个模型是否有效主要看它提取的相关信息是否充分, 一个好的拟合模型应该确保提取出了观察值序列中几乎所有的样本相关信息, 换言之, 拟合残差项中将不再蕴含任何相关信息, 即残差序列应该为白噪声序列 (其定义见 1.5.3 节).

反之, 如果残差序列为非白噪声序列, 那就意味着残差序列中还残留着相关信息未被提取, 这就说明拟合模型不够有效, 需重新选择模型进行拟合.

模型参数的显著性检验主要是检验模型中每一个参数是否显著异于零. 目的是要找出贡献不大的参数并将其剔除, 使得模型更为精简和准确. 一般地, 如果模型中包含了不显著的参数, 不但使得模型参数冗余, 影响自由度, 而且也会影响其他参数的估计精度.

在实际应用中, 如果模型的诊断性检验没有通过, 则需要重新识别、估计和检验, 直到得到一个满意的拟合模型.

如果一个模型通过了检验, 说明在一定的置信水平下, 该模型能够有效地拟合观察值序列的波动, 但这种有效模型有时并不是唯一的. 面对多个显著有效的模型, 到底选择哪个来统计推断更好呢? 为了解决这个问题, 一般需要引进一些信息准则来进行模型优化. 具体地, 在后继章节中, 我们结合具体模型来详细论述.

1.3.4　模型应用

时间序列模型的应用主要包括变量动态结构分析、预测和控制.

动态结构分析是指用已经估计出参数的模型, 对变量的动态变化情况进行考察. 例如, 对于自回归模型 (AR 模型), 可以考察它的记忆特征和记忆衰减情况; 对于滑动平均模型 (MA 模型), 可以考察外部冲击对变量的影响情况和对外部冲击的记忆期限. 动态结构分析对于认识经济金融变量的运行规律具有重要作用.

预测是时间序列建模的最重要的目的, 是指用已经估计出参数的模型, 对变量未来变化进行预报.

控制是指根据时间序列模型调整输入变量使得系统发展过程保持在目标值上. 当运用时间序列模型进行预测、发现预测值会偏离目标值时, 便可进行必要的控制, 调整当前值使之朝预定目标靠近.

总之, 时间序列建模过程包括模型识别、模型估计、模型检验和优化, 并可能反复多次才能达到比较满意的效果, 最终投入使用. 时间序列分析完整的流程可用图 1.6 表示.

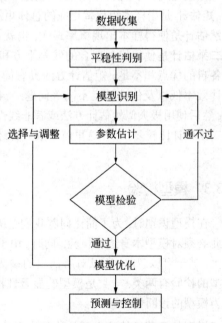

图 1.6　时间序列分析流程图

1.4　R 语言入门

统计是数据科学, 而分析数据必须要用软件, 否则寸步难行. 时间序列分析作为统计学的一个分支在其学习、研究和使用过程中离不开对数据的分析, 因此必然依赖于软件的使用. 目前很多软件都可用于时间序列分析, 如 R、SAS、Eviews、SPSS、S-PLUS、MATLAB, 等等. 虽然这些软件各有优点, 但是 R 语言因其功能强大、使用方便、开源共享以及资源丰富而受到人们的青睐. 目前 R 语言已经成为统计分析主流软件之一, 连续三年荣居使用最多的软件的榜首. 基于此本书所有的案例分析过程都用 R 语言来实现, 目的是将时间序列分析中的统计方法与 R 语言结合起来, 使得读者尽快熟悉 R 语言, 能够借助其强大的统计分析功能来分析时间序列数据.

1.4.1　R 语言简介

R 语言是 S 语言的一种实现. S 语言是由 AT&T 贝尔实验室开发的一种用来进行数据探索、统计分析、作图的解释型语言. 因此, R 语言的运算模式和 C 语言、Basic、MATLAB、Maple 等类似.

R 语言从开发伊始就定位为开源软件, 它所有的代码和帮助文件都免费向全球用户开放, 十分透明和方便. 大量国外新出版的统计方法专著都附带有 R 程序. 作为一个交互式的平台系统, 一个标配的 R 语言里面只安装了 25 个标准包, 给用户提供最基本的数据存储和处理功能. 很多特殊的功能由一系列程序包提供, 用户可以根据自己的需要从全球 100 多个 R 语言镜像站下载不同的程序包, 以满足自己对特殊功能的需要. 尤其需要指出的是, R 语言有强大的帮助系统, 其子程序称为函数. 所有的函数都有详细的使用说明, 并提供了大量例子以及参考文献.

目前, R 语言已经有若干个专门用于时间序列分析的程序包, 而且还在不断更新, 并不断增加新的时序程序包. 借助于这些程序包, 我们能够完成序列读入、绘图、识别、估计、检验、优化等一系列建模和预测工作. R 语言编程简洁、绘图功能强大、分析结果准确, 是进行时间序列分析和预测的常用软件之一.

1.4.2　R 的安装

1. 下载安装 R

登录 CRAN (The Comprehensive R Archive Network) 的官网 (http://cran.r-project.org/), 根据自己电脑的操作系统, 选择合适的 R 版本下载. 下载之后, 根据提示可轻松安装. 安装结束后, 桌面上会出现 R 快捷图标. 双击 R 图标就可以进入 R 操作了.

这里推荐两款优秀的代码编辑器 RStudio 和 Tinn-R (它仅适用于 Windows 用户), 可分别从 http://www.rstudio.com 和 http://www.sciviews.org/Tinn-R/ 处免费下载. 它们提供了脚

本代码与运行之间一个更佳的交互界面及句法的色彩高亮显示, 与 R 自带的脚本编辑器相比, 使用起来更为方便. 可以在安装 R 之后, 再安装相应版本的 RStudio 或 Tinn-R.

2. 安装程序包

R 语言最常用的下载安装程序包的方法有两种: 一种是通过菜单栏选项下载安装; 另一种是输入指令下载安装. 打开 R 软件, 单击窗口最上端菜单栏中的 "程序包" 按钮, 再单击 "安装程序包", 然后选择下载镜像站 (一般选择中国境内的镜像站), 最后选择下载的程序包即可. 比如, 为进行时间序列分析, 可下载安装程序包 tseries. 也可以在计算机联网状态下, 直接在对话窗口输入安装 tseries 程序包的指令:

```
> install.packages("tseries")
```

按回车键之后, 系统会弹出镜像站选择界面, 然后按上述操作即可.

3. 加载调用程序包

R 语言的程序包十分丰富, 用户可以随意下载, 但是如果每次启动 R 语言时, 所有下载的程序包都调入内存的话, 那么 R 语言将变得庞大臃肿, 占用很多内存资源。一般来讲, 当我们处理具体问题时, 通常只用几个有限的程序包就能解决问题. 所以 R 语言规定, 在每次进入 R 语言之后, 安装的程序包需要加载, 才能够被程序调用. 加载命令为 library. 比如, 加载 tseries 程序包的命令为

```
> library(tseries)
```

1.4.3　R 的基本操作

1. 指令的输入规则

双击图标启动 R, 进入 R 语言对话窗口, 在提示符 ">" 后面可以直接输入指令. 一条指令输入完成, 回车之后, R 立即执行该条指令. 运行结果可能显示, 也可能不显示, 但指令执行完成之后, 仍然以提示符 ">" 开头.

假如指令输入有误, 且 R 可识别该错误, 回车之后, 显示错误信息, 在下一行出现提示符 ">", 又可输入新的指令, 比如下面的例子.

```
> proc(1,2,3)              #输入错误函数名
Error in proc(1, 2, 3) : 没有"proc"这个函数
```

如果 R 不能识别该错误, 回车之后, 在下一行出现符号 "+", 这说明 R 在等待输入完整的正确指令. 如果在 "+" 之后, 输入 ")" 并回车, R 将继续执行该命令, 且在下一行出现提示符 ">". 如果想终止执行该命令可单击 "ESC" 键退出, 比如下面的例子.

```
> prod(2,5,      #求积函数没有编辑完成
+ 8)
[1] 80
```

注: 每条指令之后可以加注释. 注释以 "#" 开头, R 不会对这些注释的内容做任何的解释和运算.

如果一行内要编辑多条指令, 可以用半角分号 ";" 来分隔不同指令, 回车后即可将多条指令一次性执行. 如果每行写一条指令, 但要多行指令一次性执行, 可以用花括号 "{}" 将批处理的指令标注起来, 回车后即可一次性执行. 比如下面的例子.

```
> {x <- sum(1,2,3)
+ y <- prod(4,5,6)
+ x/y}
[1] 0.05
```

如果想退出 R, 只需键入指令 q() 后回车即可, 也可通过单击窗口右上角 "×" 号来实现. 此时, R 会问是否保存工作空间映像, 如果选择保存, 下次运行时, 这次的运行结果还会重新载入内存, 不用重复计算, 缺点是占用空间. 如果已经有脚本, 而且运算量不大, 一般不保存. 如果单击了保存, 又没有输入文件名, 这些结果会放在所设的或默认的工作目录下的名为 .RData 的文件中, 你可以随时找到并删除它.

一般退出 R 之后, 下次启动系统时已经编辑的指令会消失. 为了方便保存、编辑和调用指令, 我们建议大家使用 R 自带的脚本编辑器. 我们可以通过 "文件/新建程序脚本" 菜单进入. 打开一个新的脚本编辑窗口, 单击菜单栏中的 "窗口", 可以选择控制台和脚本编辑器的排列方式. 在程序脚本编辑器中编辑脚本时, 经常使用的组合键是 "CTRL+A" 和 "CTRL+R". "CTRL+A" 用来选择所有指令, "CTRL+R" 用来粘贴所选指令到控制台并运行它们. 也可将光标置于想要运行的指令所在行, 然后使用组合键 "CTRL+R" 来运行该指令. 或选中想要运行的指令, 然后单击右键, 在弹出的框中选 "运行当前行或所选代码" 来运行该指令.

在编辑任务结束后, 可以将脚本保存在文件夹 Rwork 中, 并指定一个文件名, 如 myscript.R. 在后面的编辑中, 通过菜单 "文件/打开程序脚本" 将其打开继续工作. 需要着重提醒的是, R 语言对大小写非常敏感, 所以在使用 R 语言编辑指令时要非常注意字母的大小写录入的准确性.

另外提醒大家, 主界面有一个红色 "stop" 按钮, 来随时终止一项持续时间太长的计算.

2. 如何赋值

在 R 语言中标准的赋值操作是使用赋值箭头 "< −" 或 "− >". 它可把某条指令的结果赋值给某个变量. 需要注意的是, 一个变量的名称只能包含字母和数字的字符以及点号 "."; R 对变量的名称中字母的大小写是区分对待的; 变量名中不能包含空格并且也不能以数字开头, 除非

变量名是被封闭在一对双引号""中. 在 R 语言中不但可将数值赋值给某变量, 而且可将向量、矩阵等赋值给一个变量. 例如下面的例子.

```
> x1 <- c(2,4,5,8)        #将向量赋值给变量x1
> 8 -> x2                 #将数8赋值给x2
> z <- x2^2               #将x2^2赋值给z
> x1;x2;z                 #显示赋值结果
[1] 2 4 5 8
[1] 8
[1] 64
```

从上面的赋值语句可见, 赋值运算会计算表达式的值但并不显示结果, 而是将结果保存在某个变量之中. 如果想要显示该结果, 只需键入对象的名称再按回车键 ENTER 即可.

这里说明一点, 符号 "=" 也可以用来进行赋值运算, 但是它的使用并不那么广泛, 所以我们不建议采用这种方式来给变量赋值. 确切地说, 数学等式是一种有着特殊含义的对称关系, 它与赋值很不一样. 此外, 在某些情况下使用符号 "=" 可能完全行不通或根本不起作用.

3. R 的帮助功能

R 有强大的帮助功能可供读者学习. R 内嵌一个在线帮助指令, 它为 R 中所有函数及各种符号提供了非常完整的帮助文档, 可通过多种方式来查看这些帮助文档, 其中最主要的方法是调用函数 "help()" 或 "?". 例如:

```
> help(sum)       #通过帮助查询sum()函数
> ?sum            #与help()等同
```

执行上述指令后, 就会直接跳出网页页面, 给出 "sum()" 函数详尽的说明, 包括所在包、用法、例子和参考文献等. 有时用 "?" 不工作, 用 "help()" 显示出错, 此时使用 "help()" 并给操作对象加上双引号, 例如:

```
> ?function           #不工作
> help(function)      #返回一个错误
> help("function")    #调用正确
```

除了主命令 "help()" 之外, 还有如下补充命令:

help.start(): 这个函数会打开网页浏览器并链接到 HTML 格式的使用手册, 它给出了在所有的 R 程序包 (也包括 HTML) 中的函数的帮助文档、常见问题 (FAQ), 以及帮助文件的一个搜索引擎.

help.search() 或 ??: 它会返回一列与请求内容相关的函数以及它们的程序包. help.search() 要求给操作对象加上双引号.

library(help=package): 这个命令将列出包含在某个程序包中的全部函数, 它与 help (package = "package") 得到的结果完全相同. 例如：

library(help=base)

library(help=utils)

library(help=datasets)

library(help=stats)

library(help=graphics)

library(help=grDevices)

data(), example(), demo(): 将列出 R 的数据集、例子.

另外, 经常单击菜单栏帮助下的选项也会得到丰富的帮助.

4. 数据的输入

在 R 语言中, 对于小规模的数据可以手动输入, 而对于大量的数据则需要使用读取的方式. 原则上讲, 创建数据的方式都可作为输入数据的方式.

在 R 语言中, 最常见的创建数据的方式是将数据以向量的形式保存, 如将表 1.3 中某城市 2016 年月平均气温生成时间序列数据并存于某个对象中：

表 1.3　某城市 2016 年月平均气温 (单位: ℃)

时间	平均气温	时间	平均气温
2016 年 1 月	−5	2016 年 4 月	15
2016 年 2 月	−2	2016 年 5 月	19
2016 年 3 月	3	2016 年 6 月	23

```
> temp <- c(-5,-2,3,15,19,23)                    #生成气温数据
> temp <- ts(temp, start=c(2016,1), frequency=12)  #生成时间序列数据
> temp                                            #显示数据
     Jan Feb Mar Apr May Jun
2016  -5  -2   3  15  19  23
```

第一句是将一月至六月份的气温数据生成一个向量, 并赋值给名为 temp 的对象；第二句是生成时间序列数据, 其中 frequency 选项指定序列每年读入数据的频数, 本例中指定读入频率为每年 12 个, 因此序列为月度数据. 如果 frequency 为 4, 则是季度数据, 等等. 第三句是显示时间序列 temp.

scan() 比 c() 函数要更灵活, 利用它用户可以随心所欲地轻松键入数据, 比如：

```
> z <- scan()      #R等待你键入数据
1: 8.6
2: 6.8
3: 5.8
4: 3.6
5: 2.3
6:                 #在一个空行后按回车键，就可终止该输入过程
Read 5 items
> z
[1] 8.6 6.8 5.8 3.6 2.3
```

R 可以读取文本文件, Excel 数据, SPSS 数据, SAS 数据以及 MATLAB 数据等. 从一个文本文件来输入数据的三个最主要的函数见表 1.4.

表 1.4　数据输入函数

函数名称	描　　述
read.table()	对表格形式的数据集最合适, 统计学中的数据往往以表格形式给出
read.ftable()	读取列联表形式的数据
scan()	功能最为强大和灵活, 适用于以上两种情形以外的所有场合

在 R 语言中, 将多个变量构成的数据文件称为数据框. R 读入的多变量数据将全部变为数据框.

例 1.5 2010 年 1 月到 2011 年 12 月新西兰 5 个城市 Auckland、Christchurch、Dunedin、Hamilton、Wellington 的月度总降水量 (单位: mm) 的数据储存在计算机中路径为 E:/DATA/CHAP1/NZRainfall.csv 的文件中, 现将该数据读入 R 并存入数据框 w. 具体命令及数据如下:

```
> w <- read.table("E:/DATA/CHAP1/NZRainfall.csv", sep=",", header=T)
> w
     DATE Auckland Christchurch Dunedin Hamilton Wellington
1  2010M01     44.0         32.6    69.0    191.6       72.8
2  2010M02      4.6         18.2    36.6     24.4       16.8
3  2010M03      7.6         22.4    22.6     20.2       34.2
4  2010M04     56.0         24.0    50.4     36.6       27.2
5  2010M05    162.8        163.8   159.8    120.4      171.4
6  2010M06    160.8         93.1    63.6    222.6      140.3
7  2010M07     87.0         67.6    26.6     65.8       92.4
8  2010M08    187.4         86.4    68.2    196.1      165.8
9  2010M09    112.0         42.0    51.0    180.8      151.6
10 2010M10     19.8         22.0    27.6     41.2       71.8
```

11	2010M11	22.3	53.0	32.8	16.0	21.4
12	2010M12	94.4	35.2	119.8	120.2	91.0
13	2011M01	184.1	58.0	65.4	225.4	65.6
14	2011M02	28.2	35.4	109.4	34.2	18.2
15	2011M03	139.6	54.2	71.6	193.4	77.0
16	2011M04	152.3	50.8	43.6	114.5	118.6
17	2011M05	150.4	52.6	95.0	135.6	106.4
18	2011M06	144.4	41.0	21.6	165.3	86.8
19	2011M07	103.8	29.4	20.0	169.2	71.8
20	2011M08	43.5	62.6	42.0	37.4	104.4
21	2011M09	86.2	21.4	26.2	60.8	55.6
22	2011M10	115.2	90.8	89.1	149.2	97.8
23	2011M11	50.2	63.6	67.5	38.4	57.6
24	2011M12	192.2	60.8	8.8	215.1	121.6

从本例中可以看出, 函数 read.table() 可接受非常多的参数. 表 1.5 列出最常用的一些参数.

表 1.5   read.table() 的几个主要参变量

参变量名称	描　　述
file=path/to/file	准备读取文件的存放路径和名称. "file=" 可省略, 但是路径文件名, 包括文件的扩展名不能省
header=T or F	逻辑值: 用来指定各变量的名称是否由文件的第一行给出
sep=" "	sep 指定制表分隔符, 即每行各个值之间的分隔方式. sep="," 表示以逗号分隔; sep="\ t" 表示以 Tab 键分隔; sep=" " 表示以空格键分隔
dec="."	十进制数字的小数点标记: "." 或 ","
row.names=1	确定文件的第一列给出各个个体的名称; 若不是这种情形, 简单地略该参变量即可

需要指出的是, 如果原始文件中包含有空行或不完全的行, 可以分别使用参变量 fill=TRUE 和 blank.lines.skip=FALSE 来处理. 调用函数 read.table() 时需要指定很多的参变量. 不过实际中很多的数据集都是以标准格式传过来的, 它们可以被一些现成的函数轻松地读取. 这些函数实际上等价于调用 read.table(), 只是它的某些参变量就取其默认值. 如函数 read.csv() 读取一个以逗号分隔的数据, 而且使用 "." 作为小数点标记. 函数 read.delim() 读取一个以制表符分隔的数据, 且使用 "." 作为小数点标记. 对于 Excel 电子表格, 可以通过另存为 "*.txt" 或 "*.csv" 转换格式之后, 然后按照上述方式读取.

读取更大规模的数据, 可以通过 dbConnect() 连接并操作 MySQL 的数据库来导入数据.

5. 数据的简单处理方法

在 R 语言中, 读取的多变量数据以数据框的形式储存. 如果要提取某个变量下的数据, 采取 "数据框 $ 变量名" 的方式来提取.

例 1.6 从例 1.5 读取的数据中, 提取 Auckland 市的月度总降水, 具体命令及结果如下:

```
> v <- w$Auckland
> v
 [1]  44.0 4.6 7.6 56.0 162.8 160.8 87.0 187.4 112.0
[10]  19.8 22.3 94.4 184.1 28.2 139.6 152.3 150.4 144.4
[19]  103.8 43.5 86.2 115.2 50.2 192.2
```

有时我们希望研究某个变量下的部分数据, 这时利用函数 subset() 就可选取所要的部分.

例 1.7 读取 1855 年到 2015 年苏格兰生育表, 并选取 2000 年到 2015 年出生男性的数据. 具体命令及结果如下:

```
> x <- read.table(file="E:/DATA/CHAP1/Scoland birth.csv", sep=",",
+ header=T)
> y <- subset(x,year>2000, select=males)
> y
      males
147 26,786
148 26,218
149 26,906
150 27,769
151 28,083
152 28,473
153 29,694
154 30,570
155 30,165
156 29,872
157 30,111
158 29,713
159 28,828
160 29,056
161 28,354
```

在时间序列分析中, 序列值如果出现缺失 (在 R 语言中, 缺失值用符号 "NA" 表示, 意思是 "not available"), 那么相应的分析将停止. 为了使分析能够进行下去, 常常通过插值的方法对缺失值进行插补.

R 提供了很多插值方法, 它们由不同的程序包提供. 在时间序列分析中, 最常用的插值法是简单的线性插值法和样条插值法, 它们都可由 zoo 程序包提供. 因此, 插值前首先安装该程序包, 然后加载.

例 1.8 1991 年至 2011 年近 20 年苏格兰离婚数据存于 E:/DATA/CHAP1/Divorces.csv. 读取并显示数据, 然后将缺失数据用插值法填补. 具体命令及运行结果如下:

```
> a <- read.table(file="E:/DATA/CHAP1/Divorces.csv", sep=",",
+ header=T)                                    #读取数据
> a <- a$Divorces                              #提取Divorces
> a                                            #显示
 [1] 12375 12447 13262 12576 12261 NA 12190 12324 11838 11096 10615
[11] 10825 10834 NA 10875 13012 12781 11461 10395 10149 9862
> b <- na.approx(a)                            #线性插值
> b
 [1] 12375.0 12447.0 13262.0 12576.0 12261.0 12225.5 12190.0 12324.0
 [9] 11838.0 11096.0 10615.0 10825.0 10834.0 10854.5 10875.0 13012.0
[16] 12781.0 11461.0 10395.0 10149.0  9862.0
> c <- na.spline(a)                            #样条插值
> c
 [1] 12375.00 12447.00 13262.00 12576.00 12261.00 12150.78 12190.00
 [8] 12324.00 11838.00 11096.00 10615.00 10825.00 10834.00 10314.90
[15] 10875.00 13012.00 12781.00 11461.00 10395.00 10149.00  9862.00
```

6. 数据的导出

当对时间序列分析完成之后, 我们可以使用 write.table() 函数将数据导出.

例 1.9 将例 1.8 中经过样条插值之后得到的数据, 保存在数据文件 E:/DATA/CHAP1/divorces1.csv 中. 具体命令如下:

```
> d <- data.frame(a,b,c)
> write.table(d,file="E:/DATA/CHAP1/Divorces1.csv", sep=",", row.
+ names=F)
```

第一句是将 a, b, c 合并成一个新的数据框 d. 第二句将 d 存于 E:/DATA/CHAP1/Divorces1.csv. 参数 row.names=F 保证以列变量的方式储存, 没有行变量名.

1.5 数据预处理

时间序列数据建模之初, 我们应该对数据有个初步的认识, 如大致观察一下数据的趋势性、季节性; 序列值相近时期的相关性; 初步判断一下序列的平稳性; 判断序列是否有研究的必要, 即检验一下序列是否是白噪声. 这些数据建模前的分析都称为数据的预处理.

1.5.1 时序图与自相关图的绘制

进行时间序列分析的第一步, 通常是利用序列值画出时序图和自相关图进行观察. 正如前面所定义, **时序图**就是一张二维平面图, 一般横坐标表示时间, 纵坐标表示序列取值. **自相关图**是平面上的悬垂线图, 横坐标表示延迟时期数, 纵坐标表示自相关系数, 悬垂线表示自相关系数的大小. 通过观察时序图, 我们能够获得序列值的趋势和走向; 通过自相关图我们能够大致获得不同时刻序列值之间的相关关系. 这些能够帮助我们初步判断序列的统计特性.

R 语言拥有操作简便、功能强大的绘图软件包, 可以绘制出各种各样的精美统计图. 借助于该功能我们可绘制出所需要的序列时序图和自相关图. 下面, 我们通过时序图和自相关图的绘制, 顺便介绍 R 的简单绘图命令.

R 中最常用的绘图命令是 plot(). plot() 含有丰富的参数, 用它们可绘制出美观的时序图. plot() 函数的命令格式如下:

```
> plot(x, y, type, main, sub, xlab, ylab, xlim, ylim, pch, lty, lwd, col...)
```

该函数常用参数的说明:

- **x, y**: 各绘图点横坐标, 纵坐标构成的向量.

- **type**: 指定绘图的类型. 取 "p" 为点图; 取 "l" 为线图; 取 "b" 为点连线; 取 "o" 为线穿过点; 取 "h" 为悬垂线; 取 "s" 为阶梯线.

- **main**: 指定主标题.

- **sub**: 指定副标题.

- **xlab**: 指定 x 轴的标签; ylab: 指定 y 轴的标签.

- **xlim**: 指定横轴的上下限, 取值为上下限构成的向量; ylim: 指定纵轴的上下限, 取值为上下限构成的向量.

- **pch**: 指定观察点的符号, 可取从 $1 \sim 25$ 的整数.

- **lty**: 指定连线类型, 可取从 $1 \sim 6$ 的整数.

- **lwd**: 指定连线的宽度, 取整数.

- **col**: 指定颜色, 可取正整数, 或指定颜色参数.

例 1.10 现给出 2000 年 1 月至 2012 年 10 月新西兰人出国旅游目的地数据. 我们下面一起来认识这组时间序列数据, 并用 R 绘制时序图来分析.

首先, 我们读取数据的前两行来认识所给数据的结构, 然后再决定用 read.table() 中的哪些参数. 具体命令及运行结果如下:

```
> readLines("E:/DATA/CHAP1/NZTravellersDestination.csv",n=2)
[1] "DATE,Australia,CookIslands,Fiji,Samoa,China,India,Thailand,
    UnitedKingdom,UnitedStates,Other"
[2] "2000M01,23203,1071,1936,2403,2285,2270,862,5418,4109,30660"
```

语句说明:

第一句使用函数 readLines() 可视化该数据的开头两行, 目的是认识数据结构.

第二句给出的是各变量的名称. 字段之间使用逗号来分隔. 我们可以看到数据主要分别统计了新西兰人到 Australia、CookIslands、Fiji、Samoa、China、India、Thailand、UnitedKingdom、UnitedStates 这些国家的旅游人数, 而把到其余国家旅游的人归为一类来统计.

其次, 我们研究新西兰人 2001 年 1 月至 2012 年 10 月之间月均到中国旅游人数的变化. 具体命令如下, 运行结果见图 1.7.

```
> x <- read.csv("E:/DATA/CHAP1/NZTravellersDestination.csv",header
+ =T)
> x1 <- ts(x$China,start=c(2000,1),frequency = 12)
> plot(x1,type="o",xlab="时间",ylab="人数",pch=17,col="blue")
```

语句说明:

第一句读取 .csv 格式数据, 并保存于数据框 x 中.

第二句从数据框 x 中提取 China 变量, 并生成时间序列数据 x1.

第三句绘制时序图, 见图 1.7. 注意时间序列数据 x1 中每个分量是一对数据, 含有时间以及对应的人数.

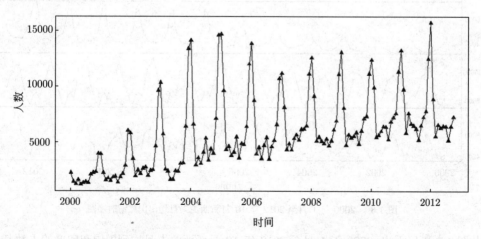

图 1.7   2000 年 1 月至 2012 年 10 月新西兰人月均来中国旅游时序图

　　从时序图 1.7, 我们可以看到从 2000 年 1 月到 2012 年新西兰人月均来中国旅游人数有增长趋势但是增幅和增速不大. 同时新西兰人月均来中国旅游人数有明显的季节性, 每年的圣诞节前后来华旅游人数最多.

　　我们也可以在同一个窗口, 绘制不同变量的时序图, 来比较这些变量之间变化. 下面比较新西兰人从 2000 年 1 月到 2012 年 10 月月均到中国、印度、英国和美国四国旅游人数变化情况. 具体命令如下, 运行结果见图 1.8.

```
> China <-x$China
> India <-x$India
> UK <-x$UnitedKingdom
> US <-x$UnitedStates
> y <- data.frame(China,India,UK,US)
> Tourism <- ts(y,start=c(2000,1),frequency = 12)
> par(mfrow=c(4,1))
> plot(Tourism,type="o",pch=16,col="blue",main=" ")
```

语句说明:

　　前 5 句是从数据框 x 中分别提取 China、India、UnitedKingdom 和 UnitedStates, 并合并为新的数据框. 第 6 句是生成时间序列数据. 第 7 句将窗口划分成 4 行 1 列布局. 第 8 句是将 4 组数据的时序图同时绘制出来.

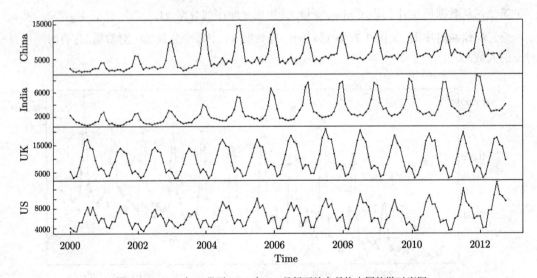

图 1.8　2000 年 1 月至 2012 年 10 月新西兰人月均出国旅游时序图

　　从图 1.8 可以看出, 2000 年 1 月至 2012 年 10 月新西兰人月均到中国和印度的人数都有增长趋势, 来中国旅游的人数增长更快些. 去英国和美国的人数比较稳定. 另外, 这四组数据都有明显的季节性. 在每年 12 月左右去中国、印度旅游的人数最多; 而在夏季新西兰人更乐意去英国和美国旅游.

在绘图时, 为了突出比较效果, 可以使用 abline() 为图形添加参照线. 参照线可以是水平线, 也可以是垂线, 还可以是线性回归线. 下面通过例子来说明 abline() 的使用.

例 1.11 绘制 2014 年 7 月至 2017 年 5 月北京市商品住宅施工面积累计值 (单位: $10^4 m^2$) 的时序图, 并添加辅助线来比较. 具体命令如下, 运行结果见图 1.9.

```
> w <- read.csv("E:/DATA/CHAP1/Beijing commodity housing.csv",
+ header=T)
> z <- w$CCA
> y <- na.spline(z)
> CCA <- ts(y,start=c(2014,7),frequency = 12)
> plot(CCA,type="o",col=1)
> abline(v=2014.9,lty=2, col=1,lwd=2)
> abline(v=c(2015.1,2016.1),lty=2,col=1)
> abline(h=c(6261.21,5857.61), lty=3, col=1,lwd=2)
```

语句说明:

第 1 句是读出 .csv 格式文件, 并保留题头; 第 2, 3 句分别是从数据框中提取 CCA 变量, 并用样条插值补全缺省数据; 第 4 句是生成时间序列数据; 第 5 句绘制时序图; 第 6 句与第 7 句是分别添加一条粗竖线和两条细竖线; 第 9 条是添加两条水平线.

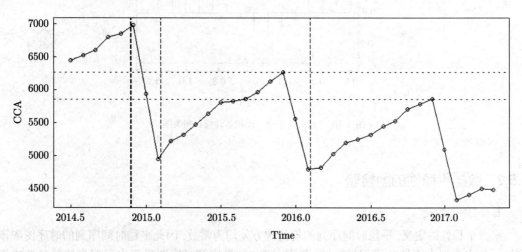

图 1.9 2014 年 7 月至 2017 年 5 月北京市商品住宅施工面积累计值时序图

在 R 语言中绘制自相关图使用函数 acf(), 这个函数的命令格式为:

```
> acf(x, lag)
```

函数 acf() 的参数说明:

-**x**: 是时间序列数据构成的向量.

-**lag**: 是延迟的阶数. 若用户不特殊指定的话, 系统会根据序列长度自动指定延迟阶数.

例 1.12　接例 1.11, 绘制 2014 年 7 月至 2017 年 5 月北京市商品住宅施工面积累计值的自相关图, 命令如下, 运行结果如图 1.10 所示.

```
> acf(CCA)                    #绘制自相关图
```

图 1.10 中的虚线为自相关函数的 2 倍标准差位置. 一般地, 如果悬垂线夹在两条虚线之间, 那么可认为此时自相关函数非常接近于零.

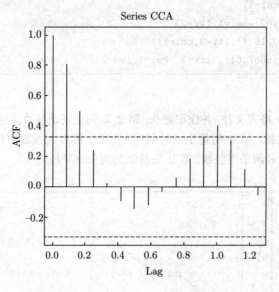

图 1.10　　商品住宅施工面积累计值自相关图

1.5.2　数据平稳性的图检验

1. 时序图检验

根据平稳性的定义, 平稳时间序列的均值和方差均为常数, 因此平稳时间序列的时序图应该围绕一条水平线上下波动, 而且波动的范围有界. 如果序列时序图显示出了明显的趋势性或周期性, 那么它通常不是平稳的时间序列. 根据这个性质, 许多时间序列通过时序图就可看出它的非平稳性.

例 1.13 绘制 1996 年至 2015 年宁夏回族自治区地区生产总值 (单位: 亿元) 的时序图. 命令如下, 运行结果见图 1.11.

```
> a <- read.table(file="E:/DATA/CHAP1/SMGDP.csv",sep=",",header=T)
> NXGDP <- ts(a$NX,start=1996)
> plot(NXGDP,type="o",ylim=c(200,3000))
```

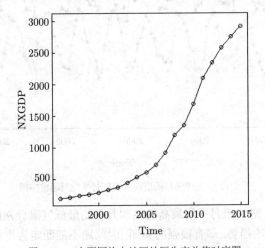

图 1.11 宁夏回族自治区地区生产总值时序图

从图 1.11 可以看出, 该时序图显示明显的增长趋势, 因此该序列是非平稳的时间序列.

例 1.14 从 2000 年 1 月至 2012 年 10 月新西兰人月均来华旅游人数时序图 (见图 1.7) 可见, 该时序图清晰地呈现出逐年增长趋势和年周期规律, 因此显然不是平稳序列.

例 1.15 绘制 2000 年 1 月至 2012 年 10 月美国洛杉矶月平均最高到最低气温时序图. 具体命令如下, 运行结果见图 1.12.

```
> Temp <- read.csv("E:/DATA/CHAP1/TempUSA.csv",header=T)
> LAMax <- Temp$LosAngelesMax;LAMin <- Temp$LosAngelesMin
> LAMax <- ts(LAMax,start=c(2000,1),frequency = 12)
> LAMin <- ts(LAMin,start=c(2000,1),frequency = 12)
> plot(LAMax,type="o",pch=17,lty=1,ylim=c(0,30),ylab="LAMax-LAMin")
> points(LAMin,type="o",pch=16,lty=6,col="blue")
```

语句说明:

如果连续地调用函数 plot(), 那么每次都会创建一个新图来取代前一次调用产生的图. 为了解决该问题, 我们可以在调用 plot() 之后, 通过调用 points() 来叠加图形. 函数 points() 的参数与函数 plot() 的参数相同.

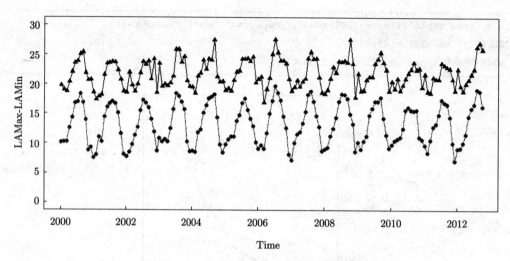

图 1.12　　美国洛杉矶最高到最低月平均气温时序图

从图 1.12 可以看出, 洛杉矶月平均最高气温和月平均最低气温分别围绕在 22.5 ℃ 和 13 ℃ 附近随机波动, 没有明显的趋势, 却有很强的周期, 因此还不能断定为平稳序列. 不过, 我们可以通过自相关图来进一步识别.

2. 自相关图检验

平稳时间序列的一个显著特点是序列值之间具有短期相关性, 这一点我们将在后继的章节中给予证明. 短期相关性突出的表征是, 随着延迟期数的增加, 平稳序列的自相关系数会很快地衰减为零. 而非平稳序列的自相关系数衰减为零的速度通常比较慢. 利用自相关系数的上述特点, 我们可以进一步识别序列的平稳性.

例 1.16　绘制 1996 年至 2015 年宁夏回族自治区地区生产总值的自相关图. 纵轴是自相关系数值, 大小用悬垂线表示; 横轴是延迟期数. 具体命令如下, 运行结果见图 1.13.

```
> a <- read.table(file="E:/DATA/CHAP1/SMGDP.csv",sep=",",header=T)
> NXGDP <- ts(a$NX,start=1996)
> acf(NXGDP,lag=20)
```

从图 1.13 中, 我们发现序列的自相关系数递减到零的速度比较缓慢, 而且在较长延迟期里自相关系数一直为正, 之后又一直为负. 在自相关图上显示出三角对称的关系, 这是具有单调趋势的非平稳序列的一种典型的自相关图形式. 这和该序列的时序图 (图 1.11) 显示的单调递增性是一致的.

例 1.17 绘制 2000 年 1 月至 2012 年 10 月新西兰人月均来华旅游人数的自相关图. 具体命令如下, 运行结果见图 1.14.

```
> x <- read.csv("E:/DATA/CHAP1/NZTravellersDestination.csv",header=
+ T)
> China <- x$China
> z <- ts(China,start=c(2000,1),frequency = 12)
> acf(z,lag=154)
```

自相关图 1.14 显示序列自相关系数衰减到零的速度非常缓慢, 而且呈现明显的周期规律, 这是具有周期变化规律和递增趋势的非平稳序列的典型特征. 自相关图显示出来的特征与时序图 1.7 显示的带长期递增趋势和周期的性质也高度吻合.

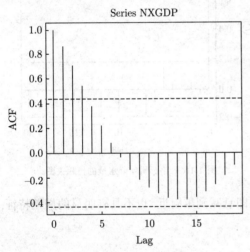

图 1.13 宁夏回族自治区生产总值自相关图

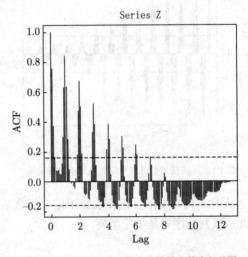

图 1.14 新西兰人月均来华旅游人数自相关图

例 1.18 绘制 2000 年 1 月至 2012 年 10 月美国洛杉矶月平均最高气温的自相关图. 具体命令如下, 运行结果见图 1.15.

```
> Temp <- read.csv("E:/DATA/CHAP1/TempUSA.csv",header=T)
> LAMax <- Temp$LosAngelesMax;LAMin <- Temp$LosAngelesMin
> LAMax <- ts(LAMax,start=c(2000,1),frequency = 12)
> acf(LAMax,lag=154)
```

　　自相关图 1.15 显示序列自相关系数呈现长期周期衰减, 而且自相关系数值正、负基本各半地居于横轴上下两侧, 从而判断序列是非平稳序列.

　　例 1.19　绘制美国加利福尼亚州洛杉矶地区 115 年来的年降水量的自相关图. 具体命令如下, 运行结果见图 1.16.

```
> x <- scan("E:/DATA/CHAP1/data1.3.txt")
Read 115 items
> x <- ts(x, start=1878)
> acf(x)
```

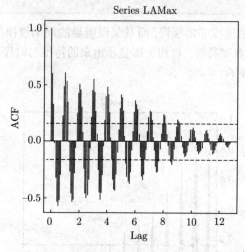

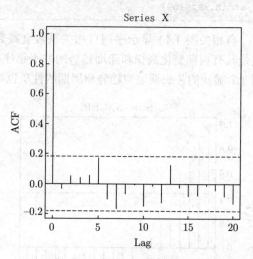

图 1.15　美国洛杉矶月平均最高气温自相关图　　　　图 1.16　洛杉矶年降水量的自相关图

　　从图 1.16 看出, 自相关系数 1 阶延迟之后, 立即衰减到零附近, 也不具有明显的周期特征, 因此可以判断序列是平稳序列.

1.5.3　数据的纯随机性检验

　　当识别出一个序列是平稳时间序列之后, 我们需要进一步分析该序列是否为纯随机序列, 因为如果是纯随机序列的话, 那么意味着序列值之间没有相关关系, 该序列就成为所谓的无记忆序列, 即过去的行为对将来的发展没有丝毫影响, 这样的序列从统计分析的角度而言无任何研究的意义.

　　下面我们首先学习纯随机序列的概念和性质, 然后学习纯随机序列的检验方法.

　　1. 纯随机序列的概念和性质

　　如果一个时间序列 $\{X_t, t \in T\}$ 满足如下条件:

(1) 对于 $\forall t \in T$, 有 $\mathrm{E}X_t = \mu$;

(2) 对于 $\forall t, s \in T$, 有

$$\gamma(t, s) = \begin{cases} \sigma^2, & t = s, \\ 0, & t \neq s, \end{cases}$$

那么称 $\{X_t, t \in T\}$ 为**纯随机序列 (pure random sequences)**, 或称为**白噪声序列 (white noise series)**, 简记为 $X_t \sim WN(\mu, \sigma^2)$.

显然白噪声序列一定是平稳序列, 而且是最简单的平稳序列. 需要注意的是, 虽然白噪声序列简记为 $X_t \sim WN(\mu, \sigma^2)$, 但是 X_t 不一定服从正态分布.

从白噪声序列的定义易得

$$\gamma(k) = 0, \quad \forall k \neq 0.$$

这说明白噪声序列的各项之间没有任何相关关系, 序列在进行无序的纯随机波动, 这是白噪声序列的本质特征. 在统计分析中, 如果某个随机事件呈现出纯随机波动的特征, 那么该随机事件就不含有任何值得提取的有用信息, 从而分析应该终止.

相反地, 如果序列的某个延迟 k 自协方差函数不为零, 即

$$\gamma(k) \neq 0, \quad \exists k \neq 0,$$

那么说明该序列不是纯随机序列, 其间隔 k 期的序列值之间存在一定程度的相互影响关系, 也即具有相关信息. 我们分析的目的就是要把这种相关信息从观察值序列中提取出来. 如果观察值序列中蕴含的相关信息完全被提取出来, 那么剩下的残差序列就应该呈现出纯随机序列的性质. 因此, 纯随机性还是判别相关信息提取是否充分的一个判别标准.

2. 纯随机性的检验

纯随机性检验也称为白噪声检验, 在学习它之前, 我们先通过时序图和自相关图感知一下白噪声序列的序列值走向和相关程度的表现.

例 1.20 随机产生 500 个服从标准正态分布的白噪声观察值序列, 并绘制时序图和自相关图.

利用 R 提供的随机数生成器, 我们可以产生随机数. 其操作非常简单, 一般都是在对应分布的名前加前缀 r, 如正态分布随机数生成器是 rnorm(), 均匀分布随机数生成器是 runif(), 泊松分布随机数生成器是 rpois(), 等等. 正态分布随机数生成器 rnorm() 的命令格式如下:

```
rnorm(n=, mean=, sd= )
```

函数 rnorm() 参数说明:

-n: 将产生的随机数个数.

-mean: 正态分布的均值, 缺省默认值为 0.

-sd: 标准差, 缺省默认值为 1.

本例的命令如下, 运行结果见图 1.17.

```
> white_noise <- rnorm(500)
> white_noise <- ts(white_noise)
> par(mfrow=c(2,1))
> plot(white_noise, main=" ")
> acf(white_noise,main=" ")
```

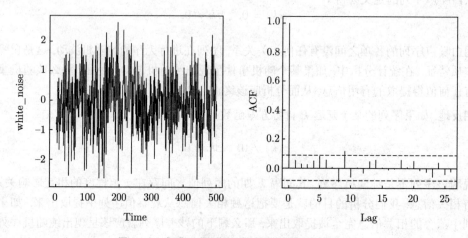

图 1.17　　标准正态白噪声序列的时序图和自相关图

从图 1.17 可见, 标准正态白噪声序列的序列值围绕横轴波动, 波动范围有界. 但波动既无趋势性, 也无周期性, 表现出明显的随机性. 图 1.17 也显示白噪声序列的样本自相关系数并非都为零, 但是这些自相关系数都非常小, 在零值附近做小幅波动. 这提示我们应该考虑样本自相关系数的分布, 构造统计量来检验序列的纯随机性.

现在我们来学习白噪声检验. 首先我们介绍一个关于白噪声序列延迟非零期的样本自相关函数渐近分布的定理, 该定理由 Barlett 给出.

定理 1.1　如果 $\{X_t, t \in T\}$ 是一个白噪声序列, 而 $\{x_t, 1 \leqslant t \leqslant n\}$ 为该白噪声序列的一个观察期数为 n 的观察值序列, 那么该序列延迟非零期的样本自相关函数近似服从均值为零, 且方差为序列观察期数倒数的正态分布, 即

$$\hat{\rho}(k) \stackrel{.}{\sim} N(0, 1/n), \quad \forall k \neq 0.$$

下面借助于定理 1.1, 构造检验统计量来检验序列的纯随机性. 根据检验对象提出如下假设条件:

原假设 $\mathbf{H}_0$: $\rho(1) = \rho(2) = \cdots = \rho(m) = 0, \quad \forall m \geqslant 1$;

备择假设 $\mathbf{H}_1$: 至少存在某个 $\rho(k) \neq 0, \quad \forall m \geqslant 1, k \leqslant m$.

原假设 $\mathbf{H}_0$ 意味着延迟期数小于或等于 m 的序列值之间互不相关; 备择假设 $\mathbf{H}_1$ 表明延迟期数小于或等于 m 的序列值之间存在某种相关性.

在样本容量 n 很大的情况下, Box 和 Pierce 构造了如下统计量:

$$Q_{\mathrm{BP}} = n \sum_{k=1}^{m} \hat{\rho}^2(k),$$

其中, n 为序列观察期数; m 为指定延迟期数. 根据正态分布和卡方分布之间的关系, 易得 Q_{BP} 近似服从自由度为 m 的卡方分布, 即

$$Q_{\mathrm{BP}} = n \sum_{k=1}^{m} \hat{\rho}^2(k) \overset{\cdot}{\sim} \chi^2(m).$$

当统计量 Q_{BP} 大于 $\chi^2_{1-\alpha}(m)$ 分位数, 或它的 p 值小于 α 时, 则以 $1 - \alpha$ 的置信水平拒绝原假设, 并有理由认为备择假设成立, 即该序列为非白噪声序列; 否则, 接受原假设, 认为该序列为白噪声序列.

在小样本情形, 统计量 Q_{BP} 检验效果已不太精确. 为克服这一缺陷, Box 和 Ljung 将统计量 Q_{BP} 修正为统计量 Q_{LB}:

$$Q_{\mathrm{LB}} = n(n+2) \sum_{k=1}^{m} \frac{\hat{\rho}^2(k)}{n-k}, \tag{1.3}$$

其中, n 为序列观察期数; m 为指定延迟期数. Box 和 Ljung 也证明了统计量 Q_{LB} 同样近似服从自由度为 m 的卡方分布.

统计量 Q_{BP} 和 Q_{LB} 统称为 **Q 统计量**. 在实际中, 各种检验场合普遍采用的 Q 统计量通常指的是 Q_{LB} 统计量.

在 R 语言中使用函数 Box.test() 进行白噪声检验. 该函数的命令格式如下:

```
Box.test(x, type=, lag= )
```

函数 Box.test() 的参数说明:

-x: 变量名, 可以是数值向量, 也可以是一元时间序列名.

-type: 检验统计量类型:

(1) type="Box-Pierce", 输出白噪声检验的 Q_{BP} 统计量. 该统计量是默认输出结果.

(2) type="Ljung-Box", 输出白噪声检验的 Q_{LB} 统计量.

-lag: 延迟阶数. lag=n 表示输出滞后 n 阶的白噪声统计量. 忽略该选项时, 默认输出滞后 1 阶的检验统计量结果.

在利用函数 Box.test() 进行白噪声检验时, 我们一般取延迟阶数不会太大, 这是因为平稳序列通常具有短期相关性. 如果序列值之间存在显著的相关关系, 通常只存在于延迟时期比较短的序列值之间. 如果一个平稳序列短期延迟的序列值之间都不存在显著的相关关系, 通常长期延迟之间就更不会存在显著的相关关系了. 同时, 如果一个序列显示了短期相关性, 那么该序列就一定不是白噪声序列, 我们就可以对序列值之间的相关性进行分析. 由于对平稳序列而言, 自相关函数随着延迟期数的增长而逐渐趋于零, 因此假若考虑的延迟期数太长, 反而可能淹没了该序列的短期相关性. 这一点我们在之后的章节将会进一步阐释.

例 1.21　计算例 1.20 中白噪声序列分别延迟 6 期和 12 期的 Q_{LB} 统计量的值, 并判断该序列的随机性 $(\alpha = 0.05)$. 具体命令及运行结果如下:

```
> Box.test(white_noise,lag=6)
Box-Pierce test
data:  white_noise
X-squared = 2.0304, df = 6, p-value = 0.9169


> Box.test(white_noise,lag=12)
Box-Pierce test
data:  white_noise
X-squared = 6.838, df = 12, p-value = 0.8681
```

我们分别作了延迟 6 期和 12 期的 Q 检验. 检验结果显示, p 值显著大于显著性水平 $\alpha = 0.05$, 故而该序列不能拒绝纯随机的原假设, 也就是说, 我们有理由相信序列波动没有统计规律, 从而可以停止对该序列的统计分析.

例 1.22　对 2005 年至 2015 年苏格兰百岁老人男女之比序列的平稳性和纯随机性进行检验. 具体命令及运行结果如下:

```
> z <- read.csv("E:/DATA/CHAP1/Centenarians by sex.csv",header=T)
> z <- z$ratio
> ratio <- ts(z,start=2005)
> par(mfrow=c(1,2))
> plot(ratio,type="o",main=" ",ylab="rate",pch=17)
> acf(ratio,main=" ")
```

```
> for(i in 1:2) print(Box.test(ratio,lag=5*i))
Box-Pierce test

data:  ratio
X-squared = 3.4811, df = 5, p-value = 0.6263

Box-Pierce test

data:  ratio
X-squared = 3.8636, df = 10, p-value = 0.9533
```

语句说明:

在 R 语言中每次调用 Box.test() 函数, 都只能给出一个检验结果. 为了一次完成多个检验, 我们可以使用循环语句 for. 其命令格式如下:

```
for(var in seq) expr
```

函数 Box.test() 参数说明:

-**var**: 循环变量名.

-**seq**: 一个向量, 给出循环区间.

-**expr**: 需要循环执行的命令.

本例中使用 for 语句对 ratio 序列进行了延时 5 期和延迟 10 期的检验.

从时序图 (见图 1.18) 可以看出, 2005 年至 2015 年苏格兰百岁老人男女之比始终在 0.14 上下稳定波动. 从自相关图来看, 1 期延迟自相关函数迅速衰减到 2 倍标准差范围内, 3 期延迟

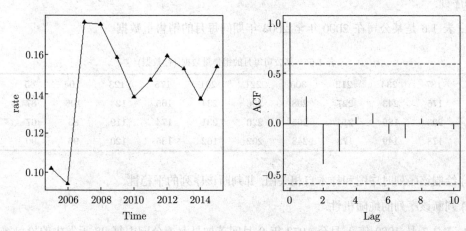

图 1.18　2005 年至 2015 年苏格兰百岁老人男女之比序列的时序图和自相关图

之后自相关函数基本在零附近微小波动, 具有白噪声序列的特征. 延迟 5 期和延迟 10 期的 Q_{LB} 检验统计量的 P 值都大于显著性水平 $\alpha = 0.05$, 所以我们有理由相信该序列是白噪声序列.

习题 1

1. 什么是时间序列? 请列举生活中观察到的时间序列的例子, 并收集关于这些例子的观测值. 根据所收集到的观测值序列, 绘制时序图.

2. 时间序列分析的方法有哪些? 分别简述时域方法和频域方法的发展轨迹和特点.

3. 何谓严平稳? 何谓宽平稳? 简述它们之间的区别和联系?

4. 简述平稳性假设的统计意义.

5. 简述时间序列建模全过程.

6. 何谓时间序列平稳性的图检验法? 请简述图检验思想.

7. 什么是白噪声序列? 简述白噪声检验方法及其操作过程.

8. 若 $y_t = u\cos\alpha t + v\sin\alpha t$, 其中 α 是常数, u,v 为随机变量, 证明: $\{y_t\}$ 平稳的充分必要条件是: u,v 是均值为零, 等方差且互不相关的随机变量.

9. 已知 $\{\varepsilon_t\}$ 是一个白噪声序列, 证明: 滑动和序列 $w_t = \sum_{i=0}^{q} \alpha_i \varepsilon_{t-i}$ 也为平稳序列.

10. 已知 $\{\varepsilon_t\}$ 是一个白噪声序列, 且 $\sum_{i=-\infty}^{\infty} |\alpha_i| < \infty$, 证明: 滑动和序列 $x_t = \sum_{i=-\infty}^{\infty} \alpha_i \varepsilon_{t-i}$ 为平稳序列.

11. 表 1.6 是某公司在 2000 年至 2003 年期间每月的销售量数据.

表 1.6 某公司每月的销售量数据 (行数据)

153	187	234	212	300	221	201	175	123	104	85	78
134	175	243	227	298	256	234	165	124	106	87	74
145	203	189	214	295	220	231	174	119	85	67	75
117	178	149	178	248	202	162	135	120	96	90	63

(1) 绘制该序列时序图和样本自相关图, 并判断该序列的平稳性.

(2) 判断该序列的纯随机性.

12. 表 1.7 是 1969 年 1 月至 1973 年 9 月间芝加哥海德公园内每 28 天发生的抢包案件数.

表 1.7　芝加哥海德公园内每 28 天发生的抢包案件数 (行数据)

10	15	10	10	12	10	7	7	10	14	8	17
14	18	3	9	11	10	6	12	14	10	25	29
33	33	12	19	16	19	19	12	34	15	36	29
26	21	17	19	13	20	24	12	6	14	6	12
9	111	17	12	9	14	144	12	5	8	10	3
16	8	8	7	12	6	10	8	10	5		

(1) 绘制该序列 $\{x_t\}$ 时序图和样本自相关图, 并判断该序列的平稳性.

(2) 对该序列进行变换

$$y_t = x_t - x_{t-1},$$

并判断序列 $\{y_t\}$ 的平稳性和纯随机性.

13. 若序列长度是 100, 前 12 个样本自相关系数如下:

$$\rho(1) = 0.02, \ \rho(2) = 0.05, \ \rho(3) = 0.10, \ \rho(4) = -0.02,$$

$$\rho(5) = 0.05, \ \rho(6) = 0.01, \ \rho(7) = 0.12, \ \rho(8) = -0.06,$$

$$\rho(9) = 0.08, \ \rho(10) = -0.05, \ \rho(11) = 0.02, \rho(12) = -0.05.$$

问: 该序列能否视为纯随机序列 ($\alpha=0.05$)?

14. 表 1.8 是 1945 年至 1950 年间费城月度降雨量数据 (单位: mm).

表 1.8　1945 年至 1950 年间费城月度降雨量数据 (行数据)

69.3	80.0	40.9	74.9	84.6	101.1	225.0	95.3	100.6	48.3	144.5	128.3
38.4	52.3	68.6	37.1	148.6	218.7	131.6	112.8	81.8	31.0	47.5	70.1
96.8	61.5	55.6	171.7	220.5	119.4	63.2	181.6	73.9	64.8	166.9	48.0
137.7	80.5	105.2	89.9	174.8	124.0	86.4	136.9	31.5	35.3	112.3	143.0
160.8	97.0	80.5	62.5	158.2	7.6	165.9	106.7	92.2	63.2	26.2	77.0
52.3	105.4	144.3	49.5	116.1	54.1	148.6	159.3	85.3	67.3	112.8	59.4

(1) 计算该序列的样本自相关系数 $\hat{\rho}_k, k = 1, 2, \cdots, 24$.

(2) 绘制该序列时序图和样本自相关图, 并判断该序列的平稳性.

(3) 判断该序列的纯随机性.

第 2 章　平稳时间序列模型及其性质

学习目标与要求

1. 了解线性差分方程及其解的结构.
2. 掌握自回归模型的有关概念和性质.
3. 掌握移动平均模型的有关概念和性质.
4. 掌握自回归移动平均模型的有关概念和性质.

2.1　差分方程和滞后算子

如果序列值被识别为平稳的非白噪声序列, 那么该序列就蕴含着一定的相关信息. 从统计角度看, 我们就可以设法提取该序列中蕴含的有用信息, 并建立适当的统计模型来拟合该序列. 目前, 最常用的平稳序列拟合模型是自回归模型 (AR 模型)、移动平均模型 (MA 模型) 和自回归移动平均模型 (ARMA 模型). 这三类模型都属于有限参数线性模型, 它们与线性差分方程有着密切的联系, 模型的性质取决于差分方程根的性质. 因此, 在介绍这三类模型之前, 我们先简要学习线性差分方程的求解和滞后算子.

2.1.1　差分运算与滞后算子

1. p 阶差分运算

对于一个观察值序列 $\{x_t\}$ 来讲, 相邻两时刻序列值之差称为 **1 阶差分 (first-order difference)**, 下面引入 **1 阶向后差分**, 记为 ∇x_t, 即

$$\nabla x_t = x_t - x_{t-1}.$$

对 1 阶向后差分后所得序列 $\{\nabla x_t\}$ 再进行 1 阶向后差分运算就得到 **2 阶向后差分 (second-order difference)**, 记为 $\nabla^2 x_t$, 于是

$$\nabla^2 x_t = \nabla x_t - \nabla x_{t-1}.$$

类似地, 对 $p-1$ 阶向后差分后所得序列 $\nabla^{p-1} x_t$ 再进行 1 阶向后差分就得到 **p 阶向后差分 (pth-order difference)**, 记为 $\nabla^p x_t$,

$$\nabla^p x_t = \nabla^{p-1} x_t - \nabla^{p-1} x_{t-1}.$$

2. m 步差分运算

一般地, 称观察值序列 $\{x_t\}$ 相距 m 个时刻的值之差为 **m 步差分**, 记作: $\nabla_m x_t$, 即

$$\nabla_m x_t = x_t - x_{t-m}.$$

3. 滞后算子

为了简化后面平稳模型的表达式并便于求解, 我们引入滞后算子的概念. 如果算子 B 满足

$$B x_t = x_{t-1},$$

那么称 B 为关于时间 t 的 1 步**滞后算子 (lag operator)**, 简称滞后算子 (又称延迟算子).

容易证明滞后算子有如下性质:

(1) $B^0 x_t = x_t$;

(2) $B^k x_t = x_{t-k}, k = 1, 2, \cdots$;

(3) 若 $\{x_t\}$ 和 $\{y_t\}$ 为任意两个序列, 且 c_1 和 c_2 为任意常数, 则有

$$B(c_1 x_t \pm c_2 y_t) = c_1 x_{t-1} \pm c_2 y_{t-1} = c_1 B x_t \pm c_2 B y_t;$$

(4) $(1-B)^n x_t = \sum_{i=0}^{n} (-1)^i C_n^i B^i x_t$, 其中 $C_n^i = \dfrac{n!}{i!(n-i)!}$.

4. 差分运算与滞后算子的关系

根据差分运算和滞后算子的概念, 我们不难用滞后算子表示如下差分运算:

(1) $\nabla^n x_t = (1-B)^n x_t = \sum_{i=0}^{n} (-1)^i C_n^i B^i x_t = \sum_{i=0}^{n} (-1)^i C_n^i x_{t-i}$;

(2) $\nabla_n x_t = (1 - B^n) x_t$.

2.1.2　线性差分方程

1. 线性差分方程的概念

称如下形式的方程

$$x_t + a_1 x_{t-1} + a_2 x_{t-2} + \cdots + a_n x_{t-n} = f(t), \tag{2.1}$$

为序列 $\{x_t, t = 0, \pm 1, \pm 2, \cdots\}$ 的 **n 阶线性差分方程 (nth-order linear difference equation)**, 其中 $n \geqslant 1$; $a_1, a_2, \cdots, a_n$ 为实数, 且 $a_n \neq 0$; $f(t)$ 为 t 的已知函数.

特别地, 如果在方程 (2.1) 中 $f(t) \equiv 0$, 即

$$x_t + a_1 x_{t-1} + a_2 x_{t-2} + \cdots + a_n x_{t-n} = 0, \tag{2.2}$$

那么称方程 (2.2) 为 **n 阶齐次线性差分方程 (nth-order homogeneous linear difference equations)**. 否则, 称方程 (2.1) 为 **n 阶非齐次 (nonhomogeneous) 线性差分方程**.

2. 齐次线性差分方程解的结构

齐次线性差分方程的解的结构依赖于它的特征方程和特征根的取值情况. n 阶齐次线性差分方程 (2.2) 的特征方程为

$$\lambda^n + a_1 \lambda^{n-1} + a_2 \lambda^{n-2} + \cdots + a_n = 0. \tag{2.3}$$

由于 $a_n \neq 0$, 所以方程 (2.3) 最多有 n 个非零根, 我们称这 n 个非零根为 n 阶齐次线性差分方程 (2.2) 的特征根, 不妨记作

$$\lambda_1, \lambda_2, \cdots, \lambda_n.$$

根据特征根的不同情况, 齐次线性差分方程 (2.2) 的解具有不同的结构. 下面分情况讨论:

(1) 当 $\lambda_1, \lambda_2, \cdots, \lambda_n$ 为特征方程的互不相等的 n 个实根时, 齐次线性差分方程 (2.2) 的通解为

$$x_t = c_1 \lambda_1^t + c_2 \lambda_2^t + \cdots + c_n \lambda_n^t,$$

式中 $c_1, c_2, \cdots, c_n$ 为任意 n 个实常数.

(2) 当 $\lambda_1, \lambda_2, \cdots, \lambda_n$ 中有相同实根时, 不妨假设 $\lambda_1 = \lambda_2 = \cdots = \lambda_m$ 为 m 个相等实根, 而 $\lambda_{m+1}, \lambda_{m+2}, \cdots, \lambda_n$ 为互不相等的实根, 则齐次线性差分方程 (2.2) 的通解为

$$x_t = (c_1 + c_2 t + \cdots + c_m t^{m-1}) \lambda_1^t + c_{m+1} \lambda_{m+1}^t + \cdots + c_n \lambda_n^t,$$

式中 $c_1, c_2, \cdots, c_n$ 为任意 n 个实常数.

(3) 当 $\lambda_1, \lambda_2, \cdots, \lambda_n$ 中有复根时, 由于其复根必然成对共轭出现, 故而不妨假设 $\lambda_1 = a + \mathrm{i}b = r\mathrm{e}^{\mathrm{i}\omega}$, $\lambda_2 = a - \mathrm{i}b = r\mathrm{e}^{-\mathrm{i}\omega}$ 为一对共轭复根, 其中 $r = \sqrt{a^2 + b^2}, \omega = \arccos\dfrac{a}{r}$, 而 $\lambda_3, \lambda_4, \cdots, \lambda_n$ 为互不相同的实根. 这时齐次线性差分方程 (2.2) 的通解为

$$x_t = r^t(c_1\mathrm{e}^{\mathrm{i}t\omega} + c_2\mathrm{e}^{-\mathrm{i}t\omega}) + c_3\lambda_3^t + \cdots + c_n\lambda_n^t,$$

式中 $c_1, c_2, \cdots, c_n$ 为任意实数.

3. 非齐次线性差分方程的解

求解非齐次线性差分方程 (2.1) 需分三步进行. 第一步根据齐次线性差分方程 (2.2) 的特征根的情况确定方程 (2.2) 的通解 x'_t; 第二步求出非齐次线性差分方程 (2.1) 的一个特解 x''_t, 所谓特解就是满足方程 (2.1) 的任意一个; 第三步写出非齐次线性差分方程 (2.1) 的通解

$$x_t = x'_t + x''_t.$$

例 2.1 求二阶非齐次线性差分方程

$$x_t - 5x_{t-1} + 6x_{t-2} = 2t - 7 \tag{2.4}$$

的通解.

解 原方程 (2.4) 对应的齐次方程

$$x_t - 5x_{t-1} + 6x_{t-2} = 0 \tag{2.5}$$

的特征方程为

$$\lambda^2 - 5\lambda + 6 = 0. \tag{2.6}$$

由方程 (2.6) 解得两个不等的特征根: $\lambda_1 = 2$, $\lambda_2 = 3$. 于是, 方程 (2.5) 的通解为

$$x'_t = c_1 2^t + c_2 3^t,$$

其中 c_1, c_2 为任意常数. 容易观察得方程 (2.4) 的一个特解 $x''_t = t$. 故得方程 (2.4) 的通解为

$$x_t = c_1 2^t + c_2 3^t + t.$$

2.2　自回归模型的概念和性质

本节介绍较为简单的自回归 (autoregressive, AR) 模型以及它的统计性质. 事实上, 如果把差分方程 (2.1) 中等号右边的 $f(t)$ 换成随机噪声 ε_t, 那么就变成了随机差分方程. 从数学上来看, 下面的 AR 模型就是一种特殊的随机差分方程.

2.2.1　自回归模型的定义

设 $\{x_t, t \in T\}$ 为一个序列, 则称满足如下结构的模型为 $\boldsymbol{p}$ 阶自回归模型 (lag-$\boldsymbol{p}$ autore-gressive model), 简记为 AR(p):

$$x_t = \phi_0 + \phi_1 x_{t-1} + \phi_2 x_{t-2} + \cdots + \phi_p x_{t-p} + \varepsilon_t, \tag{2.7}$$

其中, $\phi_0, \phi_1, \phi_2, \cdots, \phi_p$ 为 $p+1$ 个固定常数, 并要求 $\phi_p \neq 0$; ε_t 为均值为零的白噪声序列, 且 ε_t 与 x_{t-j} $(j = 1, 2, \cdots)$ 无关.

在模型 AR(p) 中, 要求随机干扰项 ε_t 为零均值的白噪声序列, 即满足

$$\mathrm{E}\varepsilon_t = 0, \ \mathrm{Var}(\varepsilon_t) = \sigma^2, \ \mathrm{E}(\varepsilon_t \varepsilon_s) = 0, \quad s \neq t.$$

且当期 (即现在这时刻) 的随机干扰 ε_t 与过去序列值无关, 即 $\mathrm{E}(x_s \varepsilon_t) = 0$ 对 $\forall s < t$.

当 $\phi_0 = 0$ 时, 自回归模型 (2.7) 称为中心化 AR($\boldsymbol{p}$) 模型. 当 $\phi_0 \neq 0$ 时, 自回归模型 (2.7) 称为非中心化 AR($\boldsymbol{p}$) 模型, 此时, 令

$$\mu = \frac{\phi_0}{1 - \phi_1 - \cdots - \phi_p}, \quad y_t = x_t - \mu,$$

则 $\{y_t\}$ 就为中心化序列. 上述变换实际上就是非中心化序列整体平移了一个常数单位, 这种整体平移对序列值之间的相关关系没有任何影响, 所以今后在分析 AR 模型的相关关系时, 都简化为中心化模型进行分析.

应用滞后算子, 中心化 AR(p) 模型可表示为

$$\Phi(B)x_t = \varepsilon_t,$$

其中, $\Phi(B) = 1 - \phi_1 B - \phi_2 B^2 - \cdots - \phi_p B^p$ 称为 $\boldsymbol{p}$ 阶自回归系数多项式.

例 2.2　设某商品的价格序列为 $\{x_t\}$, 该商品的需求量为 $Q_t^d = a - b x_t$, 而供给量为 $Q_t^s =$

$-c + dx_{t-1}$. 一种较为理想的经营策略是需求量与供给量相等, 从而得到 $x_t = \dfrac{a+c}{b} - \dfrac{d}{b}x_{t-1}$.
事实上, 商品的需求与供给还可能受到收入、偏好等其他众多非主要因素的干扰. 干扰项设为
ε_t, 将其加入模型中有

$$x_t = \frac{a+c}{b} - \frac{d}{b}x_{t-1} + \varepsilon_t. \tag{2.8}$$

一般假设 $\varepsilon_t \sim WN(0, \sigma^2)$, 而且 ε_t 与 x_{t-1} 不相关, 此时模型 (2.8) 就是一个非中心化 AR(1)
模型.

将模型 (2.8) 实施中心化变换, 化为形如

$$y_t = \phi_1 y_{t-1} + \varepsilon_t \tag{2.9}$$

的中心化 AR(1) 模型, 可以看到, y_t 依赖于 y_{t-1} 和与 y_{t-1} 不相关的扰动 ε_t.

对模型 (2.9) 进行反复迭代运算, 得到

$$y_t = \phi_1 y_{t-1} + \varepsilon_t = \phi_1(\phi_1 y_{t-2} + \varepsilon_{t-1}) + \varepsilon_t = \phi_1^2 y_{t-2} + \phi_1 \varepsilon_{t-1} + \varepsilon_t = \cdots$$
$$= \sum_{k=0}^{\infty} \phi_1^k \varepsilon_{t-k}. \tag{2.10}$$

从 (2.10) 式可见, 服从 AR(1) 过程的时间序列 $\{y_t\}$ 经过多次迭代后成为白噪声序列 $\{\varepsilon_t\}$ 的加
权和. ϕ_1^k 描述了第 $t-k$ 期噪声对 y_t 的影响. 如果 $|\phi_1| < 1$, 意味着随着 k 的增加, 噪声对 y_t 的
影响越来越弱, 特别是当 $k \to \infty$, 噪声对 y_t 的影响趋于零. 在下面我们将看到, 当 $|\phi_1| < 1$ 时,
服从 AR(1) 模型的时间序列 $\{y_t\}$ 是个平稳的时间序列.

在研究序列的统计性质之前, 一个不错的习惯是首先拟合序列值的走向, 得到一个对数据感
性的认识. 这样做有时对理论分析大有裨益.

R 提供了多种拟合序列的函数. 下面我们介绍两种常用的序列拟合方法.

1. filter 拟合函数

filter() 函数可以直接拟合 AR 序列 (不论是否平稳) 和后面将讲述的 MA 序列. filter() 函
数的命令格式为:

```
filter(a, filter= ,method= ,circular= )
```

该函数的参数说明:

- **a**: 随机波动序列的变量名.

- **filter**: 指定模型系数, 其中

(1) AR(p) 模型为 filter=$c(\phi_1, \phi_2, \cdots, \phi_p)$;

(2) MA(q) 模型为 filter=$c(1, -\theta_1, -\theta_2, \cdots, -\theta_q)$.

-method: 指定拟合的是 AR 模型还是 MA 模型.

(1) method="recursive" 为 AR 模型;

(2) method="convolution" 为 MA 模型.

-circular: 拟合 MA 模型时专用的一个选项, circular=T 可以避免 NA 数据出现.

2. arima.sim 拟合函数

arima.sim() 函数可以拟合平稳 AR 序列以及后面将讲述的 MA 序列、平稳 ARMA 序列和 ARIMA 序列. 命令格式为:

```
arima.sim(n, list(ar= ,ma= ,order= ),sd= )
```

该函数的参数说明:

-n: 拟合序列的长度.

-list: 指定具体模型参数, 其中:

(1) 拟合平稳 AR(p) 模型, 要给出自回归系数: ar= $c(\phi_1,\phi_2,\cdots,\phi_p)$. 如果指定拟合的 AR 模型为非平稳模型, 系统就会报错.

(2) 拟合 MA(q) 模型, 要给出移动平均系数: ma= $c(1,\theta_1,\theta_2,\cdots,\theta_q)$.

(3) 拟合平稳 ARMA(p,q) 模型, 需要同时给出自回归系数和移动平均系数. 如果指定拟合的 ARMA 模型为非平稳的模型, 系统会报错.

(4) 拟合 ARIMA(p,d,q) 模型, 需要自回归系数、移动平均系数和选项 order. order=c(p,d,q), 其中 p 为自回归阶数、d 为差分阶数、q 为移动平均阶数.

-sd: 指定序列的标准差, 如不特殊指定, 系统默认 sd=1.

例 2.3 拟合下列 AR 模型, 并绘制时序图:

(1) $x_t = 0.6x_{t-1} + \varepsilon_t$;   (2) $x_t = x_{t-1} + \varepsilon_t$;

(3) $x_t = 1.8x_{t-1} + \varepsilon_t$;   (4) $x_t = x_{t-1} + 0.3x_{t-2} + \varepsilon_t$.

这里 $\varepsilon_t \sim WN(0,\sigma^2)$.

解 我们用 R 拟合这四个序列的序列值, 并绘制时序图, 具体命令如下, 运行结果见图 2.1.

```
> stationary <- arima.sim(n=100, list(ar=0.6))
> e <- rnorm(100)
> randomwalk <- filter(e,filter=1, method="recursive")
> unstationary1 <- filter(e,filter=1.8, method="recursive")
> unstationary2 <- filter(e,filter=c(1,0.3), method="recursive")
> par(mfrow=c(2,2))
```

```
> ts.plot(stationary,sub="(a)")
> ts.plot(randomwalk,sub="(b)")
> ts.plot(unstationary1,sub="(c)")
> ts.plot(unstationary2,sub="(d)")
```

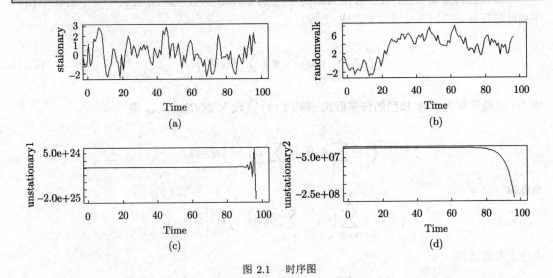

图 2.1   时序图

题 (1) 的自回归系数 $\phi_1 = 0.6$, 所以距离时刻 t 越远的噪声对 x_t 影响越小, 时序图 2.1(a) 呈现平稳态势. 题 (2) 的自回归系数 $\phi_1 = 1$, 所以噪声对 x_t 的影响不随时间的推移而减弱. 我们称这种序列为**随机游走 (random walk)**. 从图 2.1(b) 可见, 随机游走序列在一定时间段具有一定的上升或者下降趋势, 也就是运动的方向有一定的持续性. 与图 2.1(a) 相比, 随机游走并不是围绕某个值上下波动, 而出现了持续偏离, 因此随机游走序列不是平稳序列. 图 2.1(c) 表明题 (3) 方差逐渐增大, 而图 2.4(d) 表明题 (4) 的序列值有明显的增加趋势, 故而它们都不平稳序列.

2.2.2 稳定性与平稳性

AR 模型是最常用的拟合平稳序列的模型之一, 但是并非所有 AR 模型都是平稳的, 甚至有些 AR 模型都不一定是稳定的. 下面我们来学习判别 AR 模型稳定性和平稳性的方法.

1. Green 函数

设 $\{x_t, t \in T\}$ 是一个序列, 如果 x_t 可表示为零均值白噪声序列 ε_t 的级数和, 即

$$x_t = G_0\varepsilon_t + G_1\varepsilon_{t-1} + G_2\varepsilon_{t-2} + \cdots$$

那么系数函数 $G_i(i = 0, 1, 2, \cdots)$ 称为 **Green 函数**.

根据 (2.10) 式, AR(1) 序列可以表示为 $x_t = \sum_{k=0}^{\infty} \phi_1^k \varepsilon_{t-k}$, 所以 AR(1) 模型的 Green 函数为 $G_k = \phi_1^k$.

下面根据待定系数法, 求中心化 AR(p) 模型的 Green 函数. 显然, 任何一个中心化 AR(p) 序列经过反复迭代运算总可以表示成

$$x_t = \sum_{k=0}^{\infty} G_k \varepsilon_{t-k} = \Big(\sum_{k=0}^{\infty} G_k B^k\Big)\varepsilon_t. \tag{2.11}$$

(2.11) 式通常称为 **AR 模型的传递形式**. 将 (2.11) 式代入 $\Phi(B)x_t = \varepsilon_t$ 得

$$\Big(1 - \sum_{i=1}^{p} \phi_i B^i\Big)\Big(\sum_{k=0}^{\infty} G_k B^k\Big)\varepsilon_t = \varepsilon_t,$$

整理得

$$\Big[G_0 + \sum_{k=1}^{\infty}\Big(G_k - \sum_{i=1}^{k} \phi_i^* G_{k-i}\Big)B^k\Big]\varepsilon_t = \varepsilon_t.$$

由待定系数法得

$$G_k - \sum_{i=1}^{k} \phi_i^* G_{k-i} = 0, \quad k = 1, 2, \cdots.$$

于是得到 Green 函数的递推计算公式

$$G_0 = 1, \quad G_k = \sum_{i=1}^{k} \phi_i^* G_{k-i}, \quad k = 1, 2, \cdots,$$

其中, 当 $i \leqslant p$ 时, $\phi_i^* = \phi_i$; 当 $i > p$ 时, $\phi_i^* = 0$.

现在分析一下 Green 函数的意义. 从 AR 模型的传递形式 (2.11) 式, 我们可以看到, Green 函数 G_k 是 $t - k$ 时刻的干扰项 ε_{t-k} 的权数, $|G_k|$ 越大, 表明过去的干扰对 t 的序列值影响也越大, 说明系统的记忆性越强. 如果 $|G_k| \to 0, k \to \infty$, 那么说明过去的干扰的影响逐渐衰减; 如果 当 $k \to \infty$ 时, $|G_k|$ 不收敛于零, 那么说明过去干扰的影响不随时间的推移而衰退. 这样的序列将是不平稳的.

借助于 Green 函数的概念, 我们可以考察序列如下三种类型的稳定性.

(1) 如果存在常数 $M > 0$, 使得对于一切 k, $|G_k| \leqslant M$, 那么称序列 $x_t = \sum_{k=0}^{\infty} G_k \varepsilon_{t-k}$ 是稳定的 (stable).

(2) 如果 $k \to \infty$ 时, $|G_k| \to 0$, 则称序列 $x_t = \sum\limits_{k=0}^{\infty} G_k \varepsilon_{t-k}$ 是**渐近稳定的** (asymptotically stable).

(3) 如果存在常数 $a > 0$, $b > 0$, 使得对于一切 k, $|G_k| \leqslant a\mathrm{e}^{-bk}$, 则称序列 $x_t = \sum\limits_{k=0}^{\infty} G_k \varepsilon_{t-k}$ 是**一致渐近稳定的** (uniformly asymptotically stable).

2. AR 模型平稳性的判别

下面的定理给出了判别 AR 模型平稳性的充分必要条件.

定理 2.1 设 $\{x_t, t \in T\}$ 是一个中心化 AR(p) 模型

$$\Phi(B)x_t = \varepsilon_t,$$

其中 $\Phi(B) = 1 - \phi_1 B - \phi_2 B^2 - \cdots - \phi_p B^p$, 则 $\{x_t, t \in T\}$ 平稳的充分必要条件是

$$\Phi(u) = 1 - \phi_1 u - \phi_2 u^2 - \cdots - \phi_p u^p = 0$$

的根在单位圆外.

证明 设 $\Phi(u) = 0$ 的 p 个根为 $1/\lambda_1, 1/\lambda_2, \cdots, 1/\lambda_p$, 则 $\Phi(B)$ 可表示为

$$\Phi(B) = a(1 - \lambda_1 B)(1 - \lambda_2 B) \cdots (1 - \lambda_p B).$$

从而

$$x_t = \Phi^{-1}(B)\varepsilon_t = \frac{1}{a(1 - \lambda_1 B)(1 - \lambda_2 B) \cdots (1 - \lambda_p B)}\varepsilon_t.$$

用待定系数法, 得

$$x_t = \sum_{k=1}^{p} a_k(1 - \lambda_k B)^{-1}\varepsilon_t,$$

其中 a_k 是有限实数. 于是有

$$x_t = \sum_{k=1}^{p} a_k\Big(\sum_{i=0}^{\infty} \lambda_k^i B^i\Big)\varepsilon_t = \sum_{i=0}^{\infty}\Big(\sum_{k=1}^{p} a_k \lambda_k^i\Big)\varepsilon_{t-i}. \tag{2.12}$$

(2.12) 式是一个白噪声加权和. x_t 平稳的充分必要条件是权系数绝对收敛于零, 而权系数绝对收敛于零的充分必要条件是所有的 λ_i 的绝对值小于 1, 即它的根 $1/\lambda_i (i = 1, 2, \cdots, p)$, 都在单位圆之外.

推论 2.1　AR(p) 模型 $\{x_t\}$ 平稳的充要条件是它的齐次线性差分方程 $\Phi(B)x_t = 0$ 的特征根都在单位圆内.

证明　根据定理 2.1, 只需证明自回归系数多项式方程 $\Phi(u) = 0$ 的根是齐次线性差分方程 $\Phi(B)x_t = 0$ 的特征根的倒数即可. 事实上, 设 $\lambda_i(i = 1, 2, \cdots, p)$ 为齐次线性差分方程 $\Phi(B)x_t = 0$ 的特征根, 任取一个 λ_i 代入特征方程, 得

$$\lambda_i^p - \phi_1\lambda_i^{p-1} - \phi_2\lambda_i^{p-2} - \cdots - \phi_p = 0.$$

把 $1/\lambda_i$ 代入自回归系数多项式, 得

$$\Phi\left(\frac{1}{\lambda_i}\right) = 1 - \phi_1\frac{1}{\lambda_i} - \phi_2\frac{1}{\lambda_i^2} - \cdots - \phi_p\frac{1}{\lambda_i^p}$$

$$= \frac{1}{\lambda_i^p}\left[\lambda_i^p - \phi_1\lambda_i^{p-1} - \phi_2\lambda_i^{p-2} - \cdots - \phi_p\right] = 0.$$

证毕.

根据推论 2.1 知, AR(p) 模型平稳的充要条件是它的齐次线性差分方程的特征根都在单位圆内, 而特征根是由自回归系数决定的, 因此满足这个条件的自回归系数构成一个集合, 这个集合称为平稳域. 更准确地, 引入下列概念.

对于一个 AR(p) 模型, 我们称使其特征根都在单位圆内的 p 个系数构成的向量的集合为 **AR(p) 模型的平稳域**, 即

$$\{(\phi_1, \phi_2, \cdots, \phi_p) : \text{特征根都在单位圆内}\}.$$

对于低阶 AR 模型用平稳域的方法判别其稳定性更为方便.

例 2.4　求 AR(1) 模型 $x_t = \phi_1 x_{t-1} + \varepsilon_t$ 的平稳域.

解　根据 AR(1) 模型的特征方程 $\lambda - \phi_1 = 0$ 得特征根为 $\lambda = \phi_1$. 再由推论 2.1 知, AR(1) 模型平稳的充要条件是 $|\phi_1| < 1$, 故而得到 AR(1) 模型的平稳域就是 $\{\phi_1 : -1 < \phi_1 < 1\}$.

例 2.5　求 AR(2) 模型 $x_t = \phi_1 x_{t-1} + \phi_2 x_{t-2} + \varepsilon_t$ 的平稳域.

解　设 AR(2) 模型的特征方程 $\lambda^2 - \phi_1\lambda - \phi_2 = 0$ 的两个特征根分别为 λ_1 和 λ_2, 则根据推论 2.1 和一元二次方程根与系数的关系知 AR(2) 模型平稳的充要条件为

$$|\phi_2| = |\lambda_1\lambda_2| < 1;$$

$$\phi_2 + \phi_1 = -\lambda_1\lambda_2 + (\lambda_1 + \lambda_2) = 1 - (1 - \lambda_1)(1 - \lambda_2) < 1;$$

$$\phi_2 - \phi_1 = -\lambda_1\lambda_2 - (\lambda_1 + \lambda_2) = 1 - (1 + \lambda_1)(1 + \lambda_2) < 1.$$

于是得到 AR(2) 模型的平稳域

$$\{(\phi_1, \phi_2) : |\phi_2| < 1, \phi_2 \pm \phi_1 < 1\}.$$

3. AR 模型平稳性与稳定性的关系

对于 AR 模型来讲, 平稳性与稳定性有如下关系.

定理 2.2 中心化 AR(p) 模型

$$x_t = \phi_1 x_{t-1} + \phi_2 x_{t-2} + \cdots + \phi_p x_{t-p} + \varepsilon_t \tag{2.13}$$

平稳的充分必要条件是它渐近稳定或一致渐近稳定.

证明 设 $\lambda_1, \lambda_2, \cdots, \lambda_p$ 是中心化 AR(p) 模型的 p 个特征根, 则根据 (2.12)式得 Green 函数

$$G_i = \sum_{k=1}^{p} a_k \lambda_k^i, \quad i \geqslant 0.$$

当 AR(p) 模型平稳时, $|\lambda_k| < 1, k = 1, 2, \cdots, p$. 记 $A = \max\limits_{1 \leqslant k \leqslant p} \{|a_k|\}$, $B = \max\limits_{1 \leqslant k \leqslant p} \{|\lambda_k|\}$, 则得

$$|G_i| \leqslant pAB^i = pA\mathrm{e}^{-(-\ln B)i}, \quad i \geqslant 0. \tag{2.14}$$

于是得到, 平稳 AR(p) 模型是一致稳定的, 且渐近稳定的.

反之, 若 AR(p) 模型是一致稳定的, 或渐近稳定的, 则

$$\lim_{i \to \infty} |G_i| = 0.$$

从而, $|\lambda_k| < 1, k = 1, 2, \cdots, p$. 因此, AR($p$) 模型是平稳的.

不过, 如果 AR(p) 模型仅满足稳定性, 那么不一定是平稳的. 如随机游动序列 $y_t = \sum\limits_{i=0}^{\infty} \varepsilon_{t-i}$, 其中 $G_i = 1$. 因而是稳定的, 但不是平稳的.

2.2.3 平稳自回归模型的统计性质

1. 均值函数

假如 AR(p) 模型 (2.7) 满足平稳性条件, 在等式两边同时取期望, 得

$$\mathrm{E}x_t = \phi_0 + \phi_1 \mathrm{E}x_{t-1} + \phi_2 \mathrm{E}x_{t-2} + \cdots + \phi_p \mathrm{E}x_{t-p} + \mathrm{E}\varepsilon_t.$$

根据平稳性条件, 得 $\mathrm{E}x_t = \mu, \forall t \in T$. 由于 ε_t 是白噪声序列, 所以 $\mathrm{E}\varepsilon_t = 0$. 于是, 我们得到

$$\mu = \frac{\phi_0}{1 - \phi_1 - \cdots - \phi_p}.$$

特别地, 对于中心化 AR(p) 模型, 有 $\mathrm{E}x_t = 0$.

2. 方差函数

假如 AR(p) 模型是平稳的, 对其传递形式 (2.11) 式两边求方差, 有

$$\mathrm{Var}(x_t) = \sum_{i=0}^{\infty} G_i^2 \mathrm{Var}(\varepsilon_t) = \sigma_\varepsilon^2 \sum_{i=0}^{\infty} G_i^2,$$

其中, ε_t 为白噪声序列. 因为 $\{x_t\}$ 平稳, 所以根据 (2.14) 式, 得

$$\sum_{i=0}^{\infty} G_i^2 < \infty.$$

这表明平稳序列 $\{x_t\}$ 方差恒为常数 $\sigma_\varepsilon^2 \sum_{i=0}^{\infty} G_i^2$.

3. 自协方差函数

在中心化 AR(p) 平稳模型 (2.13) 两边同时乘以 $x_{t-k}, k \geqslant 1$, 然后求期望, 得

$$\mathrm{E}x_t x_{t-k} = \phi_1 \mathrm{E}x_{t-1}x_{t-k} + \cdots + \phi_p \mathrm{E}x_{t-p}x_{t-k} + \mathrm{E}\varepsilon_t x_{t-k}.$$

根据 AR(p) 模型的定义和平稳性, 得自协方差函数的递推公式:

$$\gamma(k) = \phi_1 \gamma(k-1) + \cdots + \phi_p \gamma(k-p). \tag{2.15}$$

4. 自相关函数

在自协方差函数递推公式 (2.15) 两边同时除以方差函数 $\gamma(0)$, 就得到自相关函数的递推公式:

$$\rho(k) = \phi_1 \rho(k-1) + \cdots + \phi_p \rho(k-p). \tag{2.16}$$

例 2.6 求平稳 AR(1) 模型 $x_t = \phi_1 x_{t-1} + \varepsilon_t$ 的方差、自协方差函数和自相关函数.

解 由 (2.10) 式知其传递形式为

$$x_t = \sum_{i=0}^{\infty} \phi_1^i \varepsilon_{t-i}.$$

从而 Green 函数 $G_i = \phi_1^i (i = 0, 1, 2, \cdots)$, 于是得平稳 AR(1) 模型的方差

$$\mathrm{Var}(x_t) = \sum_{i=0}^{\infty} G_i^2 \mathrm{Var}(\varepsilon_t) = \sum_{i=0}^{\infty} \phi_1^{2i} \sigma_\varepsilon^2 = \frac{\sigma_\varepsilon^2}{1 - \phi_1^2}.$$

由 (2.15) 式知, 平稳 AR(1) 模型的自协方差函数为

$$\gamma(k) = \phi_1 \gamma(k-1) = \phi_1^k \gamma(0) = \phi_1^k \frac{\sigma_\varepsilon^2}{1 - \phi_1^2}, \quad \forall k \geqslant 1,$$

因而平稳 AR(1) 模型的自相关函数为 $\rho(k) = \phi_1^k, k \geqslant 0$.

例 2.7 求平稳 AR(2) 模型 $x_t = \phi_1 x_{t-1} + \phi_2 x_{t-2} + \varepsilon_t$ 的方差、自协方差函数的递推公式以及自相关函数的递推公式.

解 根据 Green 函数可推出 AR(2) 模型的方差为

$$\gamma(0) = \frac{1 - \phi_2}{(1 + \phi_2)(1 - \phi_1 - \phi_2)(1 + \phi_1 - \phi_2)} \sigma_\varepsilon^2.$$

在 (2.15) 式中, 取 $k = 1$ 得 $\gamma(1) = \phi_1 \gamma(0) + \phi_2 \gamma(1)$, 从而

$$\gamma(1) = \frac{\phi_1 \gamma(0)}{1 - \phi_2}.$$

于是得到平稳 AR(2) 模型的自协方差函数的递推公式为

$$\begin{cases} \gamma(0) = \dfrac{1 - \phi_2}{(1 + \phi_2)(1 - \phi_1 - \phi_2)(1 + \phi_1 - \phi_2)} \sigma_\varepsilon^2; \\[3mm] \gamma(1) = \dfrac{\phi_1 \gamma(0)}{1 - \phi_2}; \\[3mm] \gamma(k) = \phi_1 \gamma(k-1) + \phi_2 \gamma(k-2), \quad k \geqslant 2. \end{cases}$$

自相关函数的递推公式为

$$\rho(k) = \begin{cases} 1, \quad k = 0; \\[3mm] \dfrac{\phi_1}{1 - \phi_2}, \quad k = 1; \\[3mm] \phi_1 \rho(k-1) + \phi_2 \rho(k-2), \quad k \geqslant 2. \end{cases}$$

平稳 AR(p) 模型的自相关函数的两个显著性质是, 拖尾性和呈指数衰减. 下面简要说明这两个性质.

从 (2.16) 式可以看出 AR(p) 模型的自相关函数递推公式是一个 p 阶齐次差分方程. 不妨设它有 p 个互不相同的实特征根 $\lambda_i, 1 \leqslant i \leqslant p$, 则滞后 k 阶的自相关函数的通解为

$$\rho(k) = c_1 \lambda_1^k + c_2 \lambda_2^k + \cdots + c_p \lambda_p^k, \tag{2.17}$$

其中, $c_i (1 \leqslant i \leqslant p)$ 是不全为零的任意常数.

通过 (2.17) 式可以看出, $\rho(k)$ 始终非零, 即不会在 k 大于某个值之后就恒为零, 这个性质称为**拖尾性**. AR(p) 模型的自相关函数的拖尾性质有直观的解释. 对于平稳 AR(p) 模型

$$x_t = \phi_1 x_{t-1} + \phi_2 x_{t-2} + \cdots + \phi_p x_{t-p} + \varepsilon_t,$$

虽然表达式直接显示 x_t 受当期 ε_t 和最近 p 期的序列值 $x_{t-1}, \cdots, x_{t-p}$ 的影响, 但是 x_{t-1} 也会受到 x_{t-1-p} 的影响, 以此类推, x_t 之前的每个值 $x_{t-1}, x_{t-2}, \cdots$ 对 x_t 都会有影响, 这种特性表现在自相关函数上就是自相关系数的拖尾性.

另外对于平稳 AR(p) 模型而言, 其特征值 $|\lambda_i| < 1, i = 1, 2, \cdots, p$, 所以当 $k \to \infty$ 时, $\rho(k) \to 0$, 且随着时间的推移是呈指数 λ^k 的速度衰减. 这种自相关函数以指数衰减的性质就是 1.5 节中利用自相关图判断平稳序列时所说的 "短期相关性", 它是平稳序列的一个重要特征. 这个特征表明只有近期的序列值对现时值的影响比较明显, 间隔越远的过去值对现时值的影响越小.

例 2.8　观察以下四个平稳 AR 模型的自相关图:

(1) $x_t = 0.8 x_{t-1} + \varepsilon_t$;　　　　　　　(2) $x_t = -0.7 x_{t-1} + \varepsilon_t$;

(3) $x_t = -0.2 x_{t-1} + 0.3 x_{t-2} + \varepsilon_t$;　　(4) $x_t = 0.2 x_{t-1} - 0.3 x_{t-2} + \varepsilon_t$.

其中, $\{\varepsilon_t\}$ 为标准正态白噪声序列.

解　我们按如下命令绘制出四个自相关图 (见图 2.2).

```
> a <- arima.sim(n=1000,list(ar=0.8))
> b <- arima.sim(n=1000,list(ar=-0.7))
> c <- arima.sim(n=1000,list(ar=c(-0.2,0.3)))
> d <- arima.sim(n=1000,list(ar=c(0.2,-0.3)))
> par(mfrow=c(2,2))
> acf(a);acf(b);acf(c);acf(d)
```

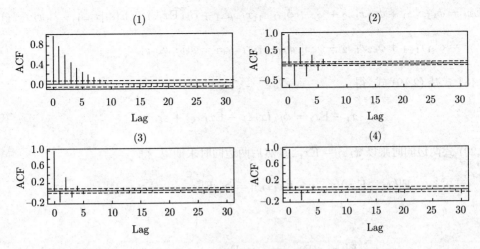

图 2.2 平稳时间序列的自相关图

从图 2.2 看到, 这四个 AR 模型不论它们具有何种形式的特征根, 它们的自相关函数都呈现出拖尾性和指数衰减性. 只是由于特征根的不同会导致自相关函数的衰减方式也不一样: 模型 (1) 的自相关函数按负指数衰减到零附近; 模型 (2) 的自相关函数呈现正负相间地衰减; 模型 (3) 的自相关函数具有 "伪周期" 的衰减特征. 模型 (4) 的自相关函数虽然没有明显的衰减规律, 但是衰减速度非常快. 这些都是平稳模型自相关函数常见的特征.

5. 偏自相关函数

由 1.2 节我们知道, 偏自相关函数的概念反映了给定其他变量值的条件下, 第 s 期与第 t 期变量的条件相关系数. 具体地, 对于平稳序列 $\{x_t\}$ 而言, 所谓**滞后 k 偏自相关函数**就是给定中间 $k-1$ 个随机变量 $x_{t-1}, x_{t-2}, \cdots, x_{t-k+1}$ 的条件下, x_{t-k} 与 x_t 的相关系数, 反映了剔除中间 $k-1$ 个变量值的干扰之后, x_{t-k} 对 x_t 的纯粹相关影响的度量. 其数学表述是

$$\beta(t, t-k) = \mathrm{Cor}(x_t, x_{t-k}|x_{t-1}, \cdots, x_{t-k+1}) = \frac{\mathrm{E}[(x_t - \hat{\mathrm{E}}x_t)(x_{t-k} - \hat{\mathrm{E}}x_{t-k})]}{\mathrm{E}[(x_{t-k} - \hat{\mathrm{E}}x_{t-k})^2]},$$

其中, $\hat{\mathrm{E}}x_t = \mathrm{E}[x_t|x_{t-1}, \cdots, x_{t-k+1}], \hat{\mathrm{E}}x_{t-k} = \mathrm{E}[x_{t-k}|x_{t-1}, \cdots, x_{t-k+1}]$.

对于中心化平稳序列 $\{x_t\}$, 用过去 k 期序列值 $x_{t-1}, x_{t-2}, \cdots, x_{t-k}$ 对 x_t 作 k 阶自回归拟合, 有

$$x_t = \phi_{k1}x_{t-1} + \phi_{k2}x_{t-2} + \cdots + \phi_{kk}x_{t-k} + \varepsilon_t, \tag{2.18}$$

式中, $\{\varepsilon_t\}$ 是均值为零的白噪声序列, 且对任意 $s < t$, $\mathrm{E}\varepsilon_t x_s = 0$.

以 $x_{t-1}, x_{t-2}, \cdots, x_{t-k+1}$ 为条件, 在 (2.18) 式两边求条件期望, 得

$$\hat{\mathrm{E}}x_t = \phi_{k1}x_{t-1} + \phi_{k2}x_{t-2} + \cdots + \phi_{k(k-1)}x_{t-k+1} + \phi_{kk}\hat{\mathrm{E}}x_{t-k} + \mathrm{E}(\varepsilon_t|x_{t-1}, \cdots, x_{t-k+1})$$

$$= \phi_{k1}x_{t-1} + \phi_{k2}x_{t-2} + \cdots + \phi_{k(k-1)}x_{t-k+1} + \phi_{kk}\hat{\mathrm{E}}x_{t-k}. \tag{2.19}$$

用 (2.18) 式减 (2.19) 式, 得

$$x_t - \hat{\mathrm{E}}x_t = \phi_{kk}(x_{t-k} - \hat{\mathrm{E}}x_{t-k}) + \varepsilon_t. \tag{2.20}$$

在 (2.20) 式两边同时乘以 $x_{t-k} - \hat{\mathrm{E}}x_{t-k}$, 然后两边同时求期望, 得

$$\mathrm{E}[(x_t - \hat{\mathrm{E}}x_t)(x_{t-k} - \hat{\mathrm{E}}x_{t-k})] = \phi_{kk}\mathrm{E}[(x_{t-k} - \hat{\mathrm{E}}x_{t-k})^2],$$

于是

$$\phi_{kk} = \frac{\mathrm{E}[(x_t - \hat{\mathrm{E}}x_t)(x_{t-k} - \hat{\mathrm{E}}x_{t-k})]}{\mathrm{E}[(x_{t-k} - \hat{\mathrm{E}}x_{t-k})^2]} = \beta(t, t-k).$$

这表明滞后 k 偏自相关函数就是 k 阶自回归模型第 k 个回归系数 ϕ_{kk} 的值. 根据这个性质, 我们可以计算偏自相关函数的值.

现在我们构造序列 $\{x_t\}$ 的最佳 k 阶自回归拟合, 即求使得模型残差的方差

$$R(\phi_{k1}, \phi_{k2}, \cdots, \phi_{kk}) = \mathrm{E}\left[\left(x_t - \sum_{i=1}^{k} \phi_{ki}x_{t-i}\right)^2\right]$$

最小的参数 $\phi_{k1}, \phi_{k2}, \cdots, \phi_{kk}$. 记

$$\boldsymbol{\Phi} = (\phi_{k1}, \phi_{k2}, \cdots, \phi_{kk}), \ \boldsymbol{x} = (x_{t-1}, x_{t-2}, \cdots, x_{t-k}), \ \boldsymbol{\Gamma} = (\gamma(1), \gamma(2), \cdots, \gamma(k)),$$

则

$$R(\phi_{k1}, \phi_{k2}, \cdots, \phi_{kk}) = \mathrm{E}\left[\left(x_t - \boldsymbol{\Phi}\boldsymbol{x}^{\mathrm{T}}\right)^2\right]$$

$$= \mathrm{E}\left[x_t^2 - 2x_t\boldsymbol{\Phi}\boldsymbol{x}^{\mathrm{T}} + \boldsymbol{\Phi}\boldsymbol{x}^{\mathrm{T}}\boldsymbol{x}\boldsymbol{\Phi}^{\mathrm{T}}\right]$$

$$= \gamma(0) - 2\boldsymbol{\Phi}\boldsymbol{\Gamma}^{\mathrm{T}} + \boldsymbol{\Phi}\begin{pmatrix} \gamma(0) & \gamma(1) & \cdots & \gamma(k-1) \\ \gamma(1) & \gamma(0) & \cdots & \gamma(k-2) \\ \vdots & \vdots & & \vdots \\ \gamma(k-1) & \gamma(k-2) & \cdots & \gamma(0) \end{pmatrix}\boldsymbol{\Phi}^{\mathrm{T}}.$$

$R(\phi_{k1}, \phi_{k2}, \cdots, \phi_{kk})$ 关于各变元 $\phi_{k1}, \phi_{k2}, \cdots, \phi_{kk}$ 求偏导, 并根据取得极值的必要条件, 得

$$\partial R/\partial \boldsymbol{\Phi} = -2\boldsymbol{\Gamma}^{\mathrm{T}} + 2 \begin{pmatrix} \gamma(0) & \gamma(1) & \cdots & \gamma(k-1) \\ \gamma(1) & \gamma(0) & \cdots & \gamma(k-2) \\ \vdots & \vdots & & \vdots \\ \gamma(k-1) & \gamma(k-2) & \cdots & \gamma(0) \end{pmatrix} \boldsymbol{\Phi}^{\mathrm{T}} = 0.$$

于是有

$$\begin{pmatrix} 1 & \rho(1) & \cdots & \rho(k-1) \\ \rho(1) & 1 & \cdots & \rho(k-2) \\ \vdots & \vdots & & \vdots \\ \rho(k-1) & \rho(k-2) & \cdots & 1 \end{pmatrix} \boldsymbol{\Phi}^{\mathrm{T}} = \boldsymbol{\Psi}^{\mathrm{T}}, \tag{2.21}$$

其中, $\boldsymbol{\Psi} = (\rho(1), \rho(2), \cdots, \rho(k))$. 我们称线性方程组 (2.21) 为 **Yule-Walker 方程**. 该方程组的解 $\boldsymbol{\Phi} = (\phi_{k1}, \phi_{k2}, \cdots, \phi_{kk})$ 的最后一个分量 ϕ_{kk} 就是滞后 k 偏自相关函数.

特别地, 若线性方程组 (2.21) 的系数行列式不为零, 则根据 Cramer 法则, 得

$$\phi_{kk} = \frac{D_k}{D}, \tag{2.22}$$

其中, $D = \begin{vmatrix} 1 & \rho(1) & \cdots & \rho(k-1) \\ \rho(1) & 1 & \cdots & \rho(k-2) \\ \vdots & \vdots & & \vdots \\ \rho(k-1) & \rho(k-2) & \cdots & 1 \end{vmatrix}$, $D_k = \begin{vmatrix} 1 & \rho(1) & \cdots & \rho(1) \\ \rho(1) & 1 & \cdots & \rho(2) \\ \vdots & \vdots & & \vdots \\ \rho(k-1) & \rho(k-2) & \cdots & \rho(k) \end{vmatrix}$.

D 为线性方程组 (2.21) 的系数行列式; D_k 为将 D 中的第 k 列换成 $\boldsymbol{\Psi}^{\mathrm{T}}$ 而其余不变所构成的行列式.

对于中心化平稳 AR(p) 模型而言, 当 $k > p$ 时, $\phi_{kk} = 0$, 即滞后 k 偏自相关函数为 0. 这个性质我们称为平稳 AR(p) 模型的 **p 步截尾性**. 下面我们证明这个性质.

事实上, 对于 AR(p) 模型 (2.7), 可以给出如下 k 个方程构成的线性方程组

$$
\begin{pmatrix}
1 & \rho(1) & \cdots & \rho(p-1) \\
\rho(1) & 1 & \cdots & \rho(p-2) \\
\vdots & \vdots & & \vdots \\
\rho(k-1) & \rho(k-2) & \cdots & \rho(k-p)
\end{pmatrix}
\begin{pmatrix}
\phi_1 \\
\phi_2 \\
\vdots \\
\phi_p
\end{pmatrix}
=
\begin{pmatrix}
\rho(1) \\
\rho(2) \\
\vdots \\
\rho(k)
\end{pmatrix}.
$$

可见右边的列向量是左边系数矩阵的 p 个列向量的非零线性组合. 由 (2.22) 式, 得 $D_k = 0$, 进而 $\phi_{kk} = 0$.

平稳 AR(p) 模型的偏自相关函数的 p 步截尾性、自相关函数的拖尾性和指数衰减性是其模型识别的重要依据.

例 2.9 分别求中心化平稳 AR(1) 模型:

$$
x_t = \phi_1 x_{t-1} + \varepsilon_t
$$

和中心化平稳 AR(2) 模型:

$$
x_t = \phi_1 x_{t-1} + \phi_2 x_{t-2} + \varepsilon_t
$$

的偏自相关函数.

解 根据 (2.22) 式, 我们立刻得到中心化平稳 AR(1) 模型的偏自相关函数为

$$
\phi_{kk} =
\begin{cases}
\phi_1, & k = 1; \\
0, & k \geqslant 2.
\end{cases}
$$

中心化平稳 AR(2) 模型的偏自相关函数为

$$
\phi_{kk} =
\begin{cases}
\dfrac{\phi_1}{1 - \phi_2}, & k = 1; \\[2mm]
\phi_2, & k = 2; \\[2mm]
0, & k > 2.
\end{cases}
$$

例 2.10 考察例 2.8 中模型的平稳 AR 模型的偏自相关函数的截尾性.

解 由例 2.9 的结论容易计算出例 2.8 中模型 (1) 和 (2) 的偏自相关函数分别为

$$\phi_{kk} = \begin{cases} 0.8, & k = 1; \\ 0, & k \geqslant 2. \end{cases} \quad 和 \quad \phi_{kk} = \begin{cases} -0.7, & k = 1; \\ 0, & k \geqslant 2. \end{cases}$$

模型 (3) 和模型 (4) 的偏自相关函数分别为

$$\phi_{kk} = \begin{cases} -2/7, & k = 1; \\ 0.3, & k = 2; \\ 0, & k \geqslant 3. \end{cases} \quad 和 \quad \phi_{kk} = \begin{cases} 2/13, & k = 1; \\ -0.3, & k = 2; \\ 0, & k \geqslant 3. \end{cases}$$

我们也可以通过绘制偏自相关函数图来观察平稳自回归模型的截尾性. 继续例 2.8 的操作, 我们用下列语句绘制偏自相关函数图, 运行结果见图 2.3.

```
> pacf(a); pacf(b); pacf(c); pacf(d)
```

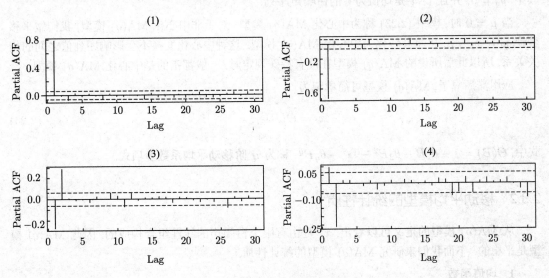

图 2.3 平稳时间序列的偏自相关图

图 2.3 中的虚线表示序列 2 倍标准差. 一般地, 如果偏自相关函数小于 2 倍标准差, 那么我们认为偏自相关函数几乎为零. 从图 2.3 可以看出, 尽管由于样本的随机性, 样本的偏自相关函数不会和理论计算出的有一样严格的截尾特性, 但是可以看出两个 AR(1) 模型的样本偏自相关

函数 1 阶显著不为零, 1 阶之后都近似为零; 两个 AR(1) 模型的样本偏自相关函数 2 阶显著不为零, 2 阶之后都近似为零. 这从直观验证了偏自相关函数的截尾性.

2.3　移动平均模型的概念和性质

上一节我们学习了自回归模型, 主要研究第 t 期的序列值受 $t-1, t-2, \cdots$ 期序列值以及当期随机干扰值的影响. 本节主要讨论序列在 t 时刻的值与 $t, t-1, t-2, \cdots$ 时刻随机干扰值的相关关系. 这种相关关系主要是通过移动平均 (moving average, MA) 模型来建立的.

2.3.1　移动平均模型的定义

设 $\{x_t, t \in T\}$ 是一个时间序列, 称满足如下结构的模型为 **q 阶移动平均模型 (qth-order moving average model)**, 简记为 MA(q),

$$x_t = \mu + \varepsilon_t - \theta_1 \varepsilon_{t-1} - \theta_2 \varepsilon_{t-2} - \cdots - \theta_q \varepsilon_{t-q}, \tag{2.23}$$

其中, $\theta_q \neq 0$, 并且 $\{\varepsilon_t\}$ 是均值为零的白噪声序列.

当 $\mu = 0$ 时, 模型 (2.23) 称为中心化 MA(q) 模型. 对于非中心化 MA(q) 模型, 我们做平移变换 $y_t = x_t - \mu$, 可将其转化为中心化 MA(q) 模型. 这种中心化变换不会影响序列值之间的相关关系, 所以此后所说的 MA(q) 模型在没有特殊规定时, 一般都指的是中心化 MA(q) 模型.

应用滞后算子, MA(q) 模型可简单记为

$$x_t = \Theta(B) \varepsilon_t, \tag{2.24}$$

式中, $\Theta(B) = 1 - \theta_1 B - \theta_2 B^2 - \cdots - \theta_q B^q$, 称为 **$q$ 阶移动平均系数多项式**.

2.3.2　移动平均模型的统计性质

从 MA(q) 模型的定义可以看出, x_t 是由有限个白噪声的线性组合构成的, 因此 MA(q) 模型是平稳的. 下面我们来研究 MA(q) 模型的统计性质.

1. 均值函数

在有限阶 MA(q) 模型 (2.23) 两边同时取均值, 得

$$\mathrm{E}x_t = \mathrm{E}(\mu + \varepsilon_t - \theta_1 \varepsilon_{t-1} - \theta_2 \varepsilon_{t-2} - \cdots - \theta_q \varepsilon_{t-q}) = \mu,$$

即有限阶 MA(q) 模型的均值函数是常数 μ. 特别地, 中心化有限阶 MA(q) 模型的期望为零.

2. 方差函数

在 MA(q) 模型 (2.23) 两边同时取方差, 得

$$\text{Var}(x_t) = \text{Var}(\mu + \varepsilon_t - \theta_1\varepsilon_{t-1} - \theta_2\varepsilon_{t-2} - \cdots - \theta_q\varepsilon_{t-q}) = (1 + \theta_1^2 + \cdots + \theta_q^2)\sigma_\varepsilon^2.$$

可见 MA(q) 模型的方差也恒为常数.

3. 自协方差函数

$$
\begin{aligned}
\gamma(k) &= \text{E}(x_t x_{t-k}) \\
&= \text{E}[(\varepsilon_t - \theta_1\varepsilon_{t-1} - \cdots - \theta_q\varepsilon_{t-q})(\varepsilon_{t-k} - \theta_1\varepsilon_{t-k-1} - \cdots - \theta_q\varepsilon_{t-k-q})] \\
&= \begin{cases}
(1 + \theta_1^2 + \cdots + \theta_q^2)\sigma_\varepsilon^2, & k = 0; \\
\left(-\theta_k + \displaystyle\sum_{i=1}^{q-k} \theta_i\theta_{k+i}\right)\sigma_\varepsilon^2, & 1 \leqslant k \leqslant q; \\
0, & k > q.
\end{cases}
\end{aligned}
\tag{2.25}
$$

由上式可见, MA(q) 模型的自协方差函数具有 q 阶截尾性.

4. 自相关函数

由 (2.25) 式易得,

$$
\rho(k) = \frac{\gamma(k)}{\gamma(0)} = \begin{cases}
1, & k = 0; \\
\dfrac{-\theta_k + \displaystyle\sum_{i=1}^{q-k} \theta_i\theta_{k+i}}{1 + \theta_1^2 + \cdots + \theta_q^2}, & 1 \leqslant k \leqslant q; \\
0, & k > q.
\end{cases}
$$

例 2.11 求 MA(1) 模型: $x_t = \varepsilon_t - \theta_1\varepsilon_{t-1}$ 和 MA(2) 模型: $x_t = \varepsilon_t - \theta_1\varepsilon_{t-1} - \theta_2\varepsilon_{t-2}$ 的自相关函数.

解 MA(1) 模型和 MA(2) 模型的自相关函数分别为

$$
\rho(k) = \begin{cases}
1, & k = 0; \\
-\theta_1/(1+\theta_1^2), & k = 1; \\
0, & k \geqslant 2.
\end{cases}
\quad \text{和} \quad
\rho(k) = \begin{cases}
1, & k = 0; \\
(-\theta_1 + \theta_1\theta_2)/(1+\theta_1^2+\theta_2^2), & k = 1; \\
-\theta_2/(1+\theta_1^2+\theta_2^2), & k = 2; \\
0, & k \geqslant 3.
\end{cases}
$$

5. 逆函数

自回归模型传递形式的实质是用过去和现在的干扰项表示当前序列值, 其系数就是 Green 函数. 对于一个移动平均模型来讲, 我们也可以用现在和过去的序列值表示当前干扰项, 即

$$\varepsilon_t = \boldsymbol{I}(B)x_t = \Big(\sum_{i=0}^{\infty} I_i B^i\Big)x_t. \tag{2.26}$$

我们称 (2.26) 式为平均移动模型的**逆转形式**, 并称系数 $I_0 = 1, I_i(i = 1, 2, \cdots)$ 为**逆函数**. 然而, 并不是所有移动平均模型都可以写成逆转形式.

例 2.12 考察下列两个 MA(1)

$$x_t = \varepsilon_t - \theta \varepsilon_{t-1}, \tag{2.27}$$

和

$$x_t = \varepsilon_t - \frac{1}{\theta}\varepsilon_{t-1}. \tag{2.28}$$

易见模型 (2.27) 和模型 (2.28) 的自相关函数相等. 将它们分别写成自相关模型形式

$$\frac{x_t}{1 - \theta B} = \varepsilon_t,$$

和

$$\frac{x_t}{1 - (1/\theta)B} = \varepsilon_t.$$

容易看出, 如果 $|\theta| < 1$, 那么

$$\sum_{i=0}^{\infty} \theta^i B^i = \frac{1}{1 - \theta B},$$

即模型 (2.27) 具有逆转形式

$$\varepsilon_t = \sum_{i=0}^{\infty} \theta^i B^i x_t,$$

而此时 $\sum_{i=0}^{\infty} \theta^{-i} B^i$ 发散, 模型 (2.28) 不具有逆转形式. 反之, 如果 $|\theta| > 1$, 那么

$$\sum_{i=0}^{\infty} \theta^{-i} B^i = \frac{1}{1 - (1/\theta)B},$$

即模型 (2.28) 具有逆转形式

$$\varepsilon_t = \sum_{i=0}^{\infty} \theta^{-i} B^i x_t,$$

而 $\sum_{i=0}^{\infty} \theta^i B^i$ 发散, 模型 (2.27) 不具有逆转形式.

一般地, 当一个 MA(q) 模型具有逆转形式, 我们也称该模型为**可逆的**; 否则, 称该模型为**不可逆的**. 通常情况下, 不同的 MA(q) 模型可以有相同的自相关函数, 但是对于可逆的 MA(q) 模型来讲, 其自相关函数与该模型是一一对应的. 下面我们分析移动平均模型可逆的条件.

将 MA(q) 模型 (2.24) 表示为

$$\varepsilon_t = \frac{x_t}{\Theta(B)}, \tag{2.29}$$

其中, $\Theta(B) = 1 - \theta_1 B - \theta_2 B^2 - \cdots - \theta_q B^q$ 为 q 阶移动平均系数多项式. 设 $1/\lambda_i (i = 1, 2, \cdots, q)$ 是系数多项式 $\Theta(B)$ 的 q 个根, 则 (2.29) 式可以表示为

$$\varepsilon_t = \frac{x_t}{(1 - \lambda_1 B)(1 - \lambda_2 B) \cdots (1 - \lambda_q B)}.$$

容易看出, 模型 (2.29) 具有逆转形式当且仅当 $|\lambda_i| < 1 (i = 1, 2, \cdots, q)$, 即系数多项式 $\Theta(B)$ 的 q 个根 $1/\lambda_i (i = 1, 2, \cdots, q)$ 在单位圆外. 这个条件我们称为 **MA(q) 模型的可逆性条件**.

例 2.13 写出 MA(2) 模型

$$x_t = \varepsilon_t - \theta_1 \varepsilon_{t-1} - \theta_2 \varepsilon_{t-2}$$

的可逆性条件.

解 根据可逆性条件, 得

$$\begin{cases} \lambda_1 + \lambda_2 = \theta_1, \\ \lambda_1 \lambda_2 = -\theta_2, \end{cases} \quad 且 \quad |\lambda_1| < 1, \quad |\lambda_2| < 1.$$

由此计算得出 MA(2) 模型的可逆性条件

$$|\theta_2| < 1, 且 \quad \theta_2 \pm \theta_1 < 1.$$

当 MA(q) 模型 (2.24) 满足可逆性条件时, 它可以写成逆转形式 (2.26) 式. 我们将 (2.26) 式代入模型 (2.24), 得

$$\Theta(B) \boldsymbol{I}(B) x_t = x_t,$$

将上式展开得

$$\left(1 - \sum_{k=1}^{q} \theta_k B^k\right)\left(1 + \sum_{i=1}^{\infty} \theta_i B^i\right)x_t = x_t.$$

由待定系数法得逆函数的递推公式为

$$\begin{cases} I_0 = 1, \\ I_i = \sum_{k=1}^{i} \tilde{\theta}_k I_{i-k}, \quad i \geqslant 1, \end{cases} \quad \text{其中} \quad \tilde{\theta}_k = \begin{cases} \theta_k, & k \leqslant q; \\ 0, & k \geqslant q. \end{cases}$$

例 2.14　判断模型 $x_t = \varepsilon_t - 0.8\varepsilon_{t-1} + 0.64\varepsilon_{t-2}$ 的可逆性. 如果可逆, 那么写出该模型的逆转形式.

解　根据例 2.13 以及

$$|\theta_2| = 0.64 < 1,$$

$$\theta_2 + \theta_1 = -0.64 + 0.8 = 0.16 < 1,$$

$$\theta_2 - \theta_1 = -0.64 - 0.8 = -1.44 < 1,$$

可知该模型可逆. 再根据逆函数的递推公式, 以及 $\theta_2 = -0.64 = -0.8^2 = -\theta_1^2$, 得逆函数为

$$I_k = \begin{cases} (-1)^n 0.8^k, & k = 3n \text{ 或 } 3n+1 \ (n = 0, 1, \cdots); \\ 0, & k = 3n+2. \end{cases}$$

从而该模型的逆转形式为

$$\varepsilon_t = \sum_{n=0}^{\infty} (-1)^n 0.8^{3n} x_{t-3n} + \sum_{n=0}^{\infty} (-1)^n 0.8^{3n+1} x_{t-3n-1}.$$

6. 偏自相关函数的拖尾性

对于可逆的 MA(q) 模型而言, 其逆转形式实质上是个 AR(∞) 模型. 于是根据 AR 模型偏自相关函数的截尾性知, 可逆的 MA(q) 模型偏自相关函数 ∞ 截尾, 即其偏自相关函数具有拖尾性.

例 2.15 求 MA(1) 模型: $x_t = \varepsilon_t - \theta_1 \varepsilon_{t-1}$ 的偏自相关函数的表达式.

解 由偏自相关函数的求法可知, 延迟 k 阶偏自相关函数是 Yule-Walker 方程 (2.21) 的解的最后一个分量 ϕ_{kk}, 于是根据 (2.22) 式有

$$\phi_{11} = \rho_1 = \frac{-\theta_1}{1 + \theta_1^2};$$

$$\phi_{22} = \frac{-\rho_1^2}{1 - \rho_1^2} = \frac{-\theta_1^2}{1 + \theta_1^2 + \theta_1^4};$$

$$\phi_{33} = \frac{\rho_1^3}{1 - 2\rho_1^2} = \frac{-\theta_1^3}{1 + \theta_1^2 + \theta_1^4 + \theta_1^6};$$

$$\vdots$$

$$\phi_{kk} = \frac{-\theta_1^k}{1 + \theta_1^2 + \theta_1^4 + \cdots + \theta_1^{2k}}.$$

从上述 MA(1) 模型的偏自相关函数的表达式, 我们看到其偏自相关函数具有拖尾性. 另外, 从 MA(q) 模型偏自相关函数图, 也可观察到其偏自相关函数具有拖尾性.

例 2.16 绘制下列 MA(1), MA(2) 模型的偏自相关函数图, 并观察 MA(1), MA(2) 模型偏自相关函数的拖尾性.

$$(1) \ x_t = \varepsilon_t - 0.5\varepsilon_{t-1}; \qquad (2) \ x_t = \varepsilon_t - 0.25\varepsilon_{t-1} + 0.5\varepsilon_{t-2},$$

其中, ε_t 是标准正态白噪声序列.

解 应用下列 R 语言命令绘制 MA(1), MA(2) 模型的偏自相关函数, 运行结果如图 2.4 所示.

```
> x1 <- arima.sim(n=1000,list(ma=-0.5))
> x2 <- arima.sim(n=1000,list(ma=c(-0.25,0.5)))
> par(mfrow=c(1,2))
> pacf(x1)
> pacf(x2)
```

由图 2.4 可见, 模型 (1) 和模型 (2) 均具有拖尾性.

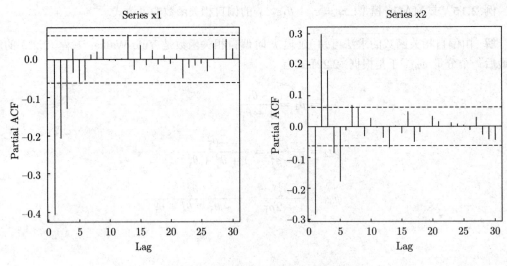

图 2.4　移动平均时间序列的偏自相关图

2.4　自回归移动平均模型的概念和性质

在前面两节我们分别讨论了自回归模型和移动平均模型. 在实际问题中, 我们还经常遇到这样的序列: 它的当前序列值不仅与以前序列值有关, 而且还与当前和以前的干扰值有关. 我们称这样的时间序列为自回归移动平均模型.

2.4.1　自回归移动平均模型的定义

设 $\{x_t, t \in T\}$ 是一个时间序列, 称满足如下结构的模型为 **自回归移动平均 (autoregressive moving average, ARMA) 模型**, 简记为 ARMA(p, q),

$$x_t = \phi_0 + \phi_1 x_{t-1} + \cdots + \phi_p x_{t-p} + \varepsilon_t - \theta_1 \varepsilon_{t-1} - \theta_2 \varepsilon_{t-2} - \cdots - \theta_q \varepsilon_{t-q}, \tag{2.30}$$

其中, $\phi_p \neq 0, \theta_q \neq 0$; ε_t 为均值为零的白噪声序列, 且 ε_t 与 x_{t-j} $(j = 1, 2, \cdots)$ 无关, 即 $\forall s < t$ $\mathrm{E}(x_s \varepsilon_t) = 0$.

若 $\phi_0 = 0$, 该模型称为 **中心化 ARMA(p, q) 模型**. 由于模型 (2.30) 总可以中心化, 而且中心化后并不影响序列值之间的相关关系, 所以以下研究的自回归移动平均模型, 如果不做特殊约定, 我们自动默认为中心化自回归移动平均模型.

借助于延迟算子, ARMA(p,q) 模型可简记为

$$\Phi(B)x_t = \Theta(B)\varepsilon_t, \tag{2.31}$$

其中,

$$\Phi(B) = 1 - \phi_1 B - \phi_2 B^2 - \cdots - \phi_p B^p, \quad \text{为 } p \text{ 阶自回归系数多项式};$$

$$\Theta(B) = 1 - \theta_1 B - \theta_2 B^2 - \cdots - \theta_q B^q, \quad \text{为 } q \text{ 阶移动平均系数多项式}.$$

这里需注意的是模型中要求 $\Phi(B)$ 与 $\Theta(B)$ 没有公共因子.

容易看出, 当 $q = 0$ 时, ARMA(p,q) 模型就退化成了 AR(p) 模型; 当 $p = 0$ 时, ARMA(p,q) 模型就退化成了 MA(q) 模型. 因此, AR(p) 模型和 MA(q) 模型是 ARMA(p,q) 模型的特例, 它们都统称为 ARMA 模型. ARMA(p,q) 模型的统计性质由 AR(p) 模型和 MA(q) 模型的统计性质共同决定.

2.4.2　平稳性与可逆性

对于 ARMA(p,q) 模型 (2.31) 来讲, 我们记 $y_t = \Theta(B)\varepsilon_t$, 则 $\{y_t\}$ 是均值为零, 方差为固定常数的平稳序列. 此时, ARMA(p,q) 模型也可表示为 $\Phi(B)x_t = y_t$. 类似于 AR(p) 模型的平稳性分析, 我们可推得 ARMA(p,q) 模型的平稳性条件是 $\Phi(B) = 0$ 的根都在单位圆外. 可见, ARMA(p,q) 模型的平稳性完全由其自回归部分的平稳性所决定.

同样地, 我们也容易看出 ARMA(p,q) 模型的可逆性也完全由其移动平均部分决定, 即 ARMA(p,q) 模型的可逆条件是 $\Theta(B) = 0$ 的根都在单位圆外.

综上所述, 当 $\Phi(B) = 0$ 和 $\Theta(B) = 0$ 的根都在单位圆外时, ARMA(p,q) 模型是一个平稳可逆模型.

2.4.3　Green 函数与逆函数

对于平稳可逆 ARMA(p,q) 模型 (2.31), 它具有如下传递形式

$$x_t = \Phi(B)^{-1}\Theta(B)\varepsilon_t = \sum_{i=0}^{\infty} G_i \varepsilon_{t-i},$$

其中 $G_i(i \geqslant 0)$ 就是 **Green 函数**.

通过待定系数法, 可以推得 ARMA(p, q) 模型 (2.31) 的 Green 函数的递推公式

$$\begin{cases} G_0 = 1, \\ G_k = \sum_{i=1}^{k} \phi_i' G_{k-i} - \theta_k', \quad k \geqslant 1, \end{cases}$$

式中

$$\phi_i' = \begin{cases} \phi_i, & 1 \leqslant i \leqslant p, \\ 0, & i > p, \end{cases} \qquad \text{且} \quad \theta_k' = \begin{cases} \theta_k, & 1 \leqslant k \leqslant q; \\ 0, & k > q. \end{cases}$$

同样地, 对于平稳可逆 ARMA(p, q) 模型 (2.31), 它具有如下逆转形式

$$\varepsilon_t = \Theta(B)^{-1} \Phi(B) x_t = \sum_{i=0}^{\infty} I_i x_{t-i},$$

其中 $I_i (i \geqslant 0)$ 就是 **逆函数**.

通过待定系数法, 易得 ARMA(p, q) 模型 (2.31) 的逆函数的递推公式

$$\begin{cases} I_0 = 1, \\ I_k = \sum_{i=1}^{k} \theta_i' I_{k-i} - \phi_k', \quad k \geqslant 1, \end{cases}$$

其中, θ_i' 和 ϕ_k' 的定义同上.

2.4.4　ARMA(p, q) 模型的统计性质

1. 均值

在平稳可逆 ARMA(p, q) 模型

$$x_t = \phi_0 + \phi_1 x_{t-1} + \cdots + \phi_p x_{t-p} + \varepsilon_t - \theta_1 \varepsilon_{t-1} - \theta_2 \varepsilon_{t-2} - \cdots - \theta_q \varepsilon_{t-q}$$

两边求均值, 得

$$\mu = \mathrm{E} x_t = \frac{\phi_0}{1 - \phi_1 - \cdots - \phi_p}.$$

2. 自协方差函数

$$\gamma(k) = \mathrm{E}(x_t x_{t+k})$$

$$= \mathrm{E}\Big[\Big(\sum_{i=0}^{\infty} G_i \varepsilon_{t-i}\Big)\Big(\sum_{j=0}^{\infty} G_j \varepsilon_{t+k-j}\Big)\Big]$$

$$= \mathrm{E}\Big(\sum_{i=0}^{\infty} G_i \sum_{j=0}^{\infty} G_j \varepsilon_{t-i}\varepsilon_{t+k-j}\Big)$$

$$= \sigma_\varepsilon^2 \sum_{i=0}^{\infty} G_i G_{i+k}.$$

3. 自相关函数

$$\rho(k) = \frac{\gamma(k)}{\gamma(0)} = \frac{\displaystyle\sum_{i=0}^{\infty} G_i G_{i+k}}{\displaystyle\sum_{i=0}^{\infty} G_i^2}.$$

由上式我们看出, ARMA(p, q) 模型的自相关函数拖尾. 这是由于 ARMA(p, q) 模型可以转化为无穷阶移动平均模型. 同样地, ARMA(p, q) 模型也可以转化为无穷阶自回归模型, 因此, ARMA(p, q) 模型的偏自相关函数也拖尾.

例 2.17 绘制 ARMA$(1, 2)$ 模型:

$$x_t = 0.8x_{t-1} + \varepsilon_t - 0.8\varepsilon_{t-1} + 0.64\varepsilon_{t-2}$$

的自相关函数图和偏自相关函数图, 并观察它们的拖尾性, 其中 $\{\varepsilon_t\}$ 为标准正态白噪声序列.

解 用下列 R 语言命令, 分别绘制自相关函数图和偏自相关函数图, 运行结果如图 2.5 所示.

```
> x <- arima.sim(n=1000,list(ar=0.8,ma=c(0.8,-0.64)))
> par(mfrow=c(1,2))
> acf(x)
> pacf(x)
```

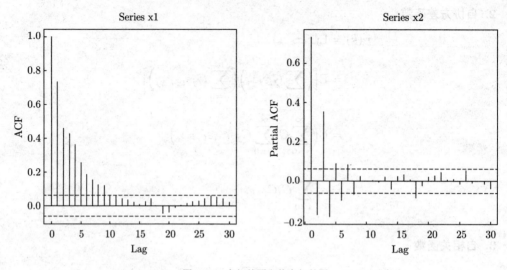

图 2.5　自相关图和偏自相关图

由图 2.5 可见, 该模型自相关函数图和偏自相关函数图都具有拖尾性.

习题 2

1. 写出下列模型的滞后算子表达式:

(1) $x_t = \varepsilon_t + 0.3\varepsilon_{t-1} + 0.6\varepsilon_{t-2}$;　　　(2) $x_t = x_{t-1} - 0.3x_{t-2} + 0.7x_{t-3} + \varepsilon_t$;

(3) $x_t - x_{t-1} = \varepsilon_t - 0.9\varepsilon_{t-4}$;　　　　(4) $x_t - 0.5x_{t-1} = \varepsilon_t - 0.2\varepsilon_{t-1} + 0.3\varepsilon_{t-2}$.

2. 已知某个 AR(1) 模型为

$$x_t = 0.7x_{t-1} + \varepsilon_t, \quad \varepsilon_t \sim WN(0, 1),$$

求: $\mathrm{E}x_t, \mathrm{Var}(x_t), \rho(2)$ 和 ϕ_{22}.

3. 已知某个 AR(2) 模型为

$$x_t = \phi_1 x_{t-1} + \phi_2 x_{t-2} + \varepsilon_t, \quad \varepsilon_t \sim WN(0, \sigma_\varepsilon^2),$$

且 $\rho(1) = 0.5, \rho(2) = 0.3$, 求 ϕ_1 和 ϕ_2 的值.

4. 设一个 AR(2) 模型为

$$(1 - 0.5B)(1 - 0.3B)x_t = \varepsilon_t, \quad \varepsilon_t \sim WN(0, 1),$$

求: $\mathrm{E}x_t, \mathrm{Var}(x_t), \rho(k)$ 和 $\phi_{kk}, k = 1, 2, 3$.

5. 设一个 AR(2) 模型具有如下形式:

$$x_t = x_{t-1} + cx_{t-2} + \varepsilon_t,$$

其中 $\{\varepsilon_t\}$ 为白噪声序列, 试确定 c 的取值范围, 以保证 $\{x_t\}$ 为平稳序列, 并给出该序列 $\rho(k)$ 的表达式.

6. 试证明对任意常数 c, 如下 AR(3) 模型是非平稳的:

$$x_t = x_{t-1} + cx_{t-2} - cx_{t-3} + \varepsilon_t, \quad \varepsilon_t \sim WN(0,\ \sigma_\varepsilon^2).$$

7. 已知某中心化 MA(1) 模型 1 阶自相关系数 $\rho(1) = 0.4$, 求该模型的表达式.

8. 已知某 MA(2) 模型为

$$x_t = \varepsilon_t - 0.7\varepsilon_{t-1} + 0.4\varepsilon_{t-2}, \quad \varepsilon_t \sim WN(0,\ \sigma_\varepsilon^2),$$

求: $\mathrm{E}x_t, \mathrm{Var}(x_t)$, 以及 $\rho(k), k \geqslant 1$.

9. 已知一个无穷阶的 MA 模型具有如下形式:

$$x_t = \varepsilon_t + C(\varepsilon_{t-1} + \varepsilon_{t-2} + \cdots), \quad \varepsilon_t \sim WN(0,\ \sigma_\varepsilon^2),$$

证明: (1) 对任意常数 C, 序列 $\{x_t\}$ 都是非平稳的序列.

(2) 序列 $\{x_t\}$ 的 1 阶差分序列 $\{y_t\}$ 是平稳序列, 并求 $\{y_t\}$ 的自相关函数表达式.

10. 判别下列模型的平稳性和可逆性, 其中 $\{\varepsilon_t\}$ 为白噪声序列:

(1) $x_t = 0.5x_{t-1} + 1.2x_{t-2} + \varepsilon_t$;　　　(2) $x_t = 1.1x_{t-1} - 0.3x_{t-2} + \varepsilon_t$;

(3) $x_t = \varepsilon_t - 0.9\varepsilon_{t-1} + 0.3\varepsilon_{t-2}$;　　　(4) $x_t = \varepsilon_t + 1.3\varepsilon_{t-1} - 0.4\varepsilon_{t-2}$;

(5) $x_t = 0.7x_{t-1} + \varepsilon_t - 0.6\varepsilon_{t-1}$;　　　(6) $x_t = -0.8x_{t-1} + 0.5x_{t-2} + \varepsilon_t - 1.1\varepsilon_{t-1}$.

11. 已知某序列的 Green 函数为 $G_1 = 0.3, G_i = (0.5)^{i-2}, i \geqslant 2$, 试求相应的 ARMA 表达式.

12. 设如下 ARMA(1, 1) 模型:

$$x_t = 0.6x_{t-1} + \varepsilon_t - 0.3\varepsilon_{t-1},$$

确定该模型的 Green 函数, 使该模型可以表示为无穷阶的 MA 模型.

13. 设如下 ARMA(2, 2) 模型:

$$\Phi(B)x_t = 3 + \Theta(B)\varepsilon_t,$$

其中, $\Theta(B) = (1 - 0.5B)^2, \varepsilon_t \sim WN(0,\ \sigma_\varepsilon^2)$, 求 $\mathrm{E}x_t$.

第3章 平稳时间序列的建模和预测

学习目标与要求

1. 了解平稳时间序列的建模过程.
2. 掌握模型识别的方法.
3. 掌握自回归模型、移动平均模型和自回归移动平均模型中未知参数的常用估计方法.
4. 理解自回归模型、移动平均模型和自回归移动平均模型的检验和优化的思想.
5. 理解模型预测的准则, 并掌握平稳序列的预测方法.

3.1 自回归移动平均模型的识别

第 2 章我们学习了 ARMA 模型的统计性质, 应用这些统计性质可以对观察值序列进行预处理. 如果经过数据的预处理判别该序列为平稳非白噪声序列, 那么我们就可以按照 ARMA 模型的统计性质对该序列建模. 建模应该遵循第 1 章所述的建模步骤, 对于 ARMA 模型的建模, 具体步骤如下:

(1) 根据样本观察值, 计算自相关函数和偏自相关函数的估计值;

(2) 根据自相关函数和偏自相关函数的估计值的性质, 对 ARMA(p, q) 模型进行定阶, 给出 p, q 的值;

(3) 对模型中的未知参数进行估计;

(4) 对模型进行检验. 如果拟合模型未通过检验, 那么返回到第二步重新定阶, 再次选择拟合模型;

(5) 模型优化. 如果有多个拟合模型通过了检验, 那么需要从这些模型中选择最优的拟合模型;

(6) 利用优化后的拟合模型预测序列未来的走势.

下面我们按照上述 ARMA 模型的建模步骤, 讨论平稳序列的建模.

3.1.1 自相关函数和偏自相关函数的估计

设 $x_1, x_2, \cdots, x_n$ 是平稳序列 $\{x_t, t \in T\}$ 的一个样本, 则可以根据如下公式估计出该序列的自相关函数

$$\hat{\rho}(k) = \frac{\sum\limits_{t=1}^{n-k}(x_t - \bar{x})(x_{t+k} - \bar{x})}{\sum\limits_{t=1}^{n}(x_t - \bar{x})^2}, \quad \forall\, 0 < k < n.$$

将样本的自相关函数代入 Yule-Walker 方程

$$\begin{pmatrix} 1 & \hat{\rho}(1) & \cdots & \hat{\rho}(k-1) \\ \hat{\rho}(1) & 1 & \cdots & \hat{\rho}(k-2) \\ \vdots & \vdots & & \vdots \\ \hat{\rho}(k-1) & \hat{\rho}(k-2) & \cdots & 1 \end{pmatrix} \begin{pmatrix} \phi_{k1} \\ \phi_{k2} \\ \vdots \\ \phi_{kk} \end{pmatrix} = \begin{pmatrix} \hat{\rho}(1) \\ \hat{\rho}(2) \\ \vdots \\ \hat{\rho}(k) \end{pmatrix}. \tag{3.1}$$

在方程 (3.1) 中, 依次取 $k = 1, 2, \cdots, n$, 并利用如下公式, 求得偏自相关函数的估计值

$$\hat{\phi}_{kk} = \frac{\hat{D}_k}{\hat{D}},$$

其中

$$\hat{D} = \begin{vmatrix} 1 & \hat{\rho}(1) & \cdots & \hat{\rho}(k-1) \\ \hat{\rho}(1) & 1 & \cdots & \hat{\rho}(k-2) \\ \vdots & \vdots & & \vdots \\ \hat{\rho}(k-1) & \hat{\rho}(k-2) & \cdots & 1 \end{vmatrix}, \hat{D}_k = \begin{vmatrix} 1 & \hat{\rho}(1) & \cdots & \hat{\rho}(1) \\ \hat{\rho}(1) & 1 & \cdots & \hat{\rho}(2) \\ \vdots & \vdots & & \vdots \\ \hat{\rho}(k-1) & \hat{\rho}(k-2) & \cdots & \hat{\rho}(k) \end{vmatrix}.$$

3.1.2 模型识别的方法

当估计出模型的自相关函数和偏自相关函数后, 我们可以根据估计值表现出的拖尾和截尾性质, 估计出合适的自相关阶数 $\hat{p}$ 和移动平均阶数 $\hat{q}$, 从而选择出适当的 ARMA 模型拟合观察值序列. 我们将这个过程称为**模型识别**. 可见, 此时模型识别过程就是模型定阶的过程.

自相关函数和偏自相关函数的截尾意味着从某步之后的自相关函数和偏自相关函数为零,但是由于样本的随机性, 样本自相关函数和样本偏自相关函数不可能呈现出完美的截尾情况, 而只可能在零附近区域随机波动. 另一方面, 平稳时间序列具有短期相关性, 即随着延迟阶数 k 的增大, 样本自相关函数 $\hat{\rho}(k)$ 和样本偏自相关函数 $\hat{\phi}_{kk}$ 迅速衰减至零附近波动. 因此, 我们在定阶时必须考虑, 随着延迟阶数的增大, 样本自相关函数和样本偏自相关函数衰减到零附近波动时, 何时可看做样本自相关函数或样本偏自相关函数的截尾, 何时可看做正常衰减至零值附近的拖尾. 但是这实际上没有绝对的标准, 很大程度上依靠分析人员的主观经验. 尽管如此, 还是可以提供一些理论依据, 帮助人们来做合理分析.

根据 ARMA(p,q) 模型的统计性质, 可得到如下定阶原则 (见表 3.1):

表 3.1　ARMA(p,q) 模型定阶原则

模　型	AR(p)	MA(q)	ARMA(p,q)
$\hat{\rho}(k)$	拖　尾	截　尾	拖　尾
$\hat{\phi}_{kk}$	截　尾	拖　尾	拖　尾

正如上面所述, 表 3.1 中样本自相关函数 $\hat{\rho}(k)$ 和样本偏自相关函数 $\hat{\phi}_{kk}$ 的截尾指的是, 它们的值在零附近区域做小幅波动, 而不是像总体自相关函数和总体偏自相关函数那样具有严格的截尾. 不过, 我们可以通过研究样本自相关函数 $\hat{\rho}(k)$ 和样本偏自相关函数 $\hat{\phi}_{kk}$ 的近似分布, 来选取适当的阶数.

研究表明, 当样本容量 n 充分大时, 样本自相关函数 $\hat{\rho}(k)$ 近似服从正态分布:

$$\hat{\rho}(k) \sim N(0, 1/n);$$

而样本偏自相关函数 $\hat{\phi}_{kk}$ 也近似服从正态分布:

$$\hat{\phi}_{kk} \sim N(0, 1/n).$$

根据正态分布的性质, 得

$$P_r\left(|\hat{\rho}(k)| \leqslant 2/\sqrt{n}\right) \approx 95.5\%;$$

且

$$P_r\left(|\hat{\phi}_{kk}| \leqslant 2/\sqrt{n}\right) \approx 95.5\%.$$

因此, 若满足不等式 $|\hat{\rho}(k)| \leqslant 2/\sqrt{n}$ 的比例达到了 95.5%, 则可以认为 $\hat{\rho}(k)$ 截尾; 同样地, 若满足不等式 $|\hat{\phi}_{kk}| \leqslant 2/\sqrt{n}$ 的比例达到了 95.5%, 则可以认为 $\hat{\phi}_{kk}$ 截尾.

在实际应用中, 一般按照 2 倍标准差作为截尾标准, 即如果样本自相关函数 $\hat{\rho}(k)$ 或样本偏

自相关函数 $\hat{\phi}_{kk}$ 在最初的 l 阶明显超出 2 倍标准差范围, 而之后几乎 95.5% 的值都落在 2 倍标准差范围内, 而且衰减到 2 倍标准差范围内的速度很快, 则通常可以认为 l 阶截尾.

例 3.1 选择合适的模型拟合 2016 年 1 月至 2017 年 6 月青海省居民消费指数.

解 首先, 读入数据并绘制时序图. 具体命令如下, 运行结果见图 3.1.

```
> x <- read.table("E:/DATA/CHAP3/cpi.csv",sep=",",header=T)
> QHCPI <- ts(x$QHCPI,start=1)
> plot(QHCPI,type="o",pch=17)
```

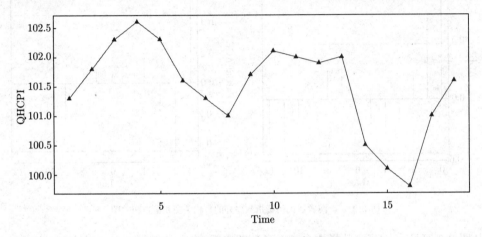

图 3.1 青海省居民消费指数序列时序图

时序图 3.1 显示序列具有平稳特征. 然后, 我们做白噪声检验. 具体命令及运行结果如下:

```
> for (i in 1:2) print(Box.test(QHCPI,type="Ljung-Box",lag=6*i))

Box-Ljung test

data:  QHCPI
X-squared = 15.53, df = 6, p-value = 0.01651


Box-Ljung test

data:  QHCPI
X-squared = 35.801, df = 12, p-value = 0.0003488
```

做延迟 6 阶和延迟 12 阶的白噪声检验, 表明该序列为非白噪声序列. 最后, 根据自相关函数图和偏自相关函数图定阶. 具体命令如下, 运行结果如图 3.2 所示.

```
> par(mfrow=c(1,2))
> acf(QHCPI)
> pacf(QHCPI)
```

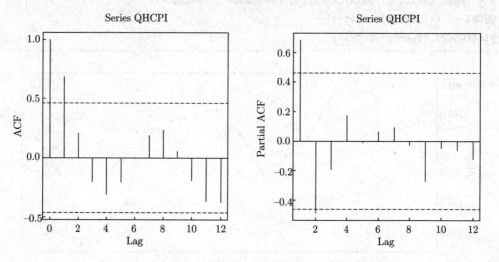

图 3.2   青海省居民消费指数序列的自相关图和偏自相关图

从图 3.2 可见, 一方面, 从样本自相关函数图来看, 自相关函数延迟 1 阶之后, 衰减到 2 倍标准差范围内 (自相关图中的虚线); 而样本偏自相关函数图也表明偏自相关函数延迟 2 阶之后, 完全衰减到 2 倍标准差范围内 (偏自相关图中的虚线). 这些进一步说明该序列具有短期相关性, 显示序列的平稳特征.

另一方面, 样本自相关函数图衰减到 2 倍标准差范围内值呈现 "伪正弦波动", 说明自相关函数呈现拖尾现象; 偏自相关函数图呈现了 2 阶截尾特征. 因此, 我们可以初步确定拟合模型为 AR(2).

例 3.2   选择合适的模型拟合 1956 年至 2016 年某城市各月的交通事故数.

解   读入数据, 并绘制时序图, 观察序列走势. 具体命令如下, 运行结果如图 3.3 所示.

```
> x <- read.table("E:/DATA/CHAP3/SGS.csv",sep=",",header=T)
> SGS <- ts(x$JTSGS,start=1956)
> plot(SGS,type="o",pch=17)
```

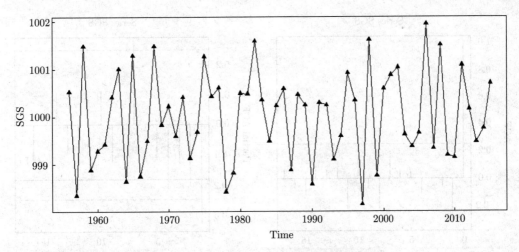

图 3.3   1956 年至 2016 年某城市各月交通事故数时序图

图 3.3 表明, 序列时序图呈现平稳特征. 下面进行延迟 6 阶和延迟 12 阶的白噪声检验. 具体命令及运行结果如下:

```
> for (i in 1:2) print(Box.test(SGS,type="Ljung-Box",lag=6*i))
Box-Ljung test

data:  SGS
X-squared = 8.8243, df = 6, p-value = 0.0183


Box-Ljung test

data:  SGS
X-squared = 22.44, df = 12, p-value = 0.00328
```

检验表明, 该序列为非白噪声序列. 下面绘制自相关函数图和偏自相关函数图来进行模型初步识别. 具体命令如下, 运行结果见图 3.4.

```
> par(mfrow=c(1,2)); acf(SGS); pacf(SGS)
```

从图 3.4 可见, 自相关函数和偏自相关函数具有短期相关性, 而且自相关函数延迟 1 阶之后, 呈现明显的截尾特征, 偏自相关函数却表现出拖尾形态, 因此, 初步选定拟合模型为 MA(1).

例 3.3   选择合适的模型拟合 1860 年至 1909 年国外某城市火灾发生数.

解   读入数据, 并绘制时序图, 观察序列走势. 具体命令如下, 运行结果如图 3.5 所示.

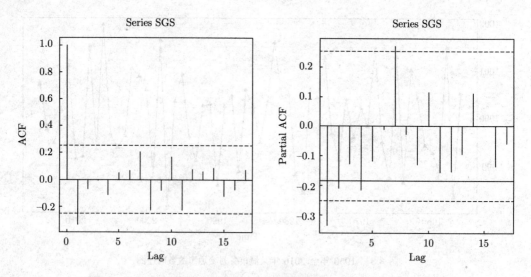

图 3.4   1956 年至 2016 年某城市各月交通事故数的自相关图和偏自相关图

```
> x <- read.table("E:/DATA/CHAP3/2.csv",sep=",",header=T)
> HUOZAI <- ts(x$X,start=1860)
> plot(HUOZAI,type="o",pch=17)
```

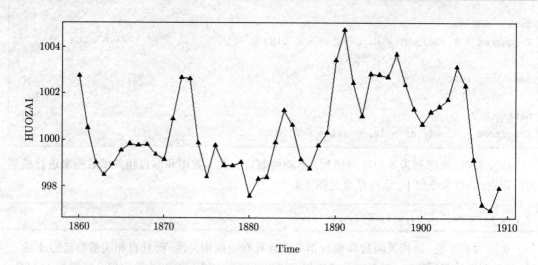

图 3.5   1860 年至 1909 年国外某城市火灾发生数时序图

从图 3.5 可以看出, 序列呈现平稳特征. 下面进行延迟 5 阶和延迟 10 阶的白噪声检验. 具体命令及运行结果如下:

```
> for (i in 1:2) print(Box.test(HUOZAI,type="Ljung-Box",lag=5*i))

Box-Ljung test

data: HUOZAI
X-squared = 36.859, df = 5, p-value = 6.393e-07

Box-Ljung test

data: HUOZAI
X-squared = 47.515, df = 10, p-value = 7.608e-07
```

检验表明, p 值远远小于 0.05, 该序列为非白噪声序列. 下面绘制自相关函数图和偏自相关函数图来进行模型初步识别. 具体命令如下, 运行结果如图 3.6 所示.

```
> par(mfrow=c(1,2));acf(HUOZAI);pacf(HUOZAI)
```

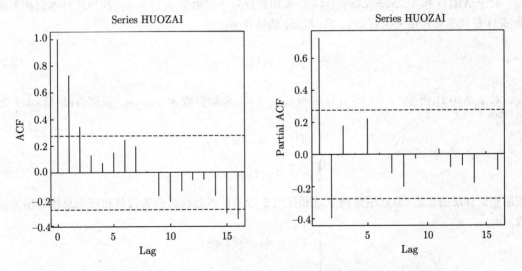

图 3.6 1860 年至 1909 年国外某城市火灾发生数序列自相关图与偏自相关图

从图 3.6 可见, 自相关函数和偏自相关函数具有短期相关性, 同时自相关函数和偏自相关函数都表现出明显的拖尾形态, 因此, 初步选定拟合模型为 ARMA(2,1). 这里需要说明的是, 在实际建模时, 由于 p 和 q 通常较低, 故在自相关函数和偏自相关函数都表现出拖尾时, 可以由低阶到高阶逐步尝试.

3.2　参数估计

本节主要论述如何基于序列观察值对 ARMA(p,q) 模型的未知参数进行估计. 在这节中, 我们假定已经确定了序列是平稳的时间序列, 并且已经进行了模型识别, 即确定了自回归阶数 p 和移动平均阶数 q. 本节主要介绍利用矩估计法、最小二乘估计法和极大似然估计法估计 ARMA(p,q) 模型中的未知参数 $\mu, \sigma_\varepsilon^2, \theta_i\ (1 \leqslant i \leqslant q), \phi_k\ (1 \leqslant k \leqslant p)$.

3.2.1　矩估计法

所谓**矩估计 (moment estimation)**, 就是令样本矩等于相应的总体矩, 通过求解所得方程, 得到未知参数的估计方法. 矩估计法具有简单直观, 计算量相对较小, 且不需要假设总体分布等优点, 但是矩估计法忽略了观察值序列的其他信息, 因而导致其估计精度不高. 在实际中, 它常被用来做初始估计, 以确定最小二乘估计或极大似然估计中迭代计算的初值.

1. AR(p) 模型的矩估计

对于 AR(1) 模型: $x_t = \phi_1 x_{t-1} + \varepsilon_t$, 未知参数为 ϕ_1. 由于 $\rho(1) = \phi_1$, 所以用样本自相关函数 $\hat{\rho}(1)$ 替代总体自相关函数 $\rho(1)$ 后, 得 ϕ_1 的估计 $\hat{\phi}_1$:

$$\hat{\phi}_1 = \hat{\rho}(1). \tag{3.2}$$

对于 AR(2) 模型: $x_t = \phi_1 x_{t-1} + \phi_2 x_{t-2} + \varepsilon_t$, 未知参数为 ϕ_1, ϕ_2. 根据 Yule-Walker 方程, 得

$$\begin{cases} \rho(1) = \phi_1 + \rho(1)\phi_2, \\ \rho(2) = \rho(1)\phi_1 + \phi_2. \end{cases}$$

按照矩估计法的思想, 分别用延迟 1 阶和延迟 2 阶的样本自相关函数代替相应的总体自相关函数, 得

$$\begin{cases} \hat{\rho}(1) = \phi_1 + \hat{\rho}(1)\phi_2, \\ \hat{\rho}(2) = \hat{\rho}(1)\phi_1 + \phi_2. \end{cases}$$

求解后得到未知参数 ϕ_1, ϕ_2 的矩估计 $\hat{\phi}_1$, $\hat{\phi}_2$:

$$\hat{\phi}_1 = \hat{\rho}(1)\frac{1 - \hat{\rho}(2)}{1 - [\hat{\rho}(1)]^2}, \qquad \hat{\phi}_2 = \frac{\hat{\rho}(2) - [\hat{\rho}(1)]^2}{1 - [\hat{\rho}(1)]^2}. \tag{3.3}$$

对于 AR(p) 模型: $x_t = \phi_1 x_{t-1} + \phi_2 x_{t-2} + \cdots + \phi_p x_{t-p} + \varepsilon_t$, 未知参数 $\phi_1, \phi_2, \cdots, \phi_p$ 的估

计类似. 在 Yule-Walker 方程中, 分别用延迟 k $(1 \leqslant k \leqslant p)$ 阶的样本自相关函数 $\hat{\rho}(k)$ 代替总体自相关函数 $\rho(k)$, 得到**样本 Yule-Walker 方程**

$$
\begin{pmatrix}
1 & \hat{\rho}(1) & \cdots & \hat{\rho}(p-1) \\
\hat{\rho}(1) & 1 & \cdots & \hat{\rho}(p-2) \\
\vdots & \vdots & & \vdots \\
\hat{\rho}(p-1) & \hat{\rho}(p-2) & \cdots & 1
\end{pmatrix}
\begin{pmatrix}
\phi_1 \\
\phi_2 \\
\vdots \\
\phi_p
\end{pmatrix}
=
\begin{pmatrix}
\hat{\rho}(1) \\
\hat{\rho}(2) \\
\vdots \\
\hat{\rho}(p)
\end{pmatrix}.
\tag{3.4}
$$

求解线性方程组 (3.4), 得到估计 $\hat{\phi}_1, \hat{\phi}_2, \cdots, \hat{\phi}_p$. 我们称这样得到的估计为**Yule-Walker 估计**.

2. MA(q) 模型的矩估计

首先考虑 MA(1) 模型: $x_t = \varepsilon_t - \theta_1 \varepsilon_{t-1}$. 该模型的待估参数是 θ_1. 由例 2.11 知

$$
\rho(1) = \frac{-\theta_1}{1+\theta_1^2},
$$

从而得

$$
\rho(1)\theta_1^2 + \theta_1 + \rho(1) = 0.
$$

用 $\hat{\rho}(1)$ 替换上面一元二次方程中 $\rho(1)$, 并解之, 得

$$
\hat{\theta}_1 = \frac{-1 \pm \sqrt{1 - 4\hat{\rho}^2(1)}}{2\hat{\rho}(1)}.
$$

考虑到 MA(1) 模型的可逆性条件为 $|\theta_1| < 1$, 可得未知参数的估计

$$
\hat{\theta}_1 = \frac{-1 + \sqrt{1 - 4\hat{\rho}^2(1)}}{2\hat{\rho}(1)}.
$$

对于高阶的 MA(q) 模型: $x_t = \varepsilon_t - \theta_1 \varepsilon_{t-1} - \theta_2 \varepsilon_{t-2} - \cdots - \theta_q \varepsilon_{t-q}$, 其待估参数 $\theta_1, \theta_2, \cdots, \theta_q$ 的计算较为复杂. 将方程组

$$
\rho(k) = \frac{-\theta_k + \sum_{i=1}^{q-k} \theta_i \theta_{k+i}}{1 + \theta_1^2 + \cdots + \theta_q^2}, \quad 1 \leqslant k \leqslant q
$$

中的 $\rho(k)$ 用 $\hat{\rho}(k)$ 代替, 求解上述非线性方程组, 就可得未知参数的矩估计 $\hat{\theta}_1, \hat{\theta}_2, \cdots, \hat{\theta}_q$. 但是

解非线性方程组比较麻烦, 一般都是借助数值算法求得的. 同时, 就 MA 模型而言, 用矩估计法所得估计精确度一般较差, 所以我们不再做进一步探讨.

3. ARMA(p, q) 模型的矩估计

对于一般的 ARMA(p, q) 模型的矩估计将更为复杂, 且估计精度较差, 所以我们仅以 ARMA$(1, 1)$ 模型的矩估计为例来说明估计过程.

ARMA$(1, 1)$ 模型: $x_t = \phi_1 x_{t-1} + \varepsilon_t - \theta_1 \varepsilon_{t-1}$ 的待估参数为 ϕ_1, θ_1, 故需要构造两个方程.

由 ARMA(p, q) 模型的自相关函数公式

$$\rho(k) = \frac{\sum\limits_{i=0}^{\infty} G_i G_{i+k}}{\sum\limits_{i=0}^{\infty} G_i^2} \tag{3.5}$$

知, 我们需首先确定 ARMA$(1, 1)$ 模型的 Green 函数. 而根据 ARMA 模型 Green 函数的递推公式, 可推得 ARMA$(1, 1)$ 模型的 Green 函数为

$$\begin{cases} G_0 = 1; \\ G_i = (\phi_1 - \theta_1)\phi_1^{i-1}, \quad i = 1, 2, \cdots. \end{cases} \tag{3.6}$$

在 (3.5) 式中分别取 $k = 1, 2$, 并将 (3.6) 式代入, 得

$$\begin{cases} \rho(1) = \dfrac{(\phi_1 - \theta_1)(1 - \theta_1\phi_1)}{1 + \theta_1^2 - 2\theta_1\phi_1}; \\ \rho(2) = \theta_1\rho(1). \end{cases} \tag{3.7}$$

在 (3.7) 式中, 分别用 $\hat{\rho}(1)$ 和 $\hat{\rho}(2)$ 替换 $\rho(1)$ 和 $\rho(2)$, 并求解关于 ϕ_1, θ_1 的方程组, 结合可逆性条件: $|\theta_1| < 1$, 得到矩估计的唯一解

$$\begin{cases} \hat{\phi}_1 = \dfrac{\hat{\rho}(2)}{\hat{\rho}(1)}; \\ \hat{\theta}_1 = \begin{cases} \dfrac{c + \sqrt{c^2 - 4}}{2}, & c \leqslant -2, \\ \dfrac{c - \sqrt{c^2 - 4}}{2}, & c \geqslant 2, \end{cases} & \text{其中,} \quad c = \dfrac{1 + \hat{\phi}_1^2 - 2\hat{\rho}(2)}{\hat{\phi}_1 - \hat{\rho}(1)}. \end{cases}$$

4. 噪声方差 σ_ε^2 的矩估计

回顾序列 $\{x_t, t \in T\}$ 均值 μ 的估计为

$$\hat{\mu} = \bar{x} = \frac{1}{n} \sum_{t=1}^{n} x_t,$$

方差 $\sigma_x^2 = \gamma(0)$ 的估计为

$$\hat{\sigma}_x^2 = \frac{1}{n-1} \sum_{t=1}^{n} (x_t - \bar{x})^2.$$

对于 AR(p) 模型而言, 在等式 $x_t = \phi_1 x_{t-1} + \phi_2 x_{t-2} + \cdots + \phi_p x_{t-p} + \varepsilon_t$ 两边同时乘以 x_t, 并求期望, 得

$$\gamma(0) = \phi_1 \gamma(1) + \phi_2 \gamma(2) + \cdots + \phi_p \gamma(p) + \sigma_\varepsilon^2. \tag{3.8}$$

将 $\gamma(k) = \gamma(0)\rho(k)$ 代入 (3.8) 式, 整理得

$$\gamma(0) = \frac{\sigma_\varepsilon^2}{1 - \phi_1 \rho(1) - \phi_2 \rho(2) - \cdots - \phi_p \rho(p)}. \tag{3.9}$$

由 (3.9) 式得 σ_ε^2 的矩估计为

$$\hat{\sigma}_\varepsilon^2 = (1 - \hat{\phi}_1 \hat{\rho}(1) - \hat{\phi}_2 \hat{\rho}(2) - \cdots - \hat{\phi}_p \hat{\rho}(p))\hat{\sigma}_x^2.$$

特别地, 对于 AR(1) 模型, 因为 $\hat{\phi}_1 = \hat{\rho}(1)$, 所以

$$\hat{\sigma}_\varepsilon^2 = (1 - \hat{\rho}^2(1))\hat{\sigma}_x^2.$$

考虑 MA(q) 模型, 使用 (2.25) 式, 得到 σ_ε^2 的矩估计为

$$\hat{\sigma}_\varepsilon^2 = \frac{\hat{\sigma}_x^2}{1 + \hat{\theta}_1^2 + \hat{\theta}_2^2 + \cdots + \hat{\theta}_q^2}.$$

对 ARMA(p, q) 模型, 我们仅以 ARMA$(1, 1)$ 模型 $x_t = \phi_1 x_{t-1} + \varepsilon_t - \theta_1 \varepsilon_{t-1}$ 为例讨论. 由

$$\begin{cases} \mathrm{E}(\varepsilon_t x_t) = \sigma_\varepsilon^2; \\ \mathrm{E}(\varepsilon_{t-1} x_t) = (\phi_1 - \theta_1)\sigma_\varepsilon^2 \end{cases}$$

得

$$\begin{cases} \gamma(0) = \mathrm{E}(x_t^2) = \phi_1\gamma(1) + [1 - \theta_1(\phi_1 - \theta_1)]\sigma_\varepsilon^2; \\ \gamma(1) = \mathrm{E}(x_{t-1}x_t) = \phi_1\gamma(0) - \theta_1\sigma_\varepsilon^2. \end{cases} \tag{3.10}$$

解方程组 (3.10) 得

$$\sigma_x^2 = \gamma(0) = \frac{1 - 2\phi_1\theta_1 + \theta_1^2}{1 - \phi_1^2}\sigma_\varepsilon^2. \tag{3.11}$$

进一步由 (3.11) 式得

$$\hat{\sigma}_\varepsilon^2 = \frac{1 - \hat{\phi}_1^2}{1 - 2\hat{\phi}_1\hat{\theta}_1 + \hat{\theta}_1^2}\hat{\sigma}_x^2.$$

最后指出, 对非中心化 ARMA 模型 $\{x_t, t \in T\}$, 总可以进行样本中心化处理, 即令 $y_t = x_t - \overline{x}$, 则 $\{y_t, t \in T\}$ 可视为中心化 ARMA 模型.

3.2.2　最小二乘估计

所谓的**最小二乘估计 (least squares estimation)**, 就是使得残差平方和达到最小的未知参数值. 下面分情况来讨论.

1. AR(p) 模型的最小二乘估计

AR(p) 模型的待估参数为 $\boldsymbol{\Phi} = (\phi_1, \phi_2, \cdots, \phi_p)$. 记 $F_t(\boldsymbol{\Phi}) = \phi_1 x_{t-1} + \phi_2 x_{t-2} + \cdots + \phi_p x_{t-p}$, 则残差项为

$$\varepsilon_t = x_t - F_t(\boldsymbol{\Phi}).$$

条件残差平方和 $Q(\boldsymbol{\Phi})$ 为

$$Q(\boldsymbol{\Phi}) = \sum_{t=p+1}^n \varepsilon_t^2 = \sum_{t=p+1}^n (x_t - \phi_1 x_{t-1} - \phi_2 x_{t-2} - \cdots - \phi_p x_{t-p})^2.$$

按照最小二乘估计的思想, 使得条件残差平方和 $Q(\boldsymbol{\Phi})$ 达到最小的 $\boldsymbol{\Phi}$ 的取值 $\hat{\boldsymbol{\Phi}} = (\hat{\phi}_1, \hat{\phi}_2, \cdots, \hat{\phi}_p)$ 就是待估参数的最小二乘估计值.

对于 AR(1) 模型而言, 有

$$Q(\boldsymbol{\Phi}) = \sum_{t=2}^n \varepsilon_t^2 = \sum_{t=2}^n (x_t - \phi_1 x_{t-1})^2.$$

根据极值原理, 令

$$\frac{\mathrm{d}Q(\boldsymbol{\varPhi})}{\mathrm{d}\phi_1} = -2\sum_{t=2}^{n}(x_t - \phi_1 x_{t-1})x_{t-1} = 0. \tag{3.12}$$

求解方程 (3.12), 得

$$\hat{\phi}_1 = \frac{\displaystyle\sum_{t=2}^{n} x_t x_{t-1}}{\displaystyle\sum_{t=2}^{n} x_{t-1}^2}. \tag{3.13}$$

由于总体均值为零, 所以样本均值也可近似视为零. 将 (3.13) 式与 $\hat{\rho}(1)$ 的估计式

$$\hat{\rho}(1) = \frac{\displaystyle\sum_{t=1}^{n-1}(x_t - \bar{x})(x_{t+1} - \bar{x})}{\displaystyle\sum_{t=1}^{n}(x_t - \bar{x})^2}$$

相对照, 仅仅分母中缺少了一项 x_n^2. 而对于平稳序列来说, n 较大时, 这个缺项可忽略. 因此, 可得

$$\hat{\phi}_1 = \hat{\rho}(1). \tag{3.14}$$

观察 (3.14) 式与 (3.2) 式, 可见对大样本而言, ϕ_1 的最小二乘估计与矩估计是一致的.

考察 AR(2) 模型, 我们有

$$Q(\boldsymbol{\varPhi}) = \sum_{t=3}^{n} \varepsilon_t^2 = \sum_{t=3}^{n}(x_t - \phi_1 x_{t-1} - \phi_2 x_{t-2})^2.$$

令

$$\frac{\partial Q(\boldsymbol{\varPhi})}{\partial \phi_1} = -2\sum_{t=3}^{n}(x_t - \phi_1 x_{t-1} - \phi_2 x_{t-2})x_{t-1} = 0. \tag{3.15}$$

将 (3.15) 式写成

$$\sum_{t=3}^{n} x_t x_{t-1} = \phi_1 \sum_{t=3}^{n} x_{t-1}^2 + \phi_2 \sum_{t=3}^{n} x_{t-1} x_{t-2}. \tag{3.16}$$

在 (3.16) 式两边同时除以 $\sum_{t=3}^{n} x_t^2$, 得

$$\frac{\sum_{t=3}^{n} x_t x_{t-1}}{\sum_{t=3}^{n} x_t^2} = \phi_1 \frac{\sum_{t=3}^{n} x_{t-1}^2}{\sum_{t=3}^{n} x_t^2} + \phi_2 \frac{\sum_{t=3}^{n} x_{t-1} x_{t-2}}{\sum_{t=3}^{n} x_t^2}. \tag{3.17}$$

(3.17) 式左边分子非常接近 $\hat{\rho}(1)$ 的分子, 仅比 $\hat{\rho}(1)$ 分子少一项 $x_1 x_2$. 同样地, (3.17) 式右边第二项分子也非常接近 $\hat{\rho}(1)$ 的分子, 仅比 $\hat{\rho}(1)$ 分子少一项 $x_{n-1} x_n$. 同时, (3.17) 式右边第一项分子与分母仅差一项. 于是在样本容量较大且平稳假设下, 可近似得到如下等式:

$$\hat{\rho}(1) = \phi_1 + \hat{\rho}(1)\phi_2. \tag{3.18}$$

按照同样的思路, 由 $\dfrac{\partial Q(\boldsymbol{\Phi})}{\partial \phi_2} = 0$, 可推得

$$\hat{\rho}(2) = \hat{\rho}(1)\phi_1 + \phi_2. \tag{3.19}$$

可见, (3.18) 式和 (3.19) 式恰好是 AR(2) 模型的样本 Yule-Walker 方程. 求解后得到未知参数 ϕ_1, ϕ_2 的最小二乘估计 $\hat{\phi}_1$, $\hat{\phi}_2$. 这与未知参数 ϕ_1, ϕ_2 的矩估计 (3.3) 式一样.

可以证明, 在一般的平稳 AR(p) 模型情况下, 可得出完全类似结论: 未知参数 $\boldsymbol{\Phi}$ 的条件最小二乘估计与其矩估计一样可以通过求解样本 Yule-Walker 方程 (3.4) 得到.

2. MA(q) 模型和 ARMA(p,q) 模型的最小二乘估计

由于随机干扰项是不可观测的, 所以对于 MA(q) 模型和 ARMA(p,q) 模型不能直接实行最小二乘估计法. 下面我们简述其思想.

从 ARMA(p,q) 模型

$$x_t = \phi_1 x_{t-1} + \cdots + \phi_p x_{t-p} + \varepsilon_t - \theta_1 \varepsilon_{t-1} - \theta_2 \varepsilon_{t-2} - \cdots - \theta_q \varepsilon_{t-q} \tag{3.20}$$

得到

$$\varepsilon_t = x_t - \sum_{i=1}^{p} \phi_i x_{t-i} + \sum_{k=1}^{q} \theta_k \varepsilon_{t-k}. \tag{3.21}$$

利用模型 (3.20) 的逆转形式

$$\varepsilon_t = \sum_{i=0}^{\infty} I_i x_{t-i},$$

将 $\varepsilon_{t-1}, \varepsilon_{t-2}, \cdots, \varepsilon_{t-q}$ 代入 (3.21) 式中, 得

$$\varepsilon_t = x_t - \sum_{i=1}^{p} \phi_i x_{t-i} + \sum_{k=1}^{q} \theta_k \sum_{i=0}^{\infty} I_i x_{t-k-i}. \tag{3.22}$$

由 (3.22) 式可见, t 时刻的误差 ε_t 是模型未知参数 $\phi_1, \phi_2, \cdots, \phi_p, \theta_1, \theta_2, \cdots, \theta_q$ 的非线性函数, 所以对 MA(q) 模型和 ARMA(p, q) 模型的最小二乘估计是非线性的最小二乘估计. 非线性的最小二乘估计需要应用诸如 Gauss-Newton, NelderMead 等数值优化算法, 这里就不赘述了. 感兴趣的读者可参看有关教材.

3.2.3 极大似然估计

所谓**极大似然估计 (maximum likelihood estimation)**, 指的是建立在极大似然准则基础上的估计方法. 极大似然准则认为, 样本来自使得该样本出现概率最大的总体. 因此, 未知参数的**极大似然估计**就是使得似然函数 (即联合密度函数) 达到最大的参数值.

使用极大似然估计必须提前知道总体的分布结构. 在时间序列分析中, 序列总体的具体分布通常未知, 为了便于分析和计算, 一般假定序列服从多元正态分布.

考虑中心化 ARMA(p, q) 模型 (3.20). 记

$$\boldsymbol{\Theta} = (\phi_1, \phi_2, \cdots, \phi_p, \theta_1, \theta_2, \cdots, \theta_q)^{\mathrm{T}},$$

$$\boldsymbol{x} = (x_1, x_2, \cdots, x_n)^{\mathrm{T}},$$

$$\boldsymbol{\Sigma}_n = \mathrm{E}(\boldsymbol{x}^{\mathrm{T}} \boldsymbol{x}) = \boldsymbol{\Omega} \sigma_\varepsilon^2,$$

其中

$$\boldsymbol{\Omega} = \begin{pmatrix} \displaystyle\sum_{i=0}^{\infty} G_i^2 & \cdots & \displaystyle\sum_{i=0}^{\infty} G_i G_{i+n-1} \\ \vdots & \ddots & \vdots \\ \displaystyle\sum_{i=0}^{\infty} G_i G_{i+n-1} & \cdots & \displaystyle\sum_{i=0}^{\infty} G_i^2 \end{pmatrix},$$

则似然函数为

$$L(\boldsymbol{\Theta};\boldsymbol{x}) = p(x_1, x_2, \cdots, x_n; \boldsymbol{\Theta})$$

$$= (2\pi)^{-\frac{n}{2}} |\boldsymbol{\Sigma}_n|^{-\frac{1}{2}} \exp\left\{ -\frac{\boldsymbol{x}^{\mathrm{T}} \boldsymbol{\Sigma}_n^{-1} \boldsymbol{x}}{2} \right\}$$

$$= (2\pi)^{-\frac{n}{2}} (\sigma_\varepsilon^2)^{-\frac{n}{2}} |\boldsymbol{\Omega}|^{-\frac{1}{2}} \exp\left\{ -\frac{\boldsymbol{x}^{\mathrm{T}} \boldsymbol{\Omega}^{-1} \boldsymbol{x}}{2\sigma_\varepsilon^2} \right\}.$$

令

$$G(\boldsymbol{\Theta}) = \boldsymbol{x}^{\mathrm{T}} \boldsymbol{\Omega}^{-1} \boldsymbol{x},$$

则对数似然函数为

$$l(\boldsymbol{\Theta};\boldsymbol{x}) = -\frac{n}{2}\ln(2\pi) - \frac{n}{2}\ln(\sigma_\varepsilon^2) - \frac{1}{2}\ln|\boldsymbol{\Omega}| - \frac{1}{2\sigma_\varepsilon^2}G(\boldsymbol{\Theta}).$$

根据极值原理, 对对数似然函数中的未知参数求偏导, 得到似然方程组

$$
\begin{cases}
\dfrac{\partial l(\boldsymbol{\Theta};\boldsymbol{x})}{\partial \sigma_\varepsilon^2} = -\dfrac{n}{2\sigma_\varepsilon^2} + \dfrac{G(\boldsymbol{\Theta})}{2\sigma_\varepsilon^4} = 0; \\[3mm]
\dfrac{\partial l(\boldsymbol{\Theta};\boldsymbol{x})}{\partial \boldsymbol{\Theta}} = -\dfrac{1}{2}\dfrac{\partial \ln|\boldsymbol{\Omega}|}{\partial \boldsymbol{\Theta}} - \dfrac{1}{2\sigma_\varepsilon^2}\dfrac{\partial G(\boldsymbol{\Theta})}{\partial \boldsymbol{\Theta}} = \mathbf{0}.
\end{cases}
\tag{3.23}
$$

求解似然方程组 (3.23), 就可得到未知参数的极大似然估计 $\hat{\boldsymbol{\Theta}}$. 在求解过程中, 由于 $\ln|\boldsymbol{\Omega}|, G(\boldsymbol{\Theta})$ 都不是参数的显示表达式, 因此求解似然方程组 (3.23) 通常需要复杂的运算. 在实际中, 通常都是借助于软件完成的.

3.2.4 实例

在 R 语言中, 参数估计可通过调用函数 arima 完成, 该函数的命令格式如下:

```
arima(x, order=, include.mean=, method= )
```

该函数的参数说明:

- **x**: 要进行模型拟合的序列名.

- **order**: 指定模型阶数. order=c(p,d,q), 其中 p 为自回归阶数; q 为移动平均阶数; d 为差分阶数, 差分阶数后面章节才会用到, 在本章取 $d = 0$.

- **include.mean**: 决定是否包含常数项. 如果 include.mean=T, 那么需要拟合常数项, 这是系统默认设置; 如果 include.mean=F, 那么意味着不需要拟合常数项.

- **method**: 指定参数估计方法. 如果 method="CSS-ML", 那么指定参数估计方法是条件最小二乘和极大似然估计混合方法, 这是系统默认设置; 如果 method="ML", 那么指定参数估计方法是极大似然估计法; 如果 method="CSS", 那么指定参数估计方法是条件最小二乘估计法.

例 3.4 确定 2016 年 1 月至 2017 年 6 月青海省居民消费价格指数序列拟合模型的口径 (即对该序列的未知参数进行估计).

解 根据例 3.1, 我们已经将模型识别为 AR(2). 现采用极大似然估计法估计未知参数. 具体命令及运行结果如下:

```
> x <- read.table("E:/DATA/CHAP3/cpi.csv",sep=",",header=T)
> QHCPI <- ts(x$QHCPI,start=1)
> QHCPI.fix <- arima(QHCPI,order=c(2,0,0),method="ML")
> QHCPI.fix


Call:
arima(x = QHCPI, order = c(2, 0, 0), method = "ML")


Coefficients:
         ar1      ar2   intercept
      1.0233  -0.5067    101.5002
s.e.  0.1975   0.1928      0.2245


sigma^2 estimated as 0.2123:  log likelihood = -12.2,  aic = 32.4
```

根据估计结果, 确定该模型的口径为

$$x_t - 101.5002 = \frac{\varepsilon_t}{1 - 1.0233B + 0.5067B^2}, \quad \sigma_\varepsilon^2 = 0.2123.$$

也可写成如下形式:

$$x_t = 49.0652 + 1.0233x_{t-1} - 0.5067x_{t-2} + \varepsilon_t, \quad \sigma_\varepsilon^2 = 0.2123.$$

例 3.5 确定 1956 年至 2016 年某城市各月交通事故数序列拟合模型的口径.

解 根据例 3.2, 我们已经将模型识别为 MA(1). 现采用条件最小二乘法估计未知参数. 具体命令及运行结果如下:

```
> x <- read.table("E:/DATA/CHAP3/SGS.csv",sep=",",header=T)
> SGS <- ts(x$JTSGS,start=1956)
> SGS.fix <- arima(SGS,order=c(0,0,1),method="CSS")
> SGS.fix


Call:
arima(x = SGS, order = c(0, 0, 1), method = "CSS")


Coefficients:
         ma1   intercept
     -0.5446  1000.0257
s.e.  0.1234     0.0508


sigma^2 estimated as 0.7223:  part log likelihood = -75.38
```

根据估计结果, 确定该模型的口径为

$$x_t = 1000.0257 + \varepsilon_t - 0.5446\varepsilon_{t-1}, \quad \sigma_\varepsilon^2 = 0.7223.$$

例 3.6　确定 1860 年至 1909 年国外某城市火灾发生数序列拟合模型的口径.

解　根据例 3.3, 我们已经将模型识别为 ARMA(2, 1). 现采用条件最小二乘法估计未知参数. 具体命令及运行结果如下:

```
> x <- read.table("E:/DATA/CHAP3/2.csv",sep=",",header=T)
> HUOZAI <- ts(x$X,start=1860)
> HUOZAI.fix <- arima(HUOZAI,order=c(2,0,1),method="CSS")
> HUOZAI.fix


Call:
arima(x = HUOZAI, order = c(2, 0, 1), method = "CSS")


Coefficients:
        ar1      ar2     ma1   intercept
     0.5171  -0.0858  0.9268  1000.1156
s.e. 0.1449   0.1481  0.0857     0.4944


sigma^2 estimated as 0.9821:  part log likelihood = -70.5
```

根据估计结果, 确定该模型的口径为

$$x_t = 1000.1156 + 0.5171x_{t-1} - 0.0858x_{t-2} + \varepsilon_t + 0.9268\varepsilon_{t-1}, \quad \sigma_\varepsilon^2 = 0.9821.$$

3.3 模型的检验与优化

经过模型识别和参数估计之后, 接下来我们要对模型进行诊断性检验, 即检测已知观测数据在用既定模型拟合时的合理性. 一个好的拟合模型应该具备如下两个最基本的特征:

(1) 拟合模型应该提取了观察值序列的几乎全部相关信息, 因而拟合残差项中将不再蕴含相关信息, 也即残差序列应该为白噪声序列.

(2) 拟合模型应该是最精简的模型. 换句话说, 拟合模型不再含有任何冗余参数, 因为参数个数过多必然影响估计的精度.

在本节中, 我们就基于以上两点来讨论模型诊断方法. 然后, 利用模型诊断的结论, 提出改进模型的方法.

3.3.1 残差的检验

如果模型被正确识别, 参数估计足够精确, 那么残差应该具有白噪声的性质, 即残差序列应表现出独立、同分布、零均值和相同标准差的性质. 反之, 如果残差序列为非白噪声序列, 那就意味着残差序列中还残留着相关信息未被提取, 说明拟合模型不够有效, 需要重新选择其他模型进行拟合. 因此, 残差的检验指的就是残差序列的白噪声检验.

最简单的残差检验就是观察残差序列的时序图. 如果残差序列的时序图围绕横轴波动, 且波动范围有界, 但是波动既无趋势性, 也无周期性, 表现出较明显的随机性, 那么残差序列就可能为白噪声序列.

但是较为可靠的检验还是 1.5 节引入的白噪声检验. 原假设和备择假设分别为

原假设 $\mathbf{H}_0$: $\rho(1) = \rho(2) = \cdots = \rho(m) = 0, \quad \forall m \geqslant 1$;

备择假设 $\mathbf{H}_1$: 至少存在某个 $\rho(k) \neq 0, \quad \forall m \geqslant 1, k \leqslant m$.

检验统计量取为 Q_{LB}:

$$Q_{\mathrm{LB}} = n(n+2)\sum_{k=1}^m \left(\frac{\hat{\rho}^2(k)}{n-k}\right) \sim \chi^2(m), \quad \forall m > 0.$$

这里 $\rho(i), \hat{\rho}(i)$ 分别是残差序列的自相关函数和样本自相关函数.

一般来讲, 当检验的 p 值显著大于显著性水平 0.05 时, 我们就不能拒绝原假设, 也就是有理由相信原假设成立, 认为序列是白噪声序列; 当检验的 p 值显著小于显著性水平 0.05 时, 我们就拒绝原假设, 从而有理由相信备择假设成立, 认为序列值之间有相关关系, 该序列是非白噪声序列.

例 3.7　对 2016 年 1 月至 2017 年 6 月青海省居民消费价格指数序列拟合模型的残差序列进行检验 (也称为模型的显著性检验).

解　残差序列检验的具体命令及运行结果如下:

```
> x <- read.table("E:/DATA/CHAP3/cpi.csv",sep=",",header=T)
> QHCPI <- ts(x$QHCPI,start=1)
> QHCPI.fix <- arima(QHCPI,order=c(2,0,0),method="ML")
> for(i in 1:2) print(Box.test(QHCPI.fix$residual, type="Ljung-Box",
+lag=6*i)) #对残差序列 QHCPI.fix$residual 进行白噪声检验


Box-Ljung test


data:  QHCPI.fix$residual
X-squared = 4.311, df = 6, p-value = 0.6347


Box-Ljung test


data:  QHCPI.fix$residual
X-squared = 10.258, df = 12, p-value = 0.5933
```

可见, 延迟 6 阶和延迟 12 阶的统计量 Q_{LB} 的 p 值显著大于显著性水平 0.05, 所以可以认为拟合模型的残差序列是白噪声序列.

3.3.2　过度拟合检验

在模型诊断中, 需要特别引起注意的问题是, 由过度拟合而产生的参数冗余问题. 举个例子来说明: 对于 $\mathrm{ARMA}(p,q)$ 模型: $\Phi(B)x_t = \Theta(B)\varepsilon_t$, 如果在该模型两边同时乘 $1-cB$, 可得 $(1-cB)\Phi(B)x_t = (1-cB)\Theta(B)\varepsilon_t$. 从数学角度看, 两个模型仍然等同, 但实际上模型的待估参数增加了, 产生了冗余参数. 由于样本量有限, 参数个数的增加必然导致估计精度的下降. 因此, 有必要舍弃冗余参数, 精简模型.

为了舍弃对模型影响不显著的参数, 我们做如下参数显著性假设:

$$\text{原假设 } \mathbf{H}_0:\ \alpha_i = 0 \quad \longleftrightarrow \quad \text{备择假设 } \mathbf{H}_1:\ \alpha_i \neq 0,$$

其中, α_i 是模型第 i 个参数.

可以证明, 第 i 个参数 α_i 的 t 检验统计量可按如下方式给出:

$$t = \frac{\hat{\phi}_i}{\sigma},$$

其中, $\hat{\phi}_i$ 为该参数的估计值; σ 为该参数估计值的标准差.

R 语言没有提供参数的显著性检验结果, 因为默认输出参数均显著非零. 如果想要得到 t 统计量的值和检验的 p 值, 就得动手算出 t 统计量的值, 并调用 t 分布的 p 值函数 pt(). 该函数的命令格式如下:

```
pt(t, df=, lower.tail= )
```

该函数的参数说明:

- **t**: t 统计量的值.

- **df**: 自由度.

- **lower.tail**: 确定计算概率的方向. lower.tail=T 意味着计算 $P_r(X \leqslant x)$. 如果参数估计值为负, 选择 lower.tail=T; lower.tail=F 意味着计算 $P_r(X > x)$. 如果参数估计值为正, 选择 lower.tail=F.

例 3.8 对 2016 年 1 月至 2017 年 6 月青海省居民消费价格指数序列拟合模型的参数进行显著性检验.

解 参数的显著性检验的具体命令及运行结果如下:

```
> x <- read.table("E:/DATA/CHAP3/cpi.csv",sep=",",header=T)
> QHCPI <- ts(x$QHCPI,start=1)
> QHCPI.fix <- arima(QHCPI,order=c(2,0,0),method="ML")
> QHCPI.fix

Call:
arima(x = QHCPI, order = c(2, 0, 0), method = "ML")

Coefficients:
          ar1      ar2    intercept
       1.0233  -0.5067     101.5002
s.e.   0.1975   0.1928       0.2245

sigma^2 estimated as 0.2123:  log likelihood = -12.2,  aic = 32.4
```

```
> # ar1 系数的显著性检验
> t1 <- 1.0233/0.1975
> pt(t1,df=15,lower.tail=F)
[1] 5.584387e-05
> # ar2 系数的显著性检验
> t2 <- -0.5067/0.1928
> pt(t2,df=15,lower.tail=T)
[1] 0.009501987
> # 常数的显著性检验
> t0 <- 101.5002/0.2245
> pt(t0,df=15,lower.tail=F)
[1] 9.938772e-33
```

三个系数检验的 p 值均小于 0.05, 故三个系数均显著非零.

3.3.3　模型优化

由于样本的随机性和定阶过程很大程度上依赖于分析人员的主观判断, 所以在模型识别时, 可能就会有若干个备选模型符合条件, 而且有时会出现多个模型都通过了检验的情况, 那么现在的问题是, 到底哪个模型最有效呢? 下面, 我们介绍几个选择模型的方法.

1. 信息准则法

(1) AIC 准则

AIC (Akaike information criterion) 准则是由日本统计学家 Akaike 于 1973 年提出的, 它是基于最小信息量思想的准则.

从统计的观点来看, 一个事件的发生如果给人们带来了信息, 那么就应该认为该事件是一个随机事件. 显然, 一件为人们所完全预料的事件, 不会给人们带来信息. 假定 A 和 B 是两个随机事件, 且 $P_r(A) > P_r(B)$, 那么概率小的事件带给人们更多信息. 因此, 事件 B 的信息比事件 A 的信息多. 一般地, 对于一个事件 A, 我们可以用 $-\ln(p(A))$ 来刻画一个随机事件 A 的信息量. 这里指出, 对于随机事件 A 来说, $p(A)$ 是其概率; 而对随机变量来说, $p(\cdot)$ 是该随机变量的概率密度函数.

基于上述信息量的考虑, AIC 准则建议评判一个拟合模型的优劣可以从如下两方面考察:

① 似然函数值的大小. 似然函数值越大说明模型拟合的效果越好.

② 模型中未知参数的个数. 模型中未知参数越多, 估计的难度就越大, 相应地, 估计的精度就越差.

一个好的拟合模型应该是在兼顾考虑拟合精度和未知参数的个数下, 从中选择最优的配置. 基于此, AIC 函数被提出, 它是拟合精度和参数个数的加权函数:

$$\text{AIC} = -2\ln(\text{模型的极大似然函数值}) + 2(\text{模型中未知参数的个数}). \quad (3.24)$$

AIC 准则认为, 使得 AIC 函数 (3.24) 达到最小的模型是最优模型.

考虑 ARMA(p,q) 模型. 从其对数似然函数

$$l(\boldsymbol{\Theta}; \boldsymbol{x}) = -\frac{n}{2}\ln(2\pi) - \frac{n}{2}\ln(\sigma_\varepsilon^2) - \frac{1}{2}\ln|\boldsymbol{\Omega}| - \frac{1}{2\sigma_\varepsilon^2}G(\boldsymbol{\Theta})$$

可以证明, $l(\boldsymbol{\Theta}; \boldsymbol{x}) \propto -\frac{n}{2}\ln(\sigma_\varepsilon^2)$. 因为中心化 ARMA$(p,q)$ 模型的未知参数的个数为 $p+q+1$, 非中心化 ARMA(p,q) 模型的未知参数的个数为 $p+q+2$, 所以可得, 中心化 ARMA(p,q) 模型的 AIC 函数为

$$\text{AIC} = n\ln(\hat{\sigma}_\varepsilon^2) + 2(p+q+1).$$

非中心化 ARMA(p,q) 模型的 AIC 函数为

$$\text{AIC} = n\ln(\hat{\sigma}_\varepsilon^2) + 2(p+q+2).$$

(2) BIC 准则

AIC 准则为模型选择提供了重要依据, 但是 AIC 准则也有不足之处. 理论上已经证明, AIC 准则不能给出模型阶的相合估计, 即当样本容量 n 趋于无穷大时, 由 AIC 准则确定的模型的阶不能收敛到模型的真实阶, 而是比模型真实阶偏高. 为了弥补 AIC 准则的不足, Akaike 于 1976 年提出了 BIC 准则. 他定义了如下 BIC 函数:

$$\text{BIC} = -2\ln(\text{模型的极大似然函数值}) + \ln(n)(\text{模型中未知参数的个数}). \quad (3.25)$$

BIC 准则规定, 使得 BIC 函数 (3.25) 达到最小的模型是最优模型. 这里需要指出的是, Schwarts 在 1978 年基于贝叶斯理论也得出了同样的准则, 所以 BIC 准则也被称为 BSC 准则.

BIC 函数与 AIC 函数相比较不同的地方是, BIC 函数将 AIC 函数中未知参数个数的权重由常数 2 变成了样本容量的对数 $\ln(n)$. 理论上已经证明, BIC 准则确定的最优模型是真实阶数的相合估计.

根据 BIC 函数的定义, 容易得到中心化 ARMA(p,q) 模型的 BIC 函数为

$$\text{BIC} = n\ln(\hat{\sigma}_\varepsilon^2) + \ln(n)(p+q+1).$$

非中心化 ARMA(p,q) 模型的 BIC 函数为

$$BIC = n \ln(\hat{\sigma}_\varepsilon^2) + \ln(n)(p + q + 2).$$

在实际应用中, 我们总是从所有通过检验的模型中选择使得 AIC 或 BIC 函数达到最小的模型为相对最优模型. 这一过程将伴随模型定阶过程反复进行, 直至满意为止.

在 R 语言中, 通过调用程序包 forecast 中的函数 Arima() 也可以进行参数估计, 其命令格式和参数使用方式与函数 arima() 的一样. 所不同的是, 函数 Arima() 的运行结果会同时给出 AIC、BIC 和 AICc 的值. 例如: 在例 3.4 中, 如果用函数 Arima() 替换函数 arima() 进行参数估计, 那么可从运行结果中提取 AIC 的值为 32.39511, BIC 的值为 35.95659.

例 3.9　在例 3.1 中, 通过对 2016 年 1 月至 2017 年 6 月青海省居民消费价格指数序列的自相关函数图和偏自相关函数图的观察, 初步将序列模型识别为 AR(2), 然后在例 3.4 中进行了未知参数的估计, 最后在例 3.7 和例 3.8 中对模型进行了检验, 并且所建模型通过了检验.

我们也可以将序列识别为 ARMA(2, 1) 模型, 然后对该模型进行估计, 并对估计结果进行检验. 具体命令及运行结果如下:

```
> x <- read.table("E:/DATA/CHAP3/cpi.csv",sep=",",header=T)
> QHCPI <- ts(x$QHCPI,start=1)
> QHCPI.fix2 <- Arima(QHCPI,order=c(2,0,1),method="ML")
> for(i in 1:2) print(Box.test(QHCPI.fix2$residual,
+ type="Ljung-Box", lag=6*i))

Box-Ljung test

data:  QHCPI.fix2$residual
X-squared = 3.2717, df = 6, p-value = 0.7741

Box-Ljung test

data:  QHCPI.fix2$residual
X-squared = 8.1046, df = 12, p-value = 0.7769
```

检验结果表明, 用模型 ARMA(2, 1) 拟合序列, 依然通过了模型检验. 进一步, 提取 AIC 函数和 BIC 函数的值. 具体命令及运行结果如下:

```
> QHCPI.fix2$aic
[1] 32.79913
> QHCPI.fix2$bic
[1] 37.25099
```

由此可以看出, AIC 函数和 BIC 函数的值比用 AR(2) 拟合序列的 AIC=32.39511 和 BIC=35.95659 值都大, 因此, 选用模型 AR(2) 拟合序列的结果更优.

2. F 检验法

所谓 **F 检验法**, 就是通过比较 ARMA(p,q) 模型和 ARMA$(p-1,q-1)$ 模型的残差平方和, 并用 F 检验判定阶数降低后的模型与原来模型之间是否存在显著性差异的方法.

设 ARMA(p,q) 模型和 ARMA$(p-1,q-1)$ 模型的残差平方和分别为 R_0 和 R_1; 自由度分别为 d_0 和 d_1, 则检验的假设可表示为

$$\text{原假设 } \mathbf{H}_0: \quad \phi_p = 0 \text{ 且 } \theta_q = 0 \quad \longleftrightarrow \quad \text{备择假设 } \mathbf{H}_1: \quad \phi_p \neq 0 \text{ 或 } \theta_q \neq 0.$$

构造如下检验统计量:

$$F = \frac{R_1 - R_0}{d_1 - d_0} \bigg/ \frac{R_0}{n - p - (p + q + 1)}.$$

原假设为真时, 统计量 F 服从第一自由度为 $d_1 - d_0$, 第二自由度为 $n - p - (p + q + 1)$ 的 $F(d_1 - d_0, n - p - (p + q + 1))$ 分布. 对于显著性水平 α, 可得到临界值 F_α. 当 $F > F_\alpha$ 时拒绝原假设, 模型选为 ARMA(p,q) 模型更好些; 当 $F \leqslant F_\alpha$ 时接受原假设, 意味着两个模型的拟合精度没有显著性差异, 模型选阶数更低的 ARMA$(p-1,q-1)$ 模型更好些. 当然, 也有可能选 ARMA$(p,q-1)$ 模型或选 ARMA$(p-1,q)$ 模型更好些.

3. 残差方差图法

拟合模型与真实数据之间的差异越小, 拟合模型就越有效. 残差是描述拟合模型与真实数据差异的重要方法, 因而也成为判断拟合模型是否合适的重要标准.

在实际建模时, 我们当然希望模型残差方差尽量小些, 因为残差方差越小说明拟合模型越有效. 经过证明, 模型的残差方差可以用下式来估计:

$$\hat{\sigma}^2 = \frac{\text{条件残差平方和}}{\text{实际观测值个数} - \text{模型的参数个数}}.$$

假设样本容量为 n. 对于 AR(p) 模型来说, 模型中有滞后阶数为 $1, 2, \cdots, p$ 阶的项, 所以第一个有效观测值应该从 $p+1$ 期开始, 模型有效的样本容量为 $n-p$, 估计的参数为 $p+1$ 个, 因而 AR(p) 模型的残差方差为

$$\hat{\sigma}^2 = \frac{\text{条件残差平方和}}{n - p - (p + 1)}.$$

对于 MA(q) 模型来说, 模型的有效观测值仍为 n 个, 有 $q+1$ 个待估参数, 因此, MA(q) 模型的残差方差为

$$\hat{\sigma}^2 = \frac{\text{条件残差平方和}}{n - (q+1)}.$$

对于 ARMAR(p,q) 模型来说, 第一个有效观测值仍是从 $p+1$ 期开始的, 模型的待估参数有 $p+q+1$ 个, 因此, ARMAR(p,q) 模型的残差方差为

$$\hat{\sigma}^2 = \frac{\text{条件残差平方和}}{(n-p) - (p+q+1)}.$$

在进行模型选择时, 通常会选择残差方差小的模型. 虽然增加模型的阶数会减少残差方差, 但是也会导致自由度的损失, 估计精度下降. 所以, 在进行模型选择时, 除了要使得残差方差尽可能小之外, 还需要使得模型尽可能精简. 在模型残差相差不大的情况下, 尽量选择阶数低的模型, 以免损失过多的自由度.

4. R 语言自动拟合法

R 语言的 auto.arima() 函数提供了自动定阶、参数估计和计算信息量的功能, 可以帮助数据分析人员进行参考分析. 该函数的命令格式如下:

```
auto.arima(x, max.p=, max.q=, ic= )
```

该函数的参数说明:

- **x**: 需要建模的序列名.

- **max.p**: 自相关系数的最高阶数, 不特殊指定的话, 系统默认值为 5.

- **max.q**: 移动平均系数的最高阶数, 不特殊指定的话, 系统默认值为 5.

- **ic**: 指定信息量准则. ic 有 "aicc", "aic", "bic" 三个选项. 系统默认选 aic.

使用 auto.arima() 函数之前, 需要先下载安装 zoo 和 forecast 两个程序包, 并用 library 调用它们. 需要指出的是, 有时选择不同的信息量准则会导致模型的阶数不同; 有时系统指定的模型阶数会高于真实阶数.

例 3.10 使用函数 auto.arima() 对 2016 年 1 月至 2017 年 6 月宁夏回族自治区居民消费价格指数序列进行自动拟合.

解 自动拟合的具体命令及运行结果如下:

```
> x <- read.table("E:/DATA/CHAP3/cpi.csv",sep=",",header=T)
> NXCPI<- ts(x$NXCPI,start=1)
> NXCPI.fix <- auto.arima(NXCPI)
> NXCPI.fix
```

```
Series: NXCPI
ARIMA(0,0,1) with non-zero mean

Coefficients:
          ma1      mean
       0.5277  101.4093
s.e.   0.1712    0.2267


sigma^2 estimated as 0.4619:  log likelihood=-17.69
AIC=41.38    AICc=43.1    BIC=44.06
```

自动拟合表明, 软件程序自动识别为 MA(1) 模型.

3.4 序列的预测

时间序列分析的最终目的之一是预测序列未来的变化、发展. 所谓**预测 (forecast)**, 就是根据现在与过去的随机序列的样本取值, 对未来某个时刻序列值进行估计. 目前, 许多预测方法都是从线性预测的理论中发展而来的. 对于平稳序列来讲, 最常用的预测方法是线性最小方差预测. 线性是指预测值是观测值的线性函数, 最小方差是指预测的均方误差达到最小.

3.4.1 预测准则

设 $x_t, x_{t-1}, \cdots, x_{t-n}$ (n可以有限, 也可以无限) 是时间序列 $\{x_t\}$ 的观测值, 也称为该序列的**历史信息**, 简记为 $\boldsymbol{\Theta}_t$. 根据历史信息 $\boldsymbol{\Theta}_t$, 对将来某时刻 $t+l$ ($l > 0$) 的序列值 x_{t+l} 进行估计, 称为**序列的第 l 步预测**, 预测值记为 $\hat{x}_{t+l}$. 显然, 预测值 $\hat{x}_{t+l}$ 应该是关于历史信息 $\boldsymbol{\Theta}_t$ 的函数, 因此, 预测实质上就是求一个函数 f, 使得

$$\hat{x}_{t+l} = f(\boldsymbol{\Theta}_t).$$

习惯上, 称上述函数为**预测函数**.

预测的准确程度是由预测误差

$$e_t(l) = x_{t+l} - \hat{x}_{t+l}$$

决定的, 因此预测函数的选取应该使得预测误差尽可能地小. 于是, 需要确定一种准则, 使得依据这种准则能够衡量采用某种预测函数所得的预测误差比采用其他预测函数所得的预测误差小.

在统计上, 我们一般用均方误差来衡量一个估计量的好坏. 所谓**均方误差 (mean squared error)**, 就是误差平方的期望, 即

$$\mathrm{E}[e_t(l)]^2 = \mathrm{E}(x_{t+l} - \hat{x}_{t+l})^2 = \mathrm{E}[x_{t+l} - f(\boldsymbol{\Theta}_t)]^2. \tag{3.26}$$

一般地, 均方误差越小, 估计量越准确, 因此, (3.26) 式可选作我们的预测准则. 下面来求在这个预测准则下的最佳预测, 也称为**最小均方误差 (minimum mean square error) 预测**.

设 $f(\boldsymbol{\Theta}_t)$ 为 x_{t+l} 的任一预测, 根据 (3.26) 式得

$$\begin{aligned}
\mathrm{E}[x_{t+l} - f(\boldsymbol{\Theta}_t)]^2 &= \mathrm{E}[x_{t+l} - \mathrm{E}(x_{t+l}|\boldsymbol{\Theta}_t) + \mathrm{E}(x_{t+l}|\boldsymbol{\Theta}_t) - f(\boldsymbol{\Theta}_t)]^2 \\
&= \mathrm{E}[x_{t+l} - \mathrm{E}(x_{t+l}|\boldsymbol{\Theta}_t)]^2 + 2\mathrm{E}\{[x_{t+l} - \mathrm{E}(x_{t+l}|\boldsymbol{\Theta}_t)][\mathrm{E}(x_{t+l}|\boldsymbol{\Theta}_t) - f(\boldsymbol{\Theta}_t)]\} \\
&\quad + \mathrm{E}\{[\mathrm{E}(x_{t+l}|\boldsymbol{\Theta}_t) - f(\boldsymbol{\Theta}_t)]^2\}.
\end{aligned} \tag{3.27}$$

记

$$\eta_{t+l} = [x_{t+l} - \mathrm{E}(x_{t+l}|\boldsymbol{\Theta}_t)][\mathrm{E}(x_{t+l}|\boldsymbol{\Theta}_t) - f(\boldsymbol{\Theta}_t)],$$

则有

$$\mathrm{E}(\eta_{t+l}|\boldsymbol{\Theta}_t) = [\mathrm{E}(x_{t+l}|\boldsymbol{\Theta}_t) - f(\boldsymbol{\Theta}_t)]\mathrm{E}\{[x_{t+l} - \mathrm{E}(x_{t+l}|\boldsymbol{\Theta}_t)]|\boldsymbol{\Theta}_t\} = 0.$$

进而得到

$$\mathrm{E}(\eta_{t+l}) = \mathrm{E}[\mathrm{E}(\eta_{t+l}|\boldsymbol{\Theta}_t)] = 0. \tag{3.28}$$

将 (3.28) 式代入 (3.27) 式得

$$\begin{aligned}
\mathrm{E}[x_{t+l} - f(\boldsymbol{\Theta}_t)]^2 &= \mathrm{E}[x_{t+l} - \mathrm{E}(x_{t+l}|\boldsymbol{\Theta}_t)]^2 + \mathrm{E}\{[\mathrm{E}(x_{t+l}|\boldsymbol{\Theta}_t) - f(\boldsymbol{\Theta}_t)]^2\} \\
&\geqslant \mathrm{E}[x_{t+l} - \mathrm{E}(x_{t+l}|\boldsymbol{\Theta}_t)]^2.
\end{aligned}$$

于是得到最小均方误差预测:

$$f(\boldsymbol{\Theta}_t) = \mathrm{E}(x_{t+l}|\boldsymbol{\Theta}_t). \tag{3.29}$$

可见, 最小均方误差预测是 x_{t+l} 关于 $\boldsymbol{\Theta}_t$ 的条件期望. 这种预测具有许多优良的性质, 但是计算较为复杂.

事实上, 对于平稳序列来讲, 我们更感兴趣在 $\boldsymbol{\Theta}_t$ 的线性函数类中寻求 x_{t+l} 的最佳预测, 换句话说, 就是寻找 $x_t, x_{t-1}, \cdots, x_{t-n}$ (n 可以有限, 也可以无限) 的线性函数

$$\hat{x}_{t+l} = f(\boldsymbol{\Theta}_t) = \boldsymbol{\alpha}^{\mathrm{T}} \boldsymbol{\Theta}_t = \alpha_0 x_t + \alpha_1 x_{t-1} + \cdots,$$

使得 (3.26) 式达到最小, 也即在 $\boldsymbol{\Theta}_t$ 张成的线性空间 $\mathrm{span}\{\boldsymbol{\Theta}_t\}$ 中, 寻找使得 (3.26) 式达到最小的 $\boldsymbol{\Theta}_t$ 的线性组合. 我们称这种预测为**线性最小方差 (linear minimum variance)** 预测.

现在我们来寻找 x_{t+l} 的线性最小方差预测. 为此, 首先引入投影的概念. 对于线性空间 $\mathrm{span}\{\boldsymbol{\Theta}_t\}$ 中的元素 $\hat{x}'_{t+l} = \boldsymbol{\alpha}^{\mathrm{T}} \boldsymbol{\Theta}_t$ 来说, 如果满足

$$\mathrm{E}[(x_{t+l} - \boldsymbol{\alpha}^{\mathrm{T}} \boldsymbol{\Theta}_t) \boldsymbol{\Theta}_t^{\mathrm{T}}] = \mathbf{0}^{\mathrm{T}}, \tag{3.30}$$

那么我们称 $\hat{x}'_{t+l}$ 为 x_{t+l} 在 $\mathrm{span}\{\boldsymbol{\Theta}_t\}$ 中的**投影 (projection)**.

下面我们证明, x_{t+l} 在 $\mathrm{span}\{\boldsymbol{\Theta}_t\}$ 中的投影 $\hat{x}'_{t+l}$ 就是我们想要寻找的 x_{t+l} 的线性最小方差预测.

设 $\boldsymbol{\beta}^{\mathrm{T}} \boldsymbol{\Theta}_t \in \mathrm{span}\{\boldsymbol{\Theta}_t\}$ 是 x_{t+l} 的任意一个预测, 则

$$
\begin{aligned}
\mathrm{E}(x_{t+l} - \boldsymbol{\beta}^{\mathrm{T}} \boldsymbol{\Theta}_t)^2 &= \mathrm{E}(x_{t+l} - \boldsymbol{\alpha}^{\mathrm{T}} \boldsymbol{\Theta}_t + \boldsymbol{\alpha}^{\mathrm{T}} \boldsymbol{\Theta}_t - \boldsymbol{\beta}^{\mathrm{T}} \boldsymbol{\Theta}_t)^2 \\
&= \mathrm{E}(x_{t+l} - \boldsymbol{\alpha}^{\mathrm{T}} \boldsymbol{\Theta}_t)^2 + 2\mathrm{E}[(x_{t+l} - \boldsymbol{\alpha}^{\mathrm{T}} \boldsymbol{\Theta}_t)(\boldsymbol{\alpha}^{\mathrm{T}} \boldsymbol{\Theta}_t - \boldsymbol{\beta}^{\mathrm{T}} \boldsymbol{\Theta}_t)] \\
&\quad + \mathrm{E}(\boldsymbol{\alpha}^{\mathrm{T}} \boldsymbol{\Theta}_t - \boldsymbol{\beta}^{\mathrm{T}} \boldsymbol{\Theta}_t)^2.
\end{aligned} \tag{3.31}
$$

(3.31) 式右边中间项为

$$\mathrm{E}[(x_{t+l} - \boldsymbol{\alpha}^{\mathrm{T}} \boldsymbol{\Theta}_t)(\boldsymbol{\alpha} - \boldsymbol{\beta})^{\mathrm{T}} \boldsymbol{\Theta}_t] = \mathrm{E}\{[(x_{t+l} - \boldsymbol{\alpha}^{\mathrm{T}} \boldsymbol{\Theta}_t) \boldsymbol{\Theta}_t^{\mathrm{T}}](\boldsymbol{\alpha} - \boldsymbol{\beta})\} = 0. \tag{3.32}$$

将 (3.32) 式代入 (3.31) 式中, 得

$$\mathrm{E}(x_{t+l} - \boldsymbol{\beta}^{\mathrm{T}} \boldsymbol{\Theta}_t)^2 = \mathrm{E}(x_{t+l} - \boldsymbol{\alpha}^{\mathrm{T}} \boldsymbol{\Theta}_t)^2 + \mathrm{E}(\boldsymbol{\alpha}^{\mathrm{T}} \boldsymbol{\Theta}_t - \boldsymbol{\beta}^{\mathrm{T}} \boldsymbol{\Theta}_t)^2. \tag{3.33}$$

从 (3.33) 式可以看到, 当

$$\boldsymbol{\alpha}^{\mathrm{T}} \boldsymbol{\Theta}_t = \boldsymbol{\beta}^{\mathrm{T}} \boldsymbol{\Theta}_t$$

时, $\mathrm{E}(x_{t+l} - \boldsymbol{\beta}^{\mathrm{T}} \boldsymbol{\Theta}_t)^2$ 达到最小值, 所以 x_{t+l} 在 $\mathrm{span}\{\boldsymbol{\Theta}_t\}$ 中的投影 $\hat{x}'_{t+l} = \boldsymbol{\alpha}^{\mathrm{T}} \boldsymbol{\Theta}_t$ 为 x_{t+l} 的线性最小方差预测.

3.4.2　自回归移动平均模型的预测

上节中, 我们讨论了一般序列预测的思想. 对于 ARMA(p, q) 模型来讲, 通过其传递形式和逆转形式可以更容易求出它的线性最小方差预测值.

1. 线性最小方差预测

设平稳可逆的 ARMA(p, q) 模型的传递形式为

$$x_t = \sum_{i=0}^{\infty} G_i \varepsilon_{t-i}, \tag{3.34}$$

其中, $\{G_i\}$ 是 Green 函数. 假如我们具有一直到 t 期的 ε 观测值 $\{\varepsilon_t, \varepsilon_{t-1}, \varepsilon_{t-2}, \cdots\}$, 则根据 (3.29) 式知, x_{t+l} 的线性最小方差预测 $\hat{x}_{t+l}$ 具有如下形式:

$$\hat{x}_{t+l} = \mathrm{E}(x_{t+l}|\varepsilon_t, \varepsilon_{t-1}, \varepsilon_{t-2}, \cdots) = \sum_{i=0}^{\infty} G_{l+i} \varepsilon_{t-i}. \tag{3.35}$$

因为预测误差

$$x_{t+l} - \hat{x}_{t+l} = x_{t+l} - \mathrm{E}(x_{t+l}|\varepsilon_t, \varepsilon_{t-1}, \varepsilon_{t-2}, \cdots) = \varepsilon_{t+l} + G_1 \varepsilon_{t+l-1} + \cdots + G_{l-1} \varepsilon_{t+1}$$

与 $\{\varepsilon_t, \varepsilon_{t-1}, \varepsilon_{t-2}, \cdots\}$ 满足 $\mathrm{E}[(x_{t+l} - \hat{x}_{t+l}) \varepsilon_{t-k}] = 0, k = 0, 1, 2, \cdots$, 所以由 (3.30) 式知 $\hat{x}_{t+l}$ 是 x_{t+l} 在线性空间 span$\{\varepsilon_t, \varepsilon_{t-1}, \varepsilon_{t-2}, \cdots\}$ 上的投影, 故 $\hat{x}_{t+l}$ 是 x_{t+l} 的线性最小方差预测. 此时, 预测误差的均值和方差分别为

$$\mathrm{E}[e_t(l)] = \mathrm{E}(x_{t+l} - \hat{x}_{t+l}) = 0$$

和

$$\mathrm{E}[e_t(l)]^2 = \mathrm{E}(x_{t+l} - \hat{x}_{t+l})^2 = \sum_{i=0}^{l-1} G_i^2 \sigma_\varepsilon^2.$$

再设平稳可逆的 ARMA(p, q) 模型的逆转形式为

$$\varepsilon_t = \sum_{j=0}^{\infty} I_j x_{t-j}, \tag{3.36}$$

其中, $\{I_j\}$ 是逆转函数. 将 (3.36) 式代入 (3.35) 式, 得

$$\hat{x}_{t+l} = \sum_{i=0}^{\infty} \sum_{j=0}^{\infty} G_{l+i} I_j x_{t-i-j}. \tag{3.37}$$

将 (3.37) 式简记为

$$\hat{x}_{t+l} = \sum_{k=0}^{\infty} C_{l+k} x_{t-k}.$$

由 (3.34) 式得

$$x_{t+l} = \sum_{i=0}^{\infty} G_i \varepsilon_{t+l-i} = \sum_{i=0}^{l-1} G_i \varepsilon_{t+l-i} + \sum_{i=l}^{\infty} G_i \varepsilon_{t+l-i} = e_t(l) + \hat{x}_{t+l}.$$

于是可推得

$$\mathrm{E}(x_{t+l}|x_t, x_{t-1}, \cdots) = \mathrm{E}[e_t(l)|x_t, x_{t-1}, \cdots] + \mathrm{E}[\hat{x}_{t+l}|x_t, x_{t-1}, \cdots] = \hat{x}_{t+l} \tag{3.38}$$

和

$$\mathrm{Var}(x_{t+l}|x_t, x_{t-1}, \cdots) = \mathrm{Var}[e_t(l)|x_t, x_{t-1}, \cdots] + \mathrm{Var}[\hat{x}_{t+l}|x_t, x_{t-1}, \cdots] = \mathrm{Var}[e_t(l)]. \tag{3.39}$$

(3.38) 式再次说明 $\hat{x}_{t+l}$ 是 x_{t+l} 的线性最小方差预测. (3.39) 式说明在此预测下的方差只与预测步长 l 有关, 而与预测起始点 t 无关. 预测步长 l 越大, 预测值的方差也越大, 因而为了保证预测精度, 时间序列数据只适合做短期预测.

在正态假设下, 有

$$x_{t+l}|x_t, x_{t-1}, \cdots \sim N(\hat{x}_{t+l}, \mathrm{Var}[e_t(l)]),$$

因而, $x_{t+l}|x_t, x_{t-1}, \cdots$ 的置信水平为 $1-\alpha$ 的置信区间为

$$\left(\hat{x}_{t+l} - z_{1-\alpha/2} \cdot \sigma_\varepsilon \sqrt{\sum_{i=0}^{l-1} G_i^2}, \quad \hat{x}_{t+l} + z_{1-\alpha/2} \cdot \sigma_\varepsilon \sqrt{\sum_{i=0}^{l-1} G_i^2} \right).$$

2. AR(p) 模型的预测

设 $\{x_t, t \in T\}$ 是 AR(p) 模型, 则由 (3.38) 式得

$$\hat{x}_{t+l} = \mathrm{E}(x_{t+l}|x_t, x_{t-1}, \cdots)$$

$$= \mathrm{E}(\phi_1 x_{t+l-1} + \cdots + \phi_p x_{t+l-p} + \varepsilon_{t+l}|x_t, x_{t-1}, \cdots)$$

$$= \phi_1 \hat{x}_{t+l-1} + \phi_2 \hat{x}_{t+l-2} + \cdots + \phi_p \hat{x}_{t+l-p},$$

其中

$$\hat{x}_{t+i} = \begin{cases} \hat{x}_{t+i}, & i \geqslant 1; \\ x_{t+i}, & i \leqslant 0. \end{cases}$$

预测误差的方差为

$$\mathrm{Var}[e_t(l)] = \sum_{i=0}^{l-1} G_i^2 \sigma_\varepsilon^2, \quad l \geqslant 1.$$

3. MA(q) 模型的预测

设 $\{x_t, t \in T\}$ 是 MA(q) 模型, 则由 (3.35) 式和 (3.38) 式知, 在条件 $x_t, x_{t-1}, \cdots$ 下, x_{t+l} 的预测值等于在条件 $\varepsilon_t, \varepsilon_{t-1}, \varepsilon_{t-2}, \cdots$ 下, x_{t+l} 的预测值. 而未来时刻的随机扰动 ε_{t+1}, ε_{t+2}, $\varepsilon_{t+3}, \cdots$ 是不可观测的, 属于预测误差.

当预测步长 l 小于等于 MA(q) 模型的阶数 q 时, x_{t+l} 可分解为

$$\begin{aligned} x_{t+l} &= \mu + \varepsilon_{t+l} - \theta_1 \varepsilon_{t+l-1} - \cdots - \theta_q \varepsilon_{t+l-q} \\ &= (\varepsilon_{t+l} - \theta_1 \varepsilon_{t+l-1} - \cdots - \theta_{l-1} \varepsilon_{t+1}) + (\mu - \theta_l \varepsilon_t - \cdots - \theta_q \varepsilon_{t+l-q}) \\ &= e_t(l) + \hat{x}_{t+l}. \end{aligned}$$

当预测步长 l 大于 MA(q) 模型的阶数 q 时, x_{t+l} 写为

$$x_{t+l} = (\varepsilon_{t+l} - \theta_1 \varepsilon_{t+l-1} - \cdots - \theta_q \varepsilon_{t+l-q}) + \mu = e_t(l) + \hat{x}_{t+l}.$$

于是, MA(q) 模型 l 的预测值为

$$\hat{x}_{t+l} = \begin{cases} \mu - \theta_l \varepsilon_t - \cdots - \theta_q \varepsilon_{t+l-q}, & l \leqslant q; \\ \mu, & l > q. \end{cases}$$

可见, MA(q) 模型只能预测 q 步之内的序列值. q 步之外的序列值都是 μ.

预测方差误差的为

$$\mathrm{Var}[e_t(l)] = \begin{cases} \sigma_\varepsilon^2(1 + \theta_1^2 + \cdots + \theta_{l-1}^2), & l \leqslant q; \\ \sigma_\varepsilon^2(1 + \theta_1^2 + \cdots + \theta_q^2), & l > q. \end{cases}$$

4. ARMA(p, q) 模型的预测

设 $\{x_t, t \in T\}$ 是 ARMA(p, q) 模型, 则由 (3.38) 式得

$$\hat{x}_{t+l} = \mathrm{E}(x_{t+l}|x_t, x_{t-1}, \cdots)$$

$$= \mathrm{E}(\phi_1 x_{t+l-1} + \cdots + \phi_p x_{t+l-p} + \varepsilon_{t+l} - \theta_1 \varepsilon_{t+l-1} - \cdots - \theta_q \varepsilon_{t+l-q} | x_t, x_{t-1}, \cdots)$$

$$= \begin{cases} \sum_{k=1}^{p} \phi_k \hat{x}_{t+l-k} - \sum_{i=l}^{q} \theta_i \varepsilon_{t+l-i}, & l \leqslant q; \\ \sum_{k=1}^{p} \phi_k \hat{x}_{t+l-k}, & l > q. \end{cases}$$

其中

$$\hat{x}_{t+i} = \begin{cases} \hat{x}_{t+i}, & i \geqslant 1; \\ x_{t+i}, & i \leqslant 0. \end{cases}$$

预测误差的方差为

$$\mathrm{Var}[e_t(l)] = \sum_{i=0}^{l-1} G_i^2 \sigma_\varepsilon^2, \quad l \geqslant 1.$$

例 3.11 假定 Acme 公司的年销售额 (单位: 百万美元) 符合 AR(2) 模型:

$$x_t = 5 + 0.6x_{t-1} + 0.3x_{t-2} + \varepsilon_t, \quad \varepsilon_t \sim N(0, 2).$$

已知 2005 年、2006 年和 2007 年的销售额分别是 900 万、1100 万和 1000 万美元, 那么

(1) 预测 2008 年和 2009 年的销售额;

(2) 确定 2008 年和 2009 年的销售额的 95% 的置信区间.

解 (1) 计算预测值:

2008 年的销售额: $\hat{x}_{2008} = 5 + 0.6x_{2007} + 0.3x_{2006} = 935$;

2009 年的销售额: $\hat{x}_{2009} = 5 + 0.6\hat{x}_{2008} + 0.3x_{2007} = 866$.

(2) 确定置信区间:

根据 Green 函数递推计算得

$$G_0 = 1; \quad G_1 = \phi_1 G_0 = 0.6; \quad G_2 = \phi_1 G_1 + \phi_2 G_0 = 0.66.$$

由预测误差的方差公式得

$$\mathrm{Var}[e_{2007}(1)] = G_0^2 \sigma_\varepsilon^2 = 2;$$

$$\mathrm{Var}[e_{2007}(2)] = (G_0^2 + G_1^2)\sigma_\varepsilon^2 = 2.72.$$

于是得 2008 年销售额的 95% 的置信区间为

$$(935 - 1.96\sqrt{2}, \quad 935 + 1.96\sqrt{2}) = (932.23, \quad 937.77);$$

2009 年销售额的 95% 的置信区间为

$$(866 - 1.96\sqrt{2.72}, \quad 866 + 1.96\sqrt{2.72}) = (862.77, \quad 869.23).$$

例 3.12　假定 Deere 公司生产的某零件月不合格率符合 ARMA(1,1) 模型:

$$x_t = 0.5x_{t-1} + \varepsilon_t - 0.25\varepsilon_{t-1}, \quad \varepsilon_t \sim N(0, 0.2).$$

已知一月份的不合格率为 6%, 误差为 0.015, 请预测未来 3 个月不合格率的 95% 的置信区间.

解　未来 3 个月不合格率的预测值:

二月份不合格率: $\hat{x}_2 = 0.5x_1 - 0.25\varepsilon_1 = 0.02625$;

三月份不合格率: $\hat{x}_3 = 0.5\hat{x}_2 = 0.013125$;

四月份不合格率: $\hat{x}_4 = 0.5\hat{x}_3 = 0.0065625$.

根据 Green 函数递推计算得

$$G_0 = 1; \quad G_1 = \phi_1 G_0 - \theta_1 = 0.25; \quad G_2 = \phi_1 G_1 = 0.125.$$

由预测误差的方差公式得

$$\mathrm{Var}[e_1(1)] = G_0^2 \sigma_\varepsilon^2 = 0.2;$$

$$\mathrm{Var}[e_1(2)] = (G_0^2 + G_1^2)\sigma_\varepsilon^2 = 0.2125;$$

$$\mathrm{Var}[e_1(3)] = (G_0^2 + G_1^2 + G_2^2)\sigma_\varepsilon^2 = 0.215625.$$

于是得二月份不合格率的 95% 的置信区间为

$$(0.02625 - 1.96\sqrt{0.2}, \quad 0.02625 + 1.96\sqrt{0.2}) = (-0.8503, \quad 0.9028);$$

三月份不合格率的 95% 的置信区间为

$$(0.013125 - 1.96\sqrt{0.2125}, \quad 0.013125 + 1.96\sqrt{0.2125}) = (-0.8904, \quad 0.9166);$$

四月份不合格率的 95% 的置信区间为

$$(0.0065625 - 1.96\sqrt{0.215625}, \quad 0.0065625 + 1.96\sqrt{0.215625}) = (-0.9034, \quad 0.9177).$$

在 R 语言中, 我们可以通过调用函数 forecast() 来进行预测. 在应用该命令之前, 首先应该下载安装 forecast 程序包, 并加载它. forecast() 函数的命令格式如下:

```
forecast(object, h=, level= )
```

该函数的参数说明:

- **object**: 拟合信息文件名.

- **h**: 预测期数.

- **level**: 置信区间的置信水平. 不特殊指定的话, 系统会自动给出置信水平分别为 80% 和 95% 的双层置信区间.

例 3.13 使用在例 3.4 中所建立的模型, 预测 2017 年 7 月至 2017 年 12 月青海省居民的消费价格指数.

解 利用例 3.4 所建立的 AR(2) 模型, 进行未来 6 期的预测. 预测结果中自动给出了置信水平分别为 80% 和 95% 的置信区间. 具体命令及运行结果如下:

```
> QHCPI.fore <- forecast(QHCPI.fix,h=6)
> QHCPI.fore
   Point Forecast    Lo 80     Hi 80     Lo 95     Hi 95
19       101.8557 101.2653 102.4462 100.9527 102.7587
20       101.8134 100.9687 102.6582 100.5214 103.1055
21       101.6406 100.7375 102.5437 100.2595 103.0217
22       101.4851 100.5818 102.3884 100.1036 102.8666
23       101.4136 100.4994 102.3278 100.0155 102.8118
24       101.4192 100.4921 102.3464 100.0012 102.8372
```

利用预测结果, 可以直接绘制预测图 (见图 3.7) 进行观察.

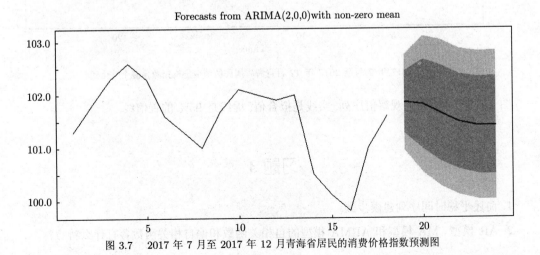

图 3.7 2017 年 7 月至 2017 年 12 月青海省居民的消费价格指数预测图

也可以绘制个性化的预测图. 具体命令如下, 运行结果见图 3.8.

```
> Q1 <- QHCPI.fore$fitted-1.96*sqrt(QHCPI.fix$sigma2)
> Q2 <- QHCPI.fore$fitted+1.96*sqrt(QHCPI.fix$sigma2)
> B1 <- ts(QHCPI.fore$lower[,2],start=19)
> B2 <- ts(QHCPI.fore$upper[,2],start=19)
> J1 <- min(QHCPI,Q1,B1)
> J2 <- max(QHCPI,Q2,B2)
> plot(QHCPI,type="p",pch=10,xlim=c(1,24),ylim=c(J1,J2))
> lines(QHCPI.fore$fitted,col=2,lwd=2)
> lines(QHCPI.fore$mean,col=2,lwd=2)
> lines(Q1,col="blue",lty=2)
> lines(Q2,col="blue",lty=2)
> lines(B1,col="green",lty=2)
> lines(B2,col="green",lty=2)
```

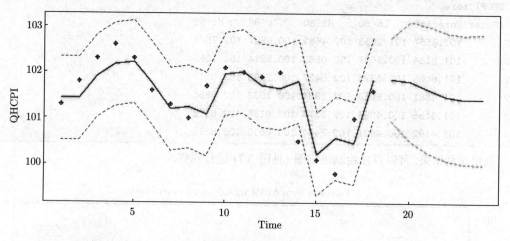

图 3.8   2017 年 7 月至 2017 年 12 月青海省居民的消费价格指数预测个性化图

图 3.8 中, 散点图为观察值序列, 实线是拟合值, 虚线是 95% 的置信线.

习题 3

1. 简述平稳时间序列建模步骤.

2. AR 模型、MA 模型和 ARMA 模型的自相关函数和偏自相关函数各有什么特点?

3. 考虑满足下式的 AR(2) 模型 $\{x_t\}$:

$$x_t - \phi x_{t-1} - \phi^2 x_{t-2} = \varepsilon_t, \quad \varepsilon_t \sim WN(0, \ \sigma^2).$$

(1) 当 ϕ 取什么值时, 这是一个平稳序列?

(2) 下列样本矩是观测到 $x_1, x_2, \cdots, x_{200}$ 后计算得到的: $\hat{\gamma}_0 = 6.06, \hat{\rho}_1 = 0.687, \hat{\rho}_2 = 0.610$, 通过 Yule-Walker 方程, 求 ϕ 和 σ^2 的估计值. 如果求出的解不止一组, 选择其一使得过程是平稳的.

4. 假设时间序列 $\{x_t\}$ 服从 AR(1) 模型:

$$x_t = \phi x_{t-1} + \varepsilon_t,$$

其中, $\{\varepsilon_t\}$ 为白噪声序列, $E(\varepsilon_t) = 0, \mathrm{Var}(\varepsilon_t) = \sigma^2, x_1, x_2 \ (x_1 \neq x_2)$ 为来自上述模型的样本观测值, 试求: 模型参数 ϕ, σ^2 的极大似然估计.

5. 求: MA(2) 模型的 1 期、2 期和 3 期预测 $\hat{x}_{t+1}, \hat{x}_{t+2}, \hat{x}_{t+3}$ 的表达式. 这些预测的误差方差是多少? 当 $h > 3$ 时, $t + h$ 期的预测误差方差是多少?

6. 已知 ARMA(1, 1) 模型:

$$x_t - x_{t-1} = \varepsilon_t - \theta_1 \varepsilon_{t-1}.$$

(1) 求预测公式 $\hat{x}_{t+1} = \hat{x}_t + (1 - \theta_1)(x_t - x_{t-1})$;

(2) 若已知 $x_{t-4} = 460, x_{t-3} = 457, x_{t-2} = 452, x_{t-1} = 459, x_t = 462$, 且 $\theta_1 = 0.1$, 试求: $\hat{x}_{t+i}, i = 1, 2, 3$.

7. 表 3.2 所示为 1949 年至 2001 年中国人口数据 (单位: 亿人)

表 3.2　1949 年至 2001 年中国人口数据 (行数据)

5.4167	5.5196	5.63	5.7482	5.8796	6.0266	6.1465	6.2828	6.4653
6.5994	6.7207	6.6207	6.5859	6.7295	6.9172	7.0499	7.2538	7.4542
7.6368	7.8534	8.0671	8.2992	8.5229	8.7177	8.9211	9.0859	9.242
9.3717	9.4974	9.6259	9.7542	9.8705	10.0072	10.159	10.2764	10.3876
10.5851	10.7507	10.93	11.1026	11.2704	11.4333	11.5823	11.7171	11.8517
11.985	12.1121	12.2389	12.3626	12.4761	12.5786	12.6743	12.7627	

(1) 请画出该序列时序图、自相关图和偏自相关图, 并根据图像性质进行模型识别.

(2) 根据模型识别结果, 估计时间序列模型.

(3) 预测 2002 年至 2005 年中国人口数量, 并绘制预测图.

8. 表 3.3 为某地区连续 74 年谷物产量 (单位: 100t)

表 3.3 某地区连续 74 年谷物产量 (行数据)

0.97	0.45	1.61	1.26	1.37	1.43	1.32	1.23	0.84	0.89	1.18	1.33	1.21
0.98	0.91	0.61	1.23	0.97	1.10	0.74	0.80	0.81	0.80	0.60	0.59	0.63
0.87	0.36	0.81	0.91	0.77	0.96	0.93	0.95	0.65	0.98	0.70	0.86	1.32
0.88	0.68	0.78	1.25	0.79	1.19	0.69	0.92	0.86	0.86	0.85	0.90	0.54
0.32	1.40	1.14	0.69	0.91	0.68	0.57	0.94	0.35	0.39	0.45	0.99	0.84
0.62	0.85	0.73	0.66	0.76	0.63	0.32	0.17	0.46				

(1) 判断该序列的平稳性和纯随机性.

(2) 选择适当模型拟合该序列的发展.

(3) 利用拟合模型, 预测该地区未来 5 年谷物产量.

9. 某城市过去 63 年中每年降雪量数据 (单位: mm) 如表 3.4 所示.

(1) 判断该序列的平稳性和纯随机性.

(2) 如果序列平稳且非白噪声, 选择适当模型拟合该序列的发展.

(3) 利用拟合模型, 预测该城市未来 5 年的降雪量.

表 3.4 某城市过去 63 年中每年降雪量数据 (行数据)

126.4	82.4	78.1	51.1	90.9	76.2	104.5	87.4	110.5	25	69.3	53.5
39.8	63.6	46.7	72.9	79.6	83.6	80.7	60.3	79	74.4	49.6	54.7
71.8	49.1	103.9	51.6	82.4	83.6	77.8	79.3	89.6	85.5	58	120.7
110.5	65.4	39.9	40.1	88.7	71.4	83	55.9	89.9	84.8	105.2	113.7
124.7	114.5	115.6	102.4	101.4	89.8	71.5	70.9	98.3	55.5	66.1	78.4
120.5	97	110									

10. 表 3.5 是 1978 年至 2008 年中国财政收入 x 的数据 (单位: 亿元), 试建立 AR(2) 模型与 ARMA(2, 1) 模型, 并求出相应的 1 期、2 期和 3 期预测的表达式, 以及这些预测的误差方差. 据此判断哪个模型拟合效果更好.

表 3.5 1978 年至 2008 年中国财政收入数据 (行数据)

1132.26	1146.4	1159.93	1175.8	1212.3	1367	1642.9	2004.82
2122	2199.4	2357.2	2664.9	2937.1	3149.48	3483.37	4348.95
5218.1	6242.2	7407.99	8651.14	9875.95	11444.08	13395.23	16386.04
18903.64	21715.25	26396.47	31649.29	38760.2	51321.78	61330.35	

第 4 章　数据的分解和平滑

学习目标与要求

1. 了解时间序列分解的一般原理.
2. 理解时间序列数据分解的形式.
3. 掌握趋势拟合的方法.
4. 掌握数据平滑的几种常用方法.

4.1　序列分解原理

从整体来看, 任何一个序列的变动都可以视为同时受到了确定性影响和随机性影响的综合作用. 一般地, 平稳时间序列要求这两种影响都是稳定的, 而非平稳时间序列则要求这两种影响至少有一种是不稳定的. 确定性对序列变化的影响往往表现出长期的趋势性、循环的波动性以及季节变化等的特点. 对于具有长期观测值的经济序列, 确定性分析具有特殊的意义.

4.1.1　平稳序列的 Wold 分解

对于平稳时间序列, Wold 于 1938 年提出了著名的 **Wold 分解定理 (decomposition theorem)**. Wold 定理表明, 任何离散平稳序列 $\{x_t, t \in T\}$ 都可以分解为不相关的两个部分 Q_t 和 η_t 之和, 即

$$x_t = Q_t + \eta_t,$$

其中, Q_t 是确定性部分, 由历史信息完全确定; η_t 为非确定性的随机序列, 且

$$\eta_t = \sum_{k=0}^{\infty} \varphi_k \varepsilon_{t-k},$$

其中, ε_t 是零均值白噪声序列; $\varphi_0 = 1$, 且 $\sum\limits_{k=0}^{\infty} \varphi_k^2 < \infty$.

φ_k 平方和的收敛保证了 x_t 序列存在二阶矩. 同时, 这一分解定理的成立对变量的分布没有要求, 而且并不要求 ε_t 之间独立, 只需它们之间不相关即可.

对于均值, 我们有

$$\mathrm{E}(x_t - Q_t) = \mathrm{E}\Big(\sum_{k=0}^{\infty} \varphi_k \varepsilon_{t-k}\Big) = \sum_{k=0}^{\infty} \varphi_k \mathrm{E}(\varepsilon_{t-k}) = 0,$$

即

$$\mathrm{E}(x_t) = Q_t.$$

这说明, 确定性部分就是序列的均值函数. 方差计算如下:

$$\mathrm{Var}(x_t) = \mathrm{E}(x_t - Q_t)^2 = \mathrm{E}\Big(\sum_{k=0}^{\infty} \varphi_k \varepsilon_{t-k}\Big)^2 = \sigma_\varepsilon^2 \sum_{k=0}^{\infty} \varphi_k^2.$$

可见, 方差有界且和时间无关. 设 $\tau > 0$, 则

$$\mathrm{Cov}(x_t, x_{t+\tau}) = \mathrm{E}(x_t - Q_t)(x_{t+\tau} - Q_{t+\tau})$$

$$= \mathrm{E}\Big[\Big(\sum_{k=0}^{\infty} \varphi_k \varepsilon_{t-k}\Big)\Big(\sum_{k=0}^{\infty} \varphi_k \varepsilon_{t+\tau-k}\Big)\Big]$$

$$= \sigma_\varepsilon^2 \sum_{k=0}^{\infty} \varphi_k \varphi_{\tau+k} < \infty.$$

显然, 自协方差函数仅仅是两个随机变量相隔时间 τ 的函数. 因此, 从上面讨论看出, 序列 $\{x_t\}$ 满足平稳性的所有条件.

事实上, 我们之前讨论的平稳的 $\mathrm{ARMA}(p, q)$ 序列就可分解为

$$x_t = \mu + \frac{\Theta(B)}{\Phi(B)} \varepsilon_t,$$

其中, $Q_t = \mu$ 为确定性部分; $\eta_t = \dfrac{\Theta(B)}{\Phi(B)} \varepsilon_t$ 为随机性部分. 不过, Wold 分解定理的意义更多体现在理论层面.

4.1.2 一般序列的 Cramer 分解

Cramer 于 1961 年进一步发展了 Wold 的分解思想, 提出 **Cramer 分解**:

任何时间序列 $\{x_t, t \in T\}$ 都可以分解为两部分 D_t 和 ξ_t 之和, 即

$$x_t = D_t + \xi_t,$$

其中, $D_t = \sum\limits_{i=0}^{l} \alpha_i t^i (l < \infty)$ 是多项式决定的确定性趋势部分, 这里 $\alpha_i (0 \leqslant i \leqslant l)$ 是常数系数, 由历史信息完全确定; ξ_t 为平稳的零均值误差成分构成的非确定性的随机序列, 且

$$\xi_t = \Psi(B)\varepsilon_t,$$

其中, ε_t 是零均值白噪声序列; B 为延迟算子.

由 $\mathrm{E}(x_t) = \sum\limits_{i=0}^{l} \alpha_i t^i$ 知, 均值 $\sum\limits_{i=0}^{l} \alpha_i t^i$ 反映了 x_t 受到的确定性影响, 而 ξ_t 反映了 x_t 受到的随机性影响.

在数据分解中, Wold 定理 和 Cramer 定理在理论上具有重要意义.

4.1.3 数据分解的形式

一般地, **时间序列数据的分解**主要是将序列所表现出来的规律性分解成不同的组成部分. 特别地, 确定性部分对序列的影响所表现出来的规律性尤为显著, 比如: 长期趋势性、季节性变化和循环变化等. 这种规律性强的信息通常比较容易提取, 而随机性部分所导致的波动则难以确定. 因而传统的时序分析方法往往把分析的重点放在确定性信息的提取上.

经过观察发现, 序列变化主要受以下一些因素综合的影响:

(1) 长期趋势 T_t. 长期趋势是时间序列在较长时期内所表现出的总的变化态势. 在长期趋势影响下, 序列往往呈现出不断递增、递减或水平变动等基本趋势. 例如, 自改革开放以来, 我国城镇居民可支配收入呈现不断递增的趋势.

(2) 季节变化 S_t. 季节变化是指时间序列在长期内所表现出的有规律的周期性的重复变动的态势. 例如: 受自然界季节更替的影响, 一些商品的销售会呈现出典型的季节波动态势.

(3) 随机波动 I_t. 随机波动是指受众多偶然的、难以预知和难以控制的因素影响而出现的随机变动. 随机波动是时间序列中较难分析的对象.

在进行时间序列分析时, 传统的分析方法都会假定序列受到上述几种因素的影响, 从而将序列表示为上述几部分的函数. 通常假定模型有两种相互作用的模式: 加法模式和乘法模式. 一般

地, 若季节变动随着时间的推移保持相对不变, 则使用加法模型:

$$x_t = T_t + S_t + I_t;$$

若季节变动随着时间的推移递增或递减, 则使用乘法模型:

$$x_t = T_t \cdot S_t \cdot I_t.$$

根据上述加法模型和乘法模型的形式, 可得时间序列数据分解的一般步骤.

(1) 第一步估计时间序列数据的长期趋势. 常用两种方法估计长期趋势: 第一种方法是通过数据平滑方法进行估计; 第二种方法是通过模拟回归方程加以估计.

(2) 第二步去掉时间序列数据的长期趋势. 若拟合的是加法模型, 则将原来的时间序列减去长期趋势: $x_t - T_t$; 若拟合的为乘法模型, 则将原来的时间序列除以长期趋势: x_t/T_t.

(3) 第三步根据去掉长期趋势的时间序列数据, 估计时间序列的季节变化 S_t.

(4) 第四步当将长期趋势和季节变化去掉之后, 根据所得序列情况, 可得不规则波动部分. 为了研究简便, 本书把不规则波动部分仅视为随机波动. 对于加法模型, 随机波动表示为 $I_t = x_t - T_t - S_t$; 对于乘法模型, 随机波动表示为 $I_t = x_t/(T_t \cdot S_t)$.

时间序列的古典分解方法目的是估计和提取确定性成分 T_t 和 S_t, 从而得到平稳的噪声成分.

在 R 语言中, 用函数 decompose() 对时间序列数据进行分解. 该函数的命令格式如下:

```
decompose(x, type=c("additive", "multiplicative"))
```

该函数的参数说明:

- **x**: 待分解的时序数据.

- **type**: 选择的分解类型. type="additive" 意味着选择的分解类型为加法模型; type="multiplicative" 意味着选择的分解类型为乘法模型.

例 4.1　请将新西兰人 2000 年 1 月至 2012 年 10 月之间月均到中国旅游人数序列进行适当分解.

解　现在对新西兰人 2000 年 1 月至 2012 年 10 月之间月均到中国旅游人数序列进行分解, 选择的分解类型是乘法模型, 这是因为季节变动随着时间的推移而递增. 具体命令如下, 运行结果如图 4.1 所示.

```
> NZTraveller <- read.csv("E:/DATA/CHAP1/NZTravellersDestination.c
+ sv",header=T)
```

```
> CNZTraveller <- ts(NZTraveller$China,start=c(2000,1),frequency =
+ 12)
> x2 <- decompose(CNZTraveller,type="multiplicative")
> plot(x2,type="o")
```

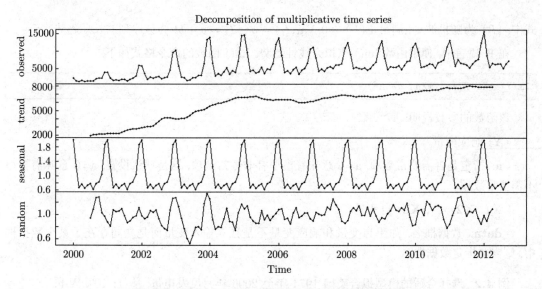

图 4.1   新西兰人月均到中国旅游人数序列乘法模型分解图

图 4.1 描绘了乘法模型分解的直观图, 其中, observed 是原来数据的时序图; trend 代表了长期趋势; seasonal 代表季节变动; random 代表不规则波动.

而且可以使用如下命令查看分解之后各部分的具体数值:

```
> Trend <- x2$trend
> Seasonal <- x2$seasonal
> Random <- x2$random
> Trend;Seasonal;Random
```

4.2   趋势拟合法

所谓**趋势拟合法 (trend fitting)**, 就是把时间作为自变量, 相应的序列观察值作为因变量, 建立序列值随时间变化的回归模型的方法. 根据序列所表现出的线性或非线性特征, 拟合方法又可以具体分为线性拟合和曲线拟合.

4.2.1　线性拟合

如果长期趋势呈现线性特征, 那么我们可以用如下线性关系来拟合:

$$x_t = a + bt + I_t,$$

式中, $\{I_t\}$ 为随机波动, 满足 $\mathrm{E}(I_t) = 0, \mathrm{Var}(I_t) = \sigma^2$; $T_t = a + bt$ 为该序列的长期趋势.

在 R 语言中, 使用函数 lm() 来拟合线性趋势. lm() 函数的命令格式如下:

```
lm(Y~a+X1+X2+...+Xn, data=)
```

该函数的参数说明:

- **Y**: 响应变量.

- **a**: 指定是否需要常数项. a=1 意味着模型有非零常数项, 这是默认设置; a=0 意味着模型不需要常数项.

- **X1, X2, $\cdots$, Xn**: 自变量.

- **data**: 数据框名. 如果自变量和响应变量不是独立输入变量而是共同存在于某个数据框中, 则需要指定数据框名.

例 4.2　选择合适的模型拟合美国 1974 年至 2006 年月度发电量, 单位: $10^6 \mathrm{kW \cdot h}$.

解　该序列时序图显示序列有显著的线性递增趋势, 于是考虑使用线性模型 (为简便, 时间变量选择从 1 开始的整数):

$$\begin{cases} x_t = a + bt + I_t, & t = 1, 2, \cdots, 396; \\ \mathrm{E}(I_t) = 0, \mathrm{Var}(I_t) = \sigma^2. \end{cases}$$

具体命令及运行结果如下, 拟合效果图见图 4.2.

```
> electricity <- scan("E:/DATA/CHAP4/1.txt")   #读入数据
Read 396 items
> t <- 1:396                                    #产生时间向量
> elec.fix <- lm(electricity~t)                 #拟合回归模型
> summary(elec.fix)                             #查看拟合结果

Call:
lm(formula = electricity~t)
```

```
Residuals:
    Min     1Q Median     3Q    Max
 -47448 -16661  -1941  11143  73861


Coefficients:
             Estimate Std. Error t value Pr(>|t|)
(Intercept) 1.423e+05   2.267e+03   62.78   <2e-16 ***
t           4.993e+02   9.895e+00   50.46   <2e-16 ***
---
Signif. codes: 0 '***' 0.001 '**' 0.01 '*' 0.05 '.' 0.1 ' ' 1
Residual standard error: 22510 on 394 degrees of freedom
Multiple R-squared: 0.866, Adjusted R-squared:  0.8656
F-statistic:  2546 on 1 and 394 DF,  p-value: < 2.2e-16

> plot(electricity,type="l")              #绘制拟合效果图
> abline(lm(electricity~t),col=2)
```

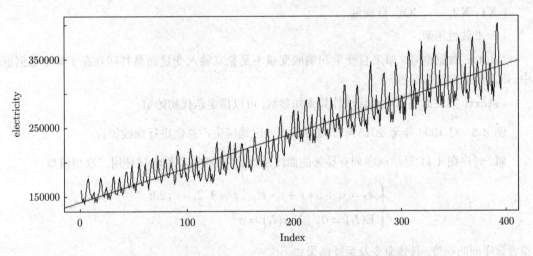

图 4.2   美国 1974 年至 2006 年月度发电量序列线性拟合图

根据输出结果, 可知美国 1974 年至 2006 年月度发电量序列线性拟合模型为

$$x_t = 142300 + 499.3t + \varepsilon_t, \quad \varepsilon_t \sim N(0, 22510^2).$$

4.2.2　曲线拟合

　　如果长期趋势呈现出显著的非线性特征, 那么就可以尝试用曲线模型来拟合它. 在进行曲线拟合时, 应遵循的一般原则是, 能转换成线性模型的就转换成线性模型, 用线性最小二乘法进行参数估计; 不能转换成线性模型的, 就用迭代法进行参数估计.

　　例如: 对于指数模型 $T_t = ab^t$, 我们令 $T_t' = \ln(T_t), a' = \ln(a), b' = \ln(b)$, 则原模型变为 $T_t' = a' + b't$. 然后, 用线性最小二乘法求出 a', b'. 最后, 再做变换: $a = e^{a'}, b = e^{b'}$. 而对于 Logistic 模型: $1/(a + bc^t)$, 则不能转换成线性模型, 只能用迭代法.

　　在 R 语言中, 对非线性趋势的拟合也分为两类: 一类可以写成关于时间 t 的多项式, 这时仍然可以用函数 lm() 来拟合; 另一类无法通过适当的变换变成线性回归模型, 则只能通过非线性回归解决, 这时需要调用函数 nls(). nls() 函数的命令格式如下:

```
nls(Y~f(X1,X2,...,Xn), data=, start=)
```

　　该函数的参数说明:

　　- **Y**: 响应变量.

　　- **X1, X2, $\cdots$, Xn**: 自变量.

　　- **f**: 非线性函数.

　　- **data**: 数据框名. 如果自变量和响应变量不是独立输入变量而是共同存在于某个数据框中, 则需要指定数据框名.

　　- **start**: 如果需要利用迭代法计算未知参数, 可以指定迭代初始值.

　　例 4.3　对 1996 年至 2015 年宁夏回族自治区地区生产总值进行曲线拟合.

　　解　时序图 1.11 显示该序列有显著的曲线递增趋势, 于是我们尝试使用二次型模型

$$\begin{cases} x_t = a + b * t + c * t^2, & t = 1, 2, \cdots, 20; \\ \mathrm{E}(I_t) = 0, & \mathrm{Var}(I_t) = \sigma^2 \end{cases}$$

拟合该序列的趋势. 具体命令及运行结果如下:

```
> a <- read.table(file="E:/DATA/CHAP1/SMGDP.csv",sep=",",header=T)
> NXGDP <- ts(a$NX,start=1996)
> t1 <- 1:20
> t2 <- t1^{2}
> x.fit1 <- lm(NXGDP~t1+t2) #lm() 函数拟合
> summary(x.fit1)
```

```
Call:
lm(formula = NXGDP ~ t1 + t2)


Residuals:
     Min       1Q   Median       3Q      Max
-204.085  -54.770   -0.711   42.629  198.210


Coefficients:
             Estimate Std. Error t value Pr(>|t|)
(Intercept) 306.1806    74.0964    4.132 0.000697 ***
t1          -62.6163    16.2505   -3.853 0.001275 **
t2           10.1550     0.7517   13.510 1.61e-10 ***
---
Signif. codes: 0 '***' 0.001 '**' 0.01 '*' 0.05 '.' 0.1 ' ' 1

Residual standard error: 99.59 on 17 degrees of freedom
Multiple R-squared: 0.9901,    Adjusted R-squared: 0.989
F-statistic: 851.9 on 2 and 17 DF,  p-value: < 2.2e-16

> x.fit2 <- nls(NXGDP~a+b*t1+c*t1^{2},start=list(a=1,b=1,c=1))
> summary(x.fit2)

Formula: NXGDP ~ a + b * t1 + c * t1^{2}


Parameters:
  Estimate Std. Error t value Pr(>|t|)
a 306.1806    74.0964    4.132 0.000697 ***
b -62.6163    16.2505   -3.853 0.001275 **
c  10.1550     0.7517   13.510 1.61e-10 ***
---
Signif. codes: 0 '***' 0.001 '**' 0.01 '*' 0.05 '.' 0.1 ' ' 1

Residual standard error: 99.59 on 17 degrees of freedom


Number of iterations to convergence: 1
Achieved convergence tolerance: 1.655e-08
```

进一步, 绘制拟合曲线图. 具体命令如下, 运行结果见图 4.3.

```
> y <- predict(x.fit2)    #把 nls() 函数得到的拟合值赋值给 y
> y <- ts(y,start=1996)
> plot(NXGDP,type="p")
> lines(y,col=2,lwd=2)
```

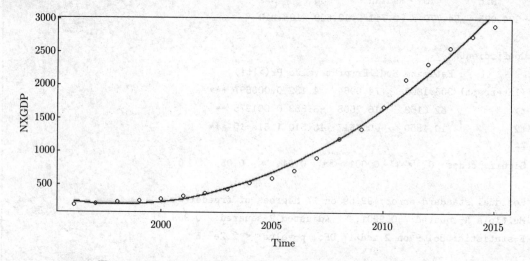

图 4.3   1996 年至 2015 年宁夏回族自治区地区生产总值序列曲线拟合图

根据输出结果可以知道, 函数 lm() 和 nls() 得到的拟合结果完全一致. 1996 年至 2015 年宁夏回族自治区地区生产总值序列拟合模型为

$$x_t = 306.1806 - 62.6163t + 10.1550t^2 + \varepsilon_t, \quad \varepsilon_t \sim N(0, 99.59^2).$$

4.3   移动平均法

进行趋势分析时常用的一种方法是所谓的**平滑法 (smoothing method)**, 即利用修匀技术, 削弱短期随机波动对序列的影响, 使序列平滑化, 从而显示出变化的趋势. 根据所用的平滑技术不同, 平滑法又可分为移动平均法和指数平滑法. 所谓**移动平均法 (moving average method)**, 就是通过取该时间序列特定时间点周围一定数量的观测值的平均来平滑时间序列不规则的波动部分, 从而显示出其特定的变化规律. 特别地, 移动平均法还能够平滑含有季节变化的部分, 显示出序列本身的长期趋势. 因此, 通过移动平均法平滑的时间序列可看做是原序列长期趋势变动序列, 按方式不同, 可分为中心化移动平均法、简单移动平均法和二次移动平均法.

4.3.1 中心化移动平均法

中心化移动平均法就是通过以时间序列特定时间点为中心, 取其前后观测值的平均值作为该时间点的趋势估计值. 一般来讲, 移动项数的选择会对移动平均法产生影响. 若采用奇数项移动平均, 以三项为例, 第一个移动平均值为

$$\hat{l}_2 = \frac{x_1 + x_2 + x_3}{3}.$$

此时的移动平均值可作为时期 2 的趋势估计值, 以此类推. 所以, 采用奇数项求移动平均, 只需要移动平均一次就得到长期趋势估计值. 若采用偶数项求移动平均, 以四项为例, 第一个移动平均值为

$$\hat{l}_{2-3} = \frac{x_1 + x_2 + x_3 + x_4}{4}.$$

此时移动平均值位于时期 2 和时期 3 之间. 同理, 第二个移动平均值位于时期 3 和时期 4 之间. 由于我们需要得到整数时期的平均移动, 故需要再进行一次移动平均, 即将第一个移动平均数与第二个移动平均数再平均, 即

$$\hat{l}_3 = \frac{\frac{1}{2}x_1 + x_2 + x_3 + x_4 + \frac{1}{2}x_5}{4}.$$

此时的移动平均值可作为时期 3 的趋势估计值, 以此类推. 因此, 采用偶数项求移动平均时, 需要两次移动平均.

在实际的操作中, 为消除季节变化的影响, 移动平均项数应等于季节周期的长度. 比如: 常见的季度数据中, 移动平均项数应为 4, 此时需要移动平均两次, t 时期的趋势估计值为

$$\hat{l}_t = \frac{\frac{1}{2}x_{t-2} + x_{t-1} + x_t + x_{t+1} + \frac{1}{2}x_{t+2}}{4}, \quad t = 3, 4, \cdots, n-2.$$

再如: 在月度数据中, 移动平均项数应为 12, 此时 t 时期的趋势估计值为

$$\hat{l}_t = \frac{\frac{1}{2}x_{t-6} + x_{t-5} + x_{t-4} + x_{t-3} + x_{t-2} + x_{t-1} + x_t}{12}$$

$$+ \frac{x_{t+1} + x_{t+2} + x_{t+3} + x_{t+4} + x_{t+5} + \frac{1}{2}x_{t+6}}{12}, \quad t = 7, 8, \cdots, n-6.$$

4.3.2 简单移动平均法

简单移动平均法的基本思想是, 对于一个时间序列 $\{x_t\}$ 来讲, 假定在一个比较短的时间间隔里, 序列的取值是比较稳定的, 它们之间的差异主要是由随机波动造成的. 根据这种假定, 我们可以用一定时间间隔内的平均值作为下一期的估计值. 该方法适合于未含有明显趋势的时间序列数据的平滑. 具体来说, t 时期的 n 项简单移动平均值为

$$\hat{l}_t = \frac{x_{t-n+1} + x_{t-n+2} + \cdots + x_{t-1} + x_t}{n}, \quad t = n, n+1, \cdots.$$

移动平均项数决定了序列的平滑程度: 移动平均项多, 序列的平滑效果强, 但是对序列变化的反应较为缓慢; 相反, 移动平均项数少, 序列平滑效果弱, 但对序列变化的反应迅速. 移动平均后得到的序列, 比原序列的项数少, 因此信息也比原序列少. 事实上, 移动平均的项数不宜过大.

在有季节变化的时间序列数据分析时, 一般移动平均项数等于季节周期的长度. 例如: 在季度数据中, 移动平均项数为 4, t 时期的趋势估计值为

$$\hat{l}_t = \frac{x_{t-3} + x_{t-2} + x_{t-1} + x_t}{4}, \quad t = 4, 5, \cdots.$$

而在月度数据中, 移动平均数为 12, t 时期的趋势估计值为

$$\hat{l}_t = \frac{x_{t-11} + x_{t-10} + x_{t-9} + \cdots + x_{t-2} + x_{t-1} + x_t}{12}, \quad t = 12, 13, \cdots.$$

简单移动平均法除了用于平滑时间序列外, 还能用于时间序列的外推预测, 但一般仅用于时间序列的向前一步预测. 如以 n 项简单移动平均为例, t 时期的向前一步预测值为

$$\hat{l}_{t+1} = \frac{x_t + x_{t-1} + x_{t-2} + \cdots + x_{t-n+1}}{n}.$$

在 R 语言中, 通过调用函数 SMA() 来作简单移动平均趋势拟合. 在调用函数 SMA() 之前, 需要下载 TTR 程序包, 并且用 library() 加载. SMA() 函数的命令格式如下:

```
SMA(x, n=)
```

该函数的参数说明:

- **x**: 需要做简单移动平均的序列名.

- **n**: 移动平均期数.

例 4.4 对 1871—1970 年尼罗河的年度流量序列, 进行 5 期移动平均拟合.

解 用以下语句进行拟合, 拟合的结果见图 4.4.

```
> library(TTR)
> Nile1 <- scan("E:/DATA/CHAP4/Nile.txt")
Read 100 items
> Nile2 <- ts(Nile1,start=1871)
> Nile.ma <- SMA(Nile2,n=5)
> plot(Nile2,type = "o")
> lines(Nile.ma,col=2,lwd=2)
```

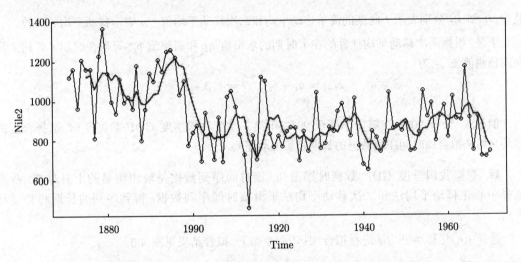

图 4.4 1871—1970 年尼罗河的年度流量序列 5 期移动平均拟合图

4.3.3 二次移动平均法

二次移动平均法是在简单移动平均法得到的序列基础上再进行的一次移动平均. 具体地, t 时期的 n 项二次移动平均值为

$$\hat{L}_t = \frac{\hat{l}_{t-n+1} + \hat{l}_{t-n+2} + \cdots + \hat{l}_{t-1} + \hat{l}_t}{n}, \quad t = 2n-1, 2n, \cdots,$$

其中, $\hat{l}_t$ 为 t 时期的简单移动平均值. 一般来讲, 两次移动平均的项数应该相等. 移动平均项数决定了时间序列的平滑程度, 其理由与简单移动平均相同.

若时间序列存在明显的线性趋势, 即序列观察值随着时间的变动呈现出每期递增 b 或递减 b 的趋势, 由于随机因素的影响, 每期的递增或递减值不会恒为 b, b 值会随时间变化上下波动.

若仅使用简单移动平均法, 得到的平滑值相比于实际值会存在滞后偏差, 此时应使用二次移动平均法对时间序列进行平滑.

根据两次移动平均后的序列, 即可得到原序列的长期趋势变动序列, 或称为水平值序列 $\{a_t\}$ 和斜率变化序列 $\{b_t\}$. 它们满足如下变化过程:

$$\begin{cases} a_t = 2\hat{l}_t - \hat{L}_t, \\ b_t = \dfrac{2}{n-1}(\hat{l}_t - \hat{L}_t), \end{cases}$$

其中, $\hat{l}_t$ 和 $\hat{L}_t$ 分别表示 t 时期的简单移动平均和二次移动平均值; n 表示移动平均的项数.

于是, 根据两次移动平均计算的在 t 时期的水平值 a_t 和斜率值 b_t, 可得在时期 t 任何 l 步向前预测值 $\hat{x}_{t+l}$ 为

$$\hat{x}_{t+l} = a_t + b_t l, \quad l = 1, 2, \cdots.$$

例 4.5　分析 2013 年第一季度至 2017 年第二季度我国季度 GDP 数据序列, 选择合适的移动平均法拟合该时间序列数据的长期趋势变动序列.

解　观察我国季度 GDP 数据时序图知, 该时间序列数据呈现出明显的上升趋势, 故可选择中心化移动平均法和二次移动平均法平滑该时间序列数据, 得到序列的长期趋势变动序列.

选择中心化移动平均法进行拟合. 具体命令如下, 拟合结果见图 4.5.

```
> a <- read.table(file="E:/DATA/CHAP4/JDGDP.csv",sep=",",header=T)
> JDGDP <- ts(a$JDGDP,start=2013,frequency = 4)
> Trendnx <- filter(JDGDP,filter=c(1/8,1/4,1/4,1/4,1/8),sides=2)
> plot(JDGDP,type="o")
> lines(Trendnx)
```

选择二次移动平均法进行拟合. 具体命令如下, 拟合结果见图 4.6.

```
> m1 <- filter(JDGDP,filter=rep(1/4,4),sides=1)
> m2 <- filter(m1,filter=rep(1/4,4),sides=1)
> trend <- 2*m1-m2
> plot(JDGDP,type="o")
> lines(trend)
```

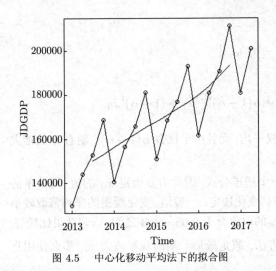

图 4.5   中心化移动平均法下的拟合图

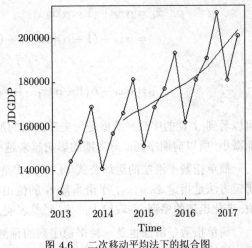

图 4.6   二次移动平均法下的拟合图

4.4 指数平滑方法

移动平均法实际上就是用一个简单的加权平均数作为某一期趋势的估计值. 以 n 期简单移动平均为例, $\hat{l}_t = (x_t + x_{t-1} + \cdots + x_{t-n+1})/n$, 相当于用最近 n 期的加权平均数作为最后一期趋势的估计值. 由于简单移动平均的权数一样, 所以事实上是假定了这 n 期观察值对第 t 期的影响一样.

但是实际上, 一般而言, 近期的变化对现在的影响更大一些, 而远期的变化对现在的影响已经很小了. 基于此, 人们提出了**指数平滑方法**. 指数平滑方法也是一种加权平均方法, 它考虑了时间的远近对 t 时期趋势估计值的影响, 假定各期权重随着时间间隔的增大呈指数递减形式. 根据时间序列数据不同的波动形式, 可采用不同的指数平滑法.

4.4.1 简单指数平滑方法

简单指数平滑方法是指数平滑方法最基本的形式, 主要用来平滑无季节变化或趋势变化的时序观察值, 其运算公式为 t 期的序列平滑值等于 t 期的序列观测值和 $t-1$ 期的序列平滑值的加权平均, 即

$$\tilde{x}_t = \alpha x_t + (1-\alpha)\tilde{x}_{t-1}, \quad 0 < \alpha < 1, \tag{4.1}$$

式中 α 称为**平滑系数**. 通过对 (4.1) 式的反复迭代, 可以得到

$$\tilde{x}_t = \alpha x_t + (1-\alpha)\tilde{x}_{t-1}$$

$$= \alpha x_t + (1-\alpha)[\alpha x_{t-1} + (1-\alpha)\tilde{x}_{t-2}]$$

$$\vdots$$

$$= \alpha x_t + \alpha(1-\alpha)x_{t-1} + \cdots + \alpha(1-\alpha)^{t-1}x_1 + (1-\alpha)^t \tilde{x}_0.$$

可以看到, t 期的序列平滑值是历史观测值的加权平均, 而且由于权数 $\alpha(1-\alpha)^k$ 随着 k 的增大而减小, 所以以前期序列值对当期的影响越来越小.

简单指数平滑法的运算公式 (4.1) 其实是一个递推公式, 因此需要确定 $\tilde{x}_0$ 的值. 最简单的确定方法是指定 $\tilde{x}_0 = x_1$. 平滑系数 α 的值由序列变化决定. 一般地, 变化缓慢的序列常取较小值; 变化迅速的序列, 常取较大的值. 经验表明, α 的取值介于 $0.05 \sim 0.3$ 之间, 修匀效果比较好.

简单指数平滑法也是一种平稳序列的预测方法. 假定最后一期的观察值为 x_t, 那么使用指数平滑法, 向前预测 1 期的预测值为

$$\hat{x}_{t+1} = \tilde{x}_t = \alpha x_t + (1-\alpha)\tilde{x}_{t-1}.$$

进一步, 向前预测 2 期的预测值为

$$\hat{x}_{t+2} = \alpha\hat{x}_{t+1} + (1-\alpha)\tilde{x}_t = \alpha\tilde{x}_t + (1-\alpha)\tilde{x}_t = \tilde{x}_t.$$

以此类推可得, 使用简单指数平滑法预测任意 l 期的预测值都是常数. 因此, 使用简单指数平滑法最好只做 1 期预测.

4.4.2　Holt 线性指数平滑方法

简单指数平滑法主要是处理无趋势、无季节变化的观察值序列. 对于含有线性趋势的数据, 我们往往采用 **Holt 线性指数平滑方法**. 具体地, 假设序列有一个比较固定的线性趋势, 即每期递增或递减 r_t, 那么第 t 期的估计值为

$$\hat{x}_t = x_{t-1} + r_{t-1}.$$

现在用第 t 期观察值和第 t 期的估计值的加权平均数作为第 t 期的修匀值

$$\tilde{x}_t = \alpha x_t + (1-\alpha)\hat{x}_t = \alpha x_t + (1-\alpha)(x_{t-1} + r_{t-1}), \quad 0 < \alpha < 1. \tag{4.2}$$

由于 $\{r_t\}$ 也是随机序列, 为了使得修匀序列 $\{\tilde{x}_t\}$ 更平滑, 现在对 $\{r_t\}$ 也修匀如下:

$$r_t = \beta(\tilde{x}_t - \tilde{x}_{t-1}) + (1-\beta)r_{t-1}, \quad 0 < \beta < 1. \tag{4.3}$$

将 (4.3) 式代入 (4.2) 式, 就能得到较为平滑的修匀序列 $\{\tilde{x}_t\}$. 这就是 Holt 线性指数平滑方法的构造思想. 它的平滑公式为

$$\begin{cases} \tilde{x}_t = \alpha x_t + (1-\alpha)(\tilde{x}_{t-1} + r_{t-1}); \\ r_t = \beta(\tilde{x}_t - \tilde{x}_{t-1}) + (1-\beta)r_{t-1}, \end{cases}$$

式中, α, β 为两个**平滑系数**, 并且 $0 < \alpha, \beta < 1$.

与简单指数平滑法一样, Holt 线性指数平滑方法也需要确定平滑系数 α, β 以及初始值 $\tilde{x}_0, r_0$. 平滑系数 α, β 决定了平滑程度, 其确定方法与简单指数平滑法相同. 至于平滑序列的初始值 $\tilde{x}_0$, 最简单的方法是指定 $\tilde{x}_0 = x_1$. r_t 的初始值 r_0 的确定有许多方法, 最简单的方法是: 任意指定一个区间长度 n, 用这段区间的平均趋势作为趋势初始值:

$$r_0 = \frac{x_{n+1} - x_1}{n}.$$

Holt 线性指数平滑方法也可以用于时间序列的预测. 假定最后一期的修匀值为 $\tilde{x}_T$, 那么向前 l 期的预测值为

$$\hat{x}_{T+l} = \tilde{x}_T + l \cdot r_T.$$

4.4.3 Holt-Winters 指数平滑方法

简单指数平滑法和 Holt 线性指数平滑法均是在不考虑季节波动部分下对时间序列数据进行修匀的方法, 但是在现实中, 存在更多的是包含季节变动部分的时间序列. 对于含有季节变动的时间序列进行平滑的常用方法为 Holt-Winters 指数平滑法. 该方法是在 Holt 线性指数平滑法基础上考虑季节变动的影响, 可采用加法形式或乘法形式.

一般来讲, 对于趋势和季节的加法模型, Holt-Winters 指数平滑法的公式如下:

$$\begin{cases} a_t = \alpha(x_t - s_{t-\pi}) + (1-\alpha)(a_{t-1} + b_{t-1}); \\ b_t = \beta(a_t - a_{t-\pi}) + (1-\beta)b_{t-1}; \\ s_t = \gamma(x_t - a_t) + (1-\gamma)s_{t-\pi}. \end{cases} \tag{4.4}$$

式中, a_t 为该序列的水平部分; b_t 为该序列的趋势部分; s_t 为该序列的季节部分 (或称为季节因子); π 为一个季节的周期长度; α, β, γ 为平滑系数, 介于 0 和 1 之间. 在 (4.4) 式中, 第一个方程是水平方程; 第二个方程是趋势方程. 这两个方程与 Holt 线性指数平滑法类似, 不同的地方是第三个方程. 第三个方程是季节方程, 它表示 t 时期的季节变动值为 t 时期的观测值与水平

值的差和 $t - \pi$ 时期的季节变动值的加权平均. 至于初始值 a_0, b_0 以及平滑系数 α, β, γ 的确定原则与前面指数平滑法确定类似, 而季节变动初始值 $s_1, s_2, \cdots, s_\pi$ 的确定, 一般通过经验估计或者直接设为 0.

对于趋势和季节的乘法模型, Holt-Winters 指数平滑法的公式如下:

$$\begin{cases} a_t = \dfrac{\alpha x_t}{s_{t-\pi}} + (1 - \alpha)(a_{t-1} + b_{t-1}); \\ b_t = \beta(a_t - a_{t-\pi}) + (1 - \beta)b_{t-1}; \\ s_t = \dfrac{\gamma x_t}{a_t} + (1 - \gamma)s_{t-\pi}. \end{cases} \tag{4.5}$$

(4.5) 式与 (4.4) 式形式类似, 所不同的是, 加法模型在扣除因素影响的时候采用的是减法, 而乘法模型采用的是除法.

Holt-Winters 指数平滑法也可用于序列预测. 在加法模型下, t 时期向前 l 步预测值为

$$\hat{x}_{t+l} = a_t + b_t \cdot l + s_{t+l-\pi}, \quad l \leqslant \pi;$$

在乘法模型下, t 时期向前 l 步预测值为

$$\hat{x}_{t+l} = (a_t + b_t \cdot l) \cdot s_{t+l-\pi}, \quad l \leqslant \pi,$$

式中, a_t, b_t 分别是 t 时期的水平值和趋势值; $s_{t+l-\pi}$ 为 $t + l - \pi$ 期的季节变动值.

在 R 语言中, 可以用 HoltWinters() 函数完成上述指数平滑拟合. HoltWinters() 函数的命令格式如下:

```
HoltWinters(x, alpha=, beta=,gamma=,seasonal=)
```

该函数的参数说明:

- **x**: 需要进行指数平滑的序列名.

- **alpha**: 水平部分的参数.

- **beta**: 趋势部分的参数.

- **gamma**: 季节部分的参数.

三指数按如下方式取值, 确定了要拟合的指数平滑类型:

(1) 当 alpha 不指定, beta=F, gamma=F 时, 表示使用简单指数平滑法拟合模型.

(2) 当 alpha 和 beta 不指定, gamma=F 时, 表示使用 Holt 线性指数平滑法拟合模型.

(3) 当三个参数都不指定时, 表示使用 Holt-Winters 指数平滑法拟合模型.

- **seasonal**: 当既含有季节又含有趋势时, 指定季节与趋势的关系.

(1) seasonal="additive" 表示加法关系, 这是系统默认选项.

(2) seasonal="multiplicative" 表示乘法关系.

例 4.6 分析例 4.5 中的数据. 用 Holt-Winters 指数平滑法拟合该序列, 并预测未来 2 年的季度 GDP.

解 从时序图我们容易发现, 季度 GDP 序列呈现出明显的递增趋势和季节效应, 因此用 Holt-Winters 指数平滑法拟合该序列, 并选用乘法模型. 具体命令及运行结果如下:

```
> a <- read.table(file="E:/DATA/CHAP4/JDGDP.csv",sep=",",header=T)
> JDGDP <- ts(a$JDGDP,start=2013,frequency = 4)
> JDGDP.fix <- HoltWinters(JDGDP,seasonal = "multiplicative")
> JDGDP.fix
Holt-Winters exponential smoothing with trend and multiplicative
seasonal component.

Call:
HoltWinters(x = JDGDP, seasonal = "multiplicative")

Smoothing parameters:
 alpha: 0.8764083
 beta : 0.08285351
 gamma: 1

Coefficients:
          [,1]
a  2.040468e+05
b  3.867662e+03
s1 1.017008e+00
s2 1.099491e+00
s3 9.058240e-01
s4 9.841233e-01
```

绘制 Holt-Winters 指数平滑法拟合效果图的具体命令如下, 运行结果见图 4.7.

```
> plot(JDGDP.fix,type="o")
```

说明: 图 4.7 中, 无滞后序列为观察值序列, 滞后序列为 Holt-Winters 指数平滑序列.

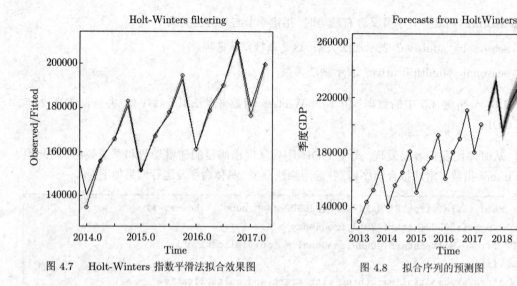

图 4.7 Holt-Winters 指数平滑法拟合效果图 | 图 4.8 拟合序列的预测图

预测接下来 8 个季度的季度 GDP, 并绘制预测效果图. 具体命令及运行结果如下, 预测效果见图 4.8.

```
> library(forecast)
> JDGDP.fore <- forecast(JDGDP.fix,h=8)
> plot(JDGDP.fore,type="o",ylab="季度 GDP")
> JDGDP.fore
        Point Forecast    Lo 80    Hi 80    Lo 95    Hi 95
2017 Q3       211450.7 208689.2 214212.3 207227.3 215674.1
2017 Q4       232852.6 228896.1 236809.1 226801.7 238903.5
2018 Q1       195340.7 191027.7 199653.8 188744.5 201937.0
2018 Q2       216032.2 211232.8 220831.6 208692.2 223372.3
2018 Q3       227184.5 221006.2 233362.8 217735.6 236633.5
2018 Q4       249862.5 242412.6 257312.3 238468.9 261256.0
2019 Q1       209354.4 202306.8 216402.0 198576.0 220132.8
2019 Q2       231257.3 223442.3 239072.2 219305.3 243209.2
```

4.5 季节效应分析

在实际问题中, 许多序列值的变化受季节变化的影响, 比如: 某地区居民月平均用电量、某景点每季度的旅游人数, 等等, 它们都会呈现出明显的季节变动规律. 将 "季节" 概念广义化, 我们把凡是呈现出周期变化的事件统称为具有**季节效应 (seasonal effect)** 的事件. 习惯上, 仍然将一个周期称为一"季".

一般地, 具有季节效应的时间序列在不同周期的相同时间段上会呈现出相似的性质. 为了抽取季节信息加以研究, 我们给出季节指数的概念. 所谓**季节指数**, 就是用简单平均法计算的周期内各时期季节性影响的相对数. 具体地, 假定序列的数据结构为 π 期为一周期, 共有 n 个周期, 则周期内各期的平均数为

$$\overline{x}_k = \frac{\displaystyle\sum_{i=1}^{n} x_{ik}}{n}, \quad k = 1, 2, \cdots, \pi;$$

序列总的平均数为

$$\overline{x} = \frac{\displaystyle\sum_{i=1}^{n} \sum_{k=1}^{\pi} x_{ik}}{n\pi},$$

于是, 用时期平均数除以总平均数就得到各时期的季节指数 $S_k, k = 1, 2, \cdots, \pi$, 即

$$S_k = \frac{\overline{x}_k}{\overline{x}}.$$

季节指数反映了季度内各期平均值与总平均值之间的一种比较稳定的关系. 如果这个比值大于 1, 就说明该季度的值常常会高于总平均值; 如果这个比值小于 1, 就说明该季度的值常常低于总平均值; 如果这个比值等于 1, 那么就说明该序列没有明显的季节效应.

例 4.7 对美国爱荷华州杜比克市 1964 年至 1976 年月平均气温 (单位: °F) 数据进行季节效应分析.

解 首先从网站读取数, 并绘制月均气温序列时序图. 具体命令如下, 运行结果见图 4.9.

```
> tempdub <- read.table("http://homepage.divms.uiowa.edu/~kchan/TSA
+ /Datasets/tempdub.dat",header=T)
> tempdub <- ts(tempdub,start=c(1964,1),frequency = 12)
> plot(tempdub,type="o",col="blue")
```

通过时序图可以看到, 杜比克市 1964 年至 1976 年月平均气温随季节变化非常有规律. 气温的波动主要受到两个因素的影响: 一个是季节效应; 一个是随机波动. 假设每个月的季节指数分别为 $S_i, i = 1, 2, \cdots, 12$, 那么第 i 年第 j 月的平均气温可以表示为:

$$x_{ij} = \overline{x} \cdot S_j + I_{ij}, \quad j = 1, 2, \cdots, 12,$$

其中, $\overline{x}$ 为各月总平均气温; S_j 为第 j 个月的季节指数; I_{ij} 为第 i 年第 j 月气温的随机波动.

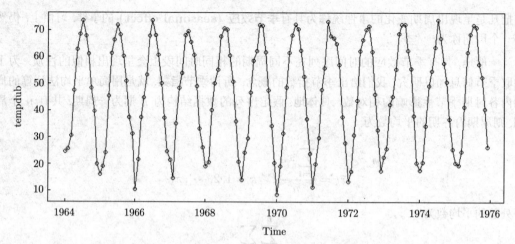

图 4.9　　美国爱荷华州杜比克市 1964 年至 1976 年月平均气温时序图

经计算可得其季节指数向量 $(S_1, S_2, S_3, S_4, S_5, S_6, S_7, S_8, S_9, S_{10}, S_{11}, S_{12}) = (0.36, 0.45,$
$0.70, 1.00, 1.26, 1.46, 1.55, 1.50, 1.32, 1.10, 0.79, 0.51)$.

将季节指数绘制成图 (见图 4.10). 可见 7 月的季节指数最大, 说明 7 月是杜比克市最热的月份; 1 月的季节指数最低, 说明 1 月是杜比克市最冷的月份. 4 月的气温和年平均气温 (46.27 ℉) 相等.

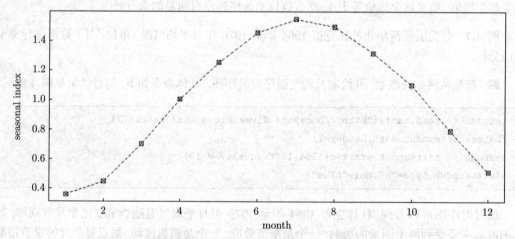

图 4.10　　美国爱荷华州杜比克市 1964 年至 1976 年月平均气温季节指数图

如果不考虑随机波动的影响, 那么我们可以从季节指数的变化粗略地看出月平均气温的变化. 比如: 9 月的季节指数是 4 月的季节指数的 1.32 倍. 如果下一年 4 月平均气温是 48 ℉, 那么该年 9 月的平均气温大约是 63.36 ℉.

习题 4

1. 简述 Wold 分解定理和 Cramer 分解定理, 并阐释数据分解的基本思想.

2. 简述在何种情况下, 二次移动平均法优于简单移动平均法?

3. 简述移动平均法和指数平滑法在平滑时间序列数据思想上的异同.

4. 简述简单指数平滑法、Holt 线性指数平滑法和 Holt-Winters 指数平滑法的区别与联系.

5. 使用 4 期移动平均作预测时, 求在 2 期预测值 $\hat{x}_{T+2}$ 中, x_{T-3} 与 x_{T-1} 前面的系数分别等于多少?

6. 下面给出一个 20 期的观察值序列 $\{x_t\}$:

> 10 11 12 10 11 14 12 13 11 15 12 14 13 12 14 12 10 10 11 13

(1) 使用 5 期移动平均法预测 $\hat{x}_{22}$.

(2) 使用指数平滑法确定 $\hat{x}_{22}$, 其中平滑系数为 $\alpha = 0.4$.

(3) 假设 a 为 5 期移动平均法预测 $\hat{x}_{22}$ 中 x_{20} 前的系数, b 为在 $\hat{x}_{22}$ 的平滑系数为 $\alpha = 0.4$ 的指数平滑法预测中 x_{20} 前的系数, 求 $b - a$.

7. 已知某牧场试验奶牛的奶产量 (单位: 磅. 1 磅 $=0.453592$kg) 数据如表 4.1 所示.

表 4.1　某牧场奶牛的奶产量 (行数据)

315	195	310	316	325	335	318	355	420	410	485	420	460	395
390	450	458	570	520	400	420	580	475	560				

(1) 证明该奶牛产奶量序列数据存在线性趋势.

(2) 利用二次移动平均法平滑该奶牛产奶量序列数据, 得到长期趋势变动部分 (设移动平均项数为 3).

(3) 预测未来 5 期奶牛的产奶量.

8. 某市丰田牌汽车 2011 年至 2014 年月度销售量 (单位: 万辆) 如表 4.2 所示.

表 4.2　某市丰田牌汽车 2011 年至 2014 年月度销售量 (行数据)

40	50	41	39	45	53	68	73	50	48	43	38	43
52	45	41	48	65	79	86	64	60	45	41	40	64
58	56	67	74	84	95	76	68	56	52	55	72	62
60	70	86	98	108	87	78	63	58				

(1) 绘制该时间序列的时序图.

(2) 选择合适的 Holt-Winers 指数平滑法平滑该时间序列数据, 说明理由并给出参数估计.

(3) 预测该市未来三年的每月丰田牌汽车销售量. 根据预测数据简要描述丰田汽车的市场前景.

第 5 章 非平稳时间序列模型

5.1 非平稳序列的概念

在前面章节中, 我们主要讨论了平稳时间序列, 但事实上, 在自然科学和经济现象中绝大部分时间序列数据都是非平稳的. 这些非平稳时间序列表现形式多样, 不过我们分析的基本手段是想办法将其转化为平稳序列, 然后再进一步分析. 从本节开始, 我们来介绍非平稳时间序列模型及其建模过程.

5.1.1 非平稳序列的定义

所谓平稳时间序列, 也即宽平稳时间序列, 其实就是指时间序列的均值、方差和协方差等一、二阶矩存在但不随时间改变, 表现为时间的常数. 因而, 要判断一个序列是否平稳, 只需判断下列三个条件是否同时成立:

$$E(Y_t) = \mu; \tag{5.1}$$

$$\mathrm{Var}(Y_t) = \sigma^2; \tag{5.2}$$

$$\mathrm{Cov}(Y_t, Y_s) = \gamma(t - s). \tag{5.3}$$

一般地, 只要上述三个条件有一个不成立, 那么我们就称该序列是 **非平稳时间序列 (non-stationary time series)**. 进一步, 根据不满足 (5.1), (5.2), (5.3) 式的情况, 我们可归纳出非平稳时间序列数据具有如下两种形式: 确定性趋势时间序列和随机性趋势时间序列.

5.1.2　确定性趋势

一般地, **确定性趋势 (deterministic trend)** 时间序列是指序列的期望随着时间而变化, 而协方差却平稳的非平稳时间序列, 其生成过程为

$$x_t = \mu_t + y_t, \tag{5.4}$$

其中, y_t 是一个平稳可逆的 ARMA(p,q) 过程, 期望为 0, 即 $\Phi(B)y_t = \Theta(B)\varepsilon_t$. 由 (5.4) 式显然可得,

$$\mathrm{E}(x_t) = \mu_t;$$
$$\mathrm{E}[(x_t - \mu_t)(x_{t+k} - \mu_{t+k})] = \mathrm{E}(y_t y_{t+k}) = \gamma(k).$$

由于上述序列 $\{x_t\}$ 的方差是常数, 所以它的观测值总是围绕着一个确定的趋势在有限的幅度内做波动. 图 5.1 是由一个线性趋势和一个二次趋势分别加上一个纯随机序列形成的两个序列的时序图. 从图中可以看出, 确定性趋势时间序列的偏离是暂时的. 如果对具有确定性趋势的时间序列进行长期预测, 那么只要考虑期望函数就可以了, 这是因为不论对多长时间的序列值进行预测, 误差都是有界的. 然而, 这种预测的精度不会令人满意, 实际意义不是太大.

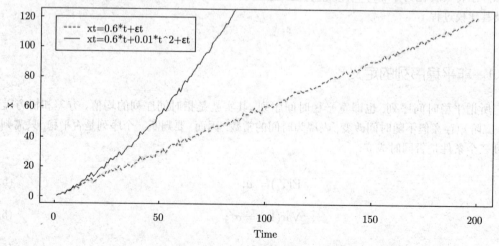

图 5.1　线性趋势和二次趋势下序列的时序图

5.1.3 随机性趋势

通常, 我们把不具有确定性趋势的非平稳时间序列称为**随机性趋势 (stochastic trend)时间序列**, 其一般具有自回归的形式:

$$x_t = \mu_t + x_{t-1} + y_t. \tag{5.5}$$

例如给定初始值 x_0 的 AR(1) 模型: $x_t = \phi x_{t-1} + \varepsilon_t$, $\phi > 1$. 经过迭代, 可得

$$x_t = \phi^t x_0 + \sum_{i=0}^{t-1} \phi^i \varepsilon_{t-i},$$

所以有

$$\mathrm{E}(x_t) = \phi^t x_0;$$

$$\mathrm{Var}(x_t) = \frac{\phi^{2t} - 1}{\phi^2 - 1} \sigma^2.$$

故当 $|\phi| > 1$ 时, 该序列的期望函数和方差函数都呈现指数型增长, 因此该序列呈现扩散式增长, 是典型的随机性趋势时间序列; 当 $|\phi| < 1$ 时, 由前面章节的知识得到, 该序列是平稳的. 图 5.2 展示了平稳的 AR(1) 序列与非平稳的 AR(1) 的时序图.

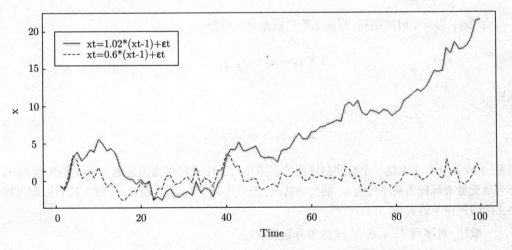

图 5.2 $\phi = 1.02$ 与 $\phi = 0.6$ 时 AR(1) 序列的时序图

5.2　趋势的消除

　　非平稳时间序列典型的特征是含有趋势: 确定性趋势和随机性趋势. 要想把非平稳时间序列转化成平稳的时间序列来分析, 就需要通过减去趋势或差分方法消除确定性趋势和随机性趋势. 在第 4 章中, 我们曾学习了一些提取确定性趋势的方法, 如: 线性拟合法、移动平均法、指数平滑法以及通过构造季节指数处理具有季节效应的序列. 一般来讲, 用确定性趋势时间序列减去确定性趋势部分就会得到一个平稳序列, 但是由于上述方法并不能保证趋势信息提取的充分性, 因而剩余部分不能保证平稳. 对于随机性趋势的处理, 一般是通过差分运算提取趋势信息的, 但是需要特别小心过差分现象的出现. 在本节中, 我们讨论去趋势的方法.

5.2.1　差分运算的本质

　　在第 2 章中, 我们曾学习了差分运算. 熟悉了差分运算之后, 我们很容易发现, 一个序列的 m 阶差分就类似于连续变量的 m 阶求导. 比如:

$$\nabla c = 0, \quad \nabla t = 1, \quad \nabla^2 t^2 = 2, \quad \nabla^3 t^3 = 6, \quad \nabla^4 t^4 = 24, \cdots.$$

一般地, 我们有

$$\nabla^m(\alpha_0 + \alpha_1 t + \cdots + \alpha_m t^m) = c, \quad c \text{为某一常数}.$$

　　设 $\{x_t\}$ 为一个时间序列, 根据 1 阶向后差分运算得

$$\nabla x_t = x_t - x_{t-1},$$

也即

$$x_t = x_{t-1} + \nabla x_t. \tag{5.6}$$

可见, 1 阶差分本质上是一个自回归过程的误差项. (5.6) 式可视为用延迟 1 期的历史数据 x_{t-1} 作为自变量来解释当期序列值 x_t 的变动情况, 差分序列 $\{\nabla x_t\}$ 可视为 x_t 的 1 阶自回归过程中产生的随机误差的大小.

　　一般地, 对序列 $\{x_t\}$ 进行 m 阶差分运算得

$$\nabla^m x_t = (1 - B)^m x_t = \sum_{k=0}^{m} (-1)^k C_m^k x_{t-k},$$

等价于

$$x_t = \sum_{k=1}^{m} (-1)^{k+1} C_m^k x_{t-k} + \nabla^m x_t. \tag{5.7}$$

可见, (5.7) 式本质上也是一个 m 阶自回归过程, 借助于差分运算可以提取趋势信息.

在 R 语言中, 使用函数 diff() 来进行差分运算. diff() 函数的命令格式如下:

```
diff(x, lag=, differences=)
```

该函数的参数说明:

- **x**: 需要进行差分的序列名.

- **lag**: 差分的步长, 不特意指定, 系统默认 lag=1.

- **differences**: 差分次数, 不特意指定, 系统默认 differences=1.

根据 diff() 函数的参数含义, 差分命令 diff(x,d,k) 的意思是进行 k 次 d 步差分. 常用的差分运算为:

1 阶差分: diff(x);

2 阶差分: diff(x,1,2);

k 阶差分: diff(x,1,k);

d 步差分: diff(x,d,1) 或简写为 diff(x,d);

1 阶差分后再进行 d 步差分: diff(diff(x),d).

5.2.2 趋势信息的提取

一般来讲, 经过有限阶的差分运算可以提取趋势信息, 但是有过差分的风险, 过差分现象将在下一节讨论. 在本小节中, 讨论如何从实际数据出发, 通过差分运算初步提取趋势信息. 这里需要注意的是, 我们没有对差分结果的合理性进行深入研究.

在实际数据分析中, 通常用 1 阶差分可提取线性趋势, 2 阶或 3 阶等低阶差分可提取曲线趋势, 而对于含有季节趋势的数据, 通常选取差分的步长等于季节的周期可较好地提取季节信息.

例 5.1 在例 4.2 的分析中, 我们得到美国 1974 年至 2006 年月度发电量序列蕴含一个近似线性的递增趋势. 现对该序列进行 1 阶差分运算, 考察差分运算对该序列线性趋势的提取作用.

解　通过下述语句实现差分运算, 并对差分序列绘制时序图 (见图 5.3).

```
> electricity <- scan("E:/DATA/CHAP4/1.txt")
Read 396 items
> electricity <- ts(electricity, start=c(1974,1),frequency = 12)
> x.diff <- diff(electricity)
> plot(x.diff)
```

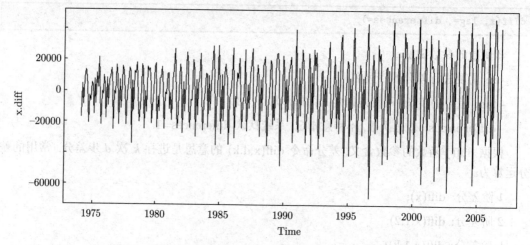

图 5.3　美国 1974 年至 2006 年月度发电量 1 阶差分序列的时序图

图 5.3 表明, 1 阶差分运算成功地从原序列中提取出了线性趋势. 不过, 差分序列的平稳性还需进一步考察, 因为时序图也表明差分序列的方差在逐步增大.

例 5.2　从例 1.13 的分析中, 我们得到 1996 年至 2015 年宁夏回族自治区地区生产总值序列蕴含一个近似二次曲线的趋势. 对该序列进行 2 阶差分运算, 考察差分运算对曲线趋势的提取作用.

解　用下述语句实现差分运算, 并对差分序列绘制时序图 (见图 5.4).

```
> a <- read.table(file="E:/DATA/CHAP1/SMGDP.csv",sep=",",header=T)
> NXGDP <- ts(a$NX,start=1996)
> x.fix <- diff(NXGDP,1,2)
> plot(x.fix, type="o",col="blue")
```

从图 5.4 可见, 经过 2 次差分之后, 差分序列的曲线趋势被提取.

例 5.3　分析例 4.5 中 2013 年第一季度至 2017 年第二季度我国季度 GDP 数据序列, 并提取其确定性趋势信息.

解 从图 4.5 中, 我们发现该序列具有线性趋势和以季度为周期的季节效应, 所以我们首先进行 1 阶差分取消线性趋势, 然后进行 4 步差分提取季节趋势. 具体命令如下, 运行结果见图 5.5.

```
> a <- read.table(file="E:/DATA/CHAP4/JDGDP.csv",sep=",",header=T)
> JDGDP <- ts(a$JDGDP,start=2013,frequency = 4)
> x.fix <- diff(diff(JDGDP),4)
> plot(x.fix)
```

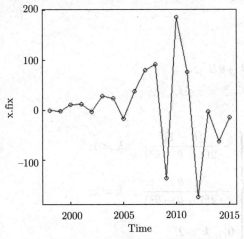
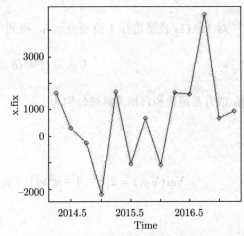

图 5.4 宁夏地区生产总值差分序列的时序图   图 5.5 我国季度 GDP 差分序列的时序图

从图 5.5 可见, 经过 1 次差分和 1 次 4 步差分之后, 所得差分序列已无明显趋势.

5.2.3 过差分现象

所谓**过差分现象**, 就是指由于对序列不恰当地使用差分运算而导致有效信息浪费, 估计精度下降的现象. 例如: 考察随机性趋势模型 $x_t = \mu + x_{t-1} + y_t$, 其中, y_t 为平稳序列. 我们知道通过对序列 $\{x_t\}$ 的 1 阶差分就可以消除非平稳性. 而对于线性趋势模型 $x_t = \mu + \phi t + y_t$, 应用 1 阶差分, 得到

$$x_t - x_{t-1} = \phi + y_t - y_{t-1}.$$

如果 $\{y_t\}$ 为 $\mathrm{ARMA}(p,q)$ 序列, 满足形式 $\Phi(B)y_t = \Theta(B)\varepsilon_t$, 那么我们有

$$\Phi(B)\nabla x_t = \Phi(1)\phi + (1-B)\Theta(B)\varepsilon_t.$$

可见, ∇x_t 是一个平稳的 ARMA$(p, q+1)$ 序列. 由于 MA 部分存在一个单位根, 所以它是一个不可逆的序列. 这个序列是一个新的平稳序列, 而不是原来的平稳的 ARMA 序列 $\{y_t\}$, 这就导致出现过差分.

再举一例. 一个可逆的 MA(1) 模型 $y_t = \varepsilon_t + \theta \varepsilon_{t-1}$, y_t 的方差函数和自相关函数为

$$\mathrm{Var}(y_t) = (1 + \theta^2)\sigma^2, \quad \rho_k = \begin{cases} \dfrac{\theta}{1 + \theta^2}, & k = 1; \\[3mm] 0, & k > 1. \end{cases}$$

对 MA(1) 模型进行 1 阶差分运算, 得到

$$\nabla y_t = [1 + (\theta - 1)B - \theta B^2]\varepsilon_t.$$

∇y_t 的方差函数和自相关函数分别为

$$\mathrm{Var}(\nabla y_t) = 2(1 - \theta + \theta^2)\sigma^2, \quad \rho_k = \begin{cases} -\dfrac{(\theta - 1)^2}{2(1 - \theta + \theta^2)}, & k = 1; \\[3mm] -\dfrac{\theta}{2(1 - \theta + \theta^2)}, & k = 2; \\[3mm] 0, & k > 2. \end{cases}$$

因此, $\mathrm{Var}(\nabla y_t) > \mathrm{Var}(y_t)$. 可见, 对于 MA(1) 序列 $\{y_t\}$ 而言, 其差分序列 $\{\nabla y_t\}$ 是一个不可逆的 MA(1) 序列, 且方差变大. 这就意味着对 MA(1) 序列差分会导致过差分现象.

实践经验表明, 处理确定性趋势时间序列最好采用减去趋势部分的方法来去趋势, 特别是对于曲线趋势明显的方差齐性序列来讲, 采用此方法更好; 而处理随机性趋势的时间序列最好使用差分运算来去趋势.

例 5.4 设时间序列 $\{x_t\}$ 的观测值满足随机游走模型: $x_t = 2.5 + x_{t-1} + \varepsilon_t$, 其中, $\{\varepsilon_t\}$ 是标准正态白噪声序列. 很明显, 如果对 $\{x_t\}$ 进行 1 阶差分, 那么就会得到平稳的差分序列: $\nabla x_t = 2.5 + \varepsilon_t$. 如果采用减去确定性部分来去趋势的方法, 那么分析其残差序列的特征.

解 将序列 $\{x_t\}$ 关于时间 t 作趋势回归. 具体命令及运行结果如下:

```
> set.seed(10)            #设定生成随机数的种子, 种子是为了让结果可重复
> x0 <- 2.5+rnorm(100)
> x <- cumsum(x0)         #累积和
```

```
> t <- 1:100
> x.lm <- lm(x~t)
> summary(x.lm)

Call:
lm(formula = x ~ t)

Residuals:
    Min      1Q  Median      3Q     Max
-6.1315 -2.2990 -0.2992  3.0378  5.9587

Coefficients:
            Estimate Std. Error t value Pr(>|t|)
(Intercept) -4.11652    0.71144  -5.786 8.64e-08 ***
t            2.34736    0.01223 191.922  < 2e-16 ***
---
Signif. codes: 0 '***' 0.001 '**' 0.01 '*' 0.05 '.' 0.1 ' ' 1

Residual standard error: 3.531 on 98 degrees of freedom
Multiple R-squared:  0.9973,    Adjusted R-squared:  0.9973
F-statistic: 3.683e+04 on 1 and 98 DF,  p-value: < 2.2e-16
```

估计得到的回归模型为

$$x_t = -4.11652 + 2.34736t + \varepsilon_t.$$

估计结果表明, 常数项和时间趋势系数均显著异于零, 这是由于随机游走模型中暗含了一个线性趋势. 下面分析回归残差项 ε_t. 具体命令如下, 运行结果见图 5.6.

```
> par(mfrow=c(3,1))
> plot(x,type="o",col="blue",main="原序列和拟合序列")
> lines(fitted.values(x.lm))
> plot(resid(x.lm),type="o",col="red",main="残差")
> acf(resid(x.lm),main="残差自相关函数")
```

图 5.6 表明尽管随机游走 $\{x_t\}$ 具有线性趋势, 但是去趋势之后的残差仍然具有很强的自相关性质. 因此, 对该序列采用减去趋势部分的去趋势法是不合适的.

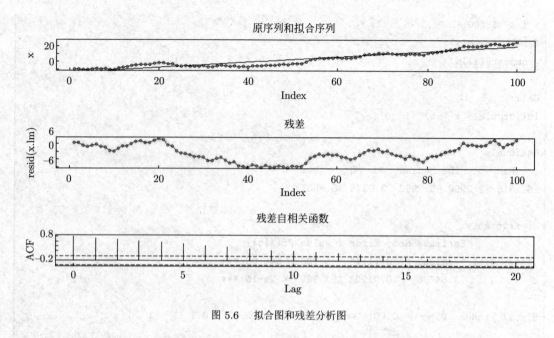

图 5.6　拟合图和残差分析图

　　上面这些例子表明, 分析非平稳序列时, 需要对数据所表现出来的趋势进行严谨细致的研究, 否则, 很容易产生人为的波动和自相关性.

5.3　求和自回归移动平均模型

　　一般来讲, 具有随机性趋势的非平稳时间序列在经过适当差分之后就会变成一个平稳时间序列. 此时, 我们称这个非平稳序列为差分平稳序列. 对差分平稳序列可以使用求和自回归移动平均模型进行拟合.

5.3.1　求和自回归移动平均模型的定义

　　设 $\{x_t, t \in T\}$ 为一个序列, 则我们称满足如下结构的模型为**求和自回归移动平均 (autoregressive integrated moving average, ARIMA)**模型, 简记为 ARIMA(p, d, q),

$$\Phi(B)\nabla^d x_t = \Theta(B)\varepsilon_t, \tag{5.8}$$

其中, ε_t 为均值为零, 方差为 σ_ε^2 的白噪声, 且 $E(x_s\varepsilon_t) = 0$, $\forall s < t$; $\nabla^d = (1 - B)^d$; $\Phi(B) = 1 - \phi_1 B - \cdots - \phi_p B^p$ 为平稳可逆的 ARMA(p, q) 模型的自回归系数多项式; $\Theta(B) = 1 - \theta_1 B - \cdots - \theta_q B^q$ 为平稳可逆的 ARMA(p, q) 模型的移动平滑系数多项式.

从 ARIMA(p,d,q) 模型的定义可以看出, 该模型实质上就是 $\{x_t\}$ 的 d 阶差分序列是一个平稳可逆的 ARMA(p,q) 模型. 模型 (5.8) 也可简单记作

$$\nabla^d x_t = \frac{\Theta(B)}{\Phi(B)}\varepsilon_t, \tag{5.9}$$

式中, $\{\varepsilon_t, t\in T\}$ 为零均值白噪声序列. (5.9) 式说明, 一个非平稳时间序列如果 d 阶差分之后成为平稳序列了, 那么我们就可以用较为成熟可靠的 ARMA(p,q) 模型拟合其 d 阶差分序列了.

ARIMA(p,d,q) 模型是比较综合的模型, 它有以下几种重要的特殊形式: 当 $d=0$ 时, ARIMA(p,d,q) 模型就是 ARMA(p,q) 模型; 当 $p=0$ 时, ARIMA(p,d,q) 模型简记为 IMA(d,q) 模型; 当 $q=0$ 时, ARIMA(p,d,q) 模型简记为 ARI(p,d) 模型; 当 $d=1, p=q=0$ 时, ARIMA(p,d,q) 模型为 $x_t = x_{t-1} + \varepsilon_t$, 这是著名的随机游走模型.

5.3.2 求和自回归移动平均模型的性质

设时间序列 $\{x_t, t\in T\}$ 服从 ARIMA(p,d,q) 模型 $\Phi(B)\nabla^d x_t = \Theta(B)\varepsilon_t$. 记 $\varphi(B) = \Phi(B)\nabla^d$, 则称 $\varphi(B)$ 为**广义自回归系数多项式**. 显然, $\{x_t, t\in T\}$ 的平稳性取决于 $\varphi(B)=0$ 的根的分布. 由于 $\{x_t, t\in T\}$ 的 d 阶差分序列是平稳可逆的 ARMA(p,q) 模型, 所以不妨设

$$\Phi(B) = \prod_{k=1}^{p}(1-\lambda_k B), \quad |\lambda_k| < 1, \quad k=1, 2, \cdots, p.$$

因而

$$\varphi(B) = \Phi(B)\nabla^d = \Big[\prod_{k=1}^{p}(1-\lambda_k B)\Big](1-B)^d.$$

由上式容易判断, ARIMA(p,d,q) 模型的广义自回归系数多项式共有 $p+d$ 个根, 其中 p 个根 $1/\lambda_1, 1/\lambda_2, \cdots, 1/\lambda_p$ 在单位圆外, d 个根在单位圆上. 从而 ARIMA(p,d,q) 模型有 $p+d$ 个特征根, 其中, p 个在单位圆内, d 个在单位圆上. 因为有 d 个特征根在单位圆上而非单位圆内, 所以当 $d\neq 0$ 时, ARIMA(p,d,q) 模型非平稳.

对于 ARIMA(p,d,q) 模型来讲, 当 $d\neq 0$ 时, 均值和方差都不具有齐性. 方差不具有齐性的最简单的例子是随机游走模型 ARIMA$(0,1,0)$: $x_t = x_{t-1} + \varepsilon_t$. 这是因为根据上述递推关系可得

$$
\begin{aligned}
x_t &= x_{t-1} + \varepsilon_t \\
&= x_{t-2} + \varepsilon_t + \varepsilon_{t-1} \\
&\qquad \vdots \\
&= x_0 + \varepsilon_t + \varepsilon_{t-1} + \cdots + \varepsilon_1.
\end{aligned}
$$

从而, $\mathrm{Var}(x_t) = t\sigma_\varepsilon^2$, 这是随时间递增的函数, 当时间趋于无穷时, x_t 的方差也趋于无穷.

5.3.3　求和自回归移动平均模型的建模

正如前面所述, 对于非平稳时间序列的建模, 我们的策略是将其设法转化为平稳序列, 然后用平稳序列建模的方法来建模. 对于 ARIMA 模型的建模, 我们首先对观测值序列进行平稳性检验, 如果检验是非平稳的序列, 那么对其进行差分运算, 直至检验是平稳的; 如果检验是平稳的, 那么转入 ARMA 模型的建模步骤. 下面举例说明.

例 5.5　分析 1996 年至 2015 年, 我国第三产业增加值序列, 建立 ARIMA 模型, 并预测 2016 年的增加值.

解　读取数据, 并作第三产业增加值序列的时序图. 具体命令如下:

```
> x <- read.table(file="E:/DATA/CHAP5/1.csv",sep=",",header=T)
> x <- ts(x$thr,start=1996);
> plot(x,type="o",col="blue",sub="图 5.7　第三产业增加值序列的时序图")
```

观察时序图 5.7 很容易发现, 该序列具有明显的增长趋势, 因此可判定非平稳. 对该序列进行 1 阶差分运算, 并对所得差分序列做出时序图、自相关图和偏自相关图. 具体命令如下, 运行结果见图 5.8 ~ 图 5.10.

```
> x.fix <- diff(x)
> plot(x.fix,col="blue",type="o",sub="图 5.8　第三产业增加值差分序列的
+ 时序图")
> acf(x.fix,sub="图 5.9　第三产业增加值差分序列的自相关图")
> pacf(x.fix, sub="图 5.10　第三产业增加值差分序列的偏自相关图")
```

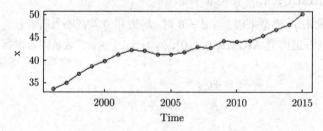

图 5.7　第三产业增加值序列的时序图

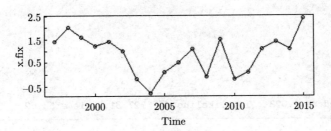

图 5.8   第三产业增加值差分序列的时序图

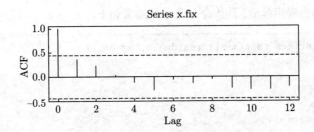

图 5.9   第三产业增加值差分序列的自相关图

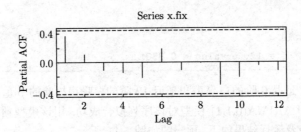

图 5.10   第三产业增加值差分序列的偏自相关图

1 阶差分序列的时序图、自相关函数图和偏自相关函数图都表明, 差分序列具有平稳性. 而且图 5.9 和图 5.10 表明自相关函数具有延迟 1 阶的截尾特征, 而偏自相关函数具有拖尾性, 故我们选用 ARIMA(0,1,1) 模型来拟合所给数据. 具体的命令及运行结果如下:

```
> x.fix <- arima(x,order=c(0,1,1))
> x.fix

Call:
arima(x = x, order = c(0, 1, 1))
```

```
Coefficients:
         ma1
      0.4823
s.e.  0.1541

sigma^2 estimated as 1.023:  log likelihood = -27.31,  aic = 58.62
```

拟合结果为

$$x_t = x_{t-1} + \varepsilon_t + 0.4823\varepsilon_{t-1}, \quad \varepsilon_t \sim N(0, 1.023).$$

再对残差序列作白噪声检验, 具体命令及运行结果如下:

```
> for(i in 1:2)print(Box.test(x.fix$residuals,lag=6*i))

Box-Pierce test

data:  x.fix$residuals
X-squared = 4.6456, df = 6, p-value = 0.59

Box-Pierce test

data:  x.fix$residuals
X-squared = 6.5127, df = 12, p-value = 0.8881
```

白噪声检验表明, 延迟 6 阶的白噪声和延迟 12 阶的白噪声检验的 p 值都远远大于 0.05, 因此该模型显著成立, 即 ARIMA(0,1,1) 模型对该序列拟合成功. 用该模型预测 2016 年我国第三产业增加值. 具体命令及运行结果如下, 预测图如图 5.11 所示.

```
> library(forecast)
> x.fore <- forecast(x.fix,h=1)
> plot(x.fore,type="o",ylab="第三产业增加值")
> x.fore
     Point Forecast    Lo 80    Hi 80    Lo 95    Hi 95
2016       51.21497 49.91872 52.51121 49.23252 53.19741
```

预测表明, 2016 年我国第三产业增加值为 51.21497, 这个预测的 95% 的置信区间为 (49.23252, 53.19741).

在对时间序列数据进行 $\text{ARIMA}(p, d, q)$ 建模时, 有时会遇到所谓的缺省自回归系数或移动平均系数的情况.

图 5.11　2016 年我国第三产业增加值的预测图

一般来讲, ARIMA(p, d, q) 模型是指序列进行 d 阶差分之后会得到一个自回归阶数为 p, 移动平均阶数为 q 的自回归移动平均模型, 它包含了 $p+q$ 个未知参数: $\phi_1, \phi_2, \cdots, \phi_p, \theta_1, \theta_2, \cdots, \theta_q$. 如果这 $p+q$ 个参数中有部分为 0, 那么称原 ARIMA(p, d, q) 模型为**疏系数模型**. 如果只是自回归系数中有部分缺省, 那么该疏系数模型简记为

$$\text{ARIMA}((p_1, p_2, \cdots, p_l), d, q),$$

其中 $p_1, p_2, \cdots, p_l$ 为非零的自回归系数; 如果只是移动平均系数中有部分缺省, 那么该疏系数模型简记为

$$\text{ARIMA}(p, d, (q_1, q_2, \cdots, q_m)),$$

其中 $q_1, q_2, \cdots, q_m$ 为非零的移动平均系数; 如果自回归系数中和移动平均系数中都有部分缺省, 那么该疏系数模型简记为

$$\text{ARIMA}((p_1, p_2, \cdots, p_l), d, (q_1, q_2, \cdots, q_m)).$$

在 R 语言中, 使用函数 arima() 来拟合 ARIMA 疏系数模型. 函数 arima() 拟合疏系数模型的命令格式如下:

```
arima(x, order=, method=, transform.pars=, fixed=)
```

该函数的参数说明 (仅说明后两个参数的使用):

- **transform.pars**: 指定参数估计是否由系统自动完成. transform.pars=T 表示系统根据 order 选项设置的模型阶数自动完成参数估计. 这是系统默认设置. transform.pars=F 表示需要拟合疏系数模型.

- **fixed**: 对疏系数模型指定疏系数的位置.

例 5.6　对 1996 年至 2015 年, 我国农业受水灾面积序列进行分析, 建立 ARIMA 模型, 并预测未来 3 年的受水灾面积大小 (单位: 千公顷).

解　读取数据, 并做出序列时序图. 具体命令如下, 运行结果见图 5.12 和图 5.13.

```
> x <- read.csv("E:/DATA/CHAP5/e5.3.csv",header=T)
> shuizai <- ts(x$SY,start=1996)
> par(mfrow=c(1,2))
> plot(shuizai,type="o",col="blue")
> dshuizai <- diff(shuizai);plot(dshuizai,type="o",col="blue")
```

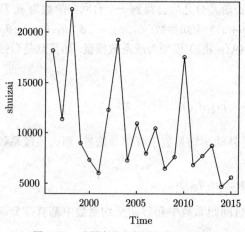

图 5.12　我国农业水灾面积序列时序图

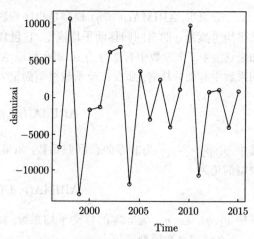

图 5.13　我国农业水灾面积差分序列时序图

观察图 5.12, 可见我国近 20 年来农业水灾面积呈现明显下滑趋势. 所以, 进行 1 阶差分提取线性趋势, 并绘制差分序列时序图. 图 5.13 表明, 1 阶差分序列呈现平稳趋势. 接下来, 绘制自相关图和偏自相关图. 具体命令如下, 运行结果见图 5.14 和图 5.15.

```
> acf(dshuizai,lwd=2,col="red")
> pacf(dshuizai,lwd=2,col="blue")
```

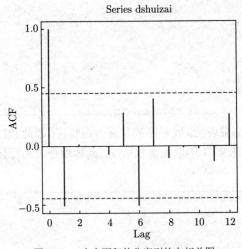

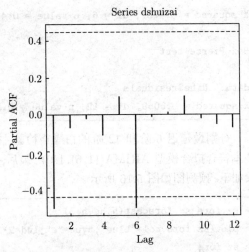

图 5.14　水灾面积差分序列的自相关图　　　图 5.15　水灾面积差分序列的偏自相关图

从图 5.14 和图 5.15 知, 可对该序列尝试进行疏系数模型拟合. 再考虑到自相关函数在 6 阶之后拖尾, 而偏自相关函数在 6 阶之后截尾, 所以选用模型 ARIMA$((1,6),1,0)$ 进行数据拟合, 并且对拟合结果的残差进行白噪声检验. 具体命令及运行结果如下:

```
> Nihe <- Arima(shuizai,order=c(6,1,0),transform.pars = F,fixed=
+ c(NA,0,0,0,0,NA))
> Nihe
Series: shuizai
ARIMA(6,1,0)

Coefficients:
        ar1   ar2  ar3  ar4  ar5     ar6
    -0.2529    0    0    0    0  -0.6172
s.e. 0.1686    0    0    0    0   0.1869

sigma^2 estimated as 29948231:  log likelihood=-188.63
AIC=383.26   AICc=384.86   BIC=386.1
> for(i in 1:2)print(Box.test(Nihe$residuals,lag=6*i))


Box-Pierce test


data:  Nihe$residuals
```

```
X-squared = 5.4781, df = 6, p-value = 0.4841

Box-Pierce test

data:  Nihe$residuals
X-squared = 6.5059, df = 12, p-value = 0.8885
```

　　分别做延迟 6 阶和 12 阶的白噪声检验. 检验结果表明, 残差序列显著为白噪声, 因此数据基本符合拟合模型 ARIMA$((1,6),1,0)$. 最后, 预测未来 3 年水灾面积情况. 具体命令及运行结果如下, 预测图如图 5.16 所示.

```
> sz.fore <- forecast(Nihe,h=3)
> plot(sz.fore,col="blue",type="o",lwd=2)
> sz.fore
     Point Forecast      Lo 80      Hi 80        Lo 95      Hi 95
2016      -725.4174  -7738.705   6287.871   -11451.316   10000.48
2017      7459.2924  -1295.300  16213.885    -5929.702   20848.29
2018      4854.6304  -5585.674  15294.935   -11112.438   20821.70
```

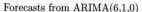

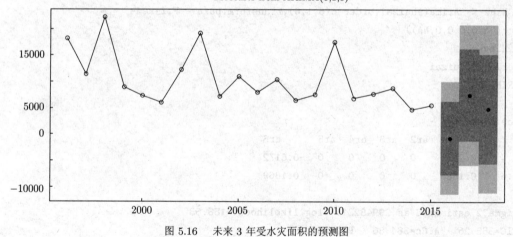

图 5.16　未来 3 年受水灾面积的预测图

5.3.4　求和自回归移动平均模型的预测理论

　　设 $\{x_t\}$ 服从 ARIMA(p,d,q) 模型, 则 x_t 的 d 阶差分序列 $\{\nabla^d x_t\}$ 服从平稳可逆的 ARMA(p,q) 模型, 即

$$\Phi(B)(1-B)^d x_t = \Theta(B)\varepsilon_t. \tag{5.10}$$

因此, 类似于 ARMA(p, q) 模型的传递形式, (5.10) 式可以写成

$$x_t = \sum_{i=0}^{\infty} G_i^* \varepsilon_{t-i} = \boldsymbol{G}^*(B)\varepsilon_t, \tag{5.11}$$

其中, $G_0^* = 1, \boldsymbol{G}^*(B)$ 满足

$$\Phi(B)(1-B)^d \boldsymbol{G}^*(B) = \Theta(B).$$

令广义自回归系数多项式 $\varphi(B)$ 为

$$\varphi(B) = 1 - \phi_1^* B - \phi_2^* B^2 - \cdots - \phi_{p+d}^* B^{p+d},$$

则由待定系数法得

$$\begin{cases} G_1^* = \phi_1^* - \theta_1; \\ G_2^* = \phi_1^* G_1^* + \phi_2^* - \theta_2; \\ \quad\vdots \\ G_k^* = \phi_1^* G_{k-1}^* + \cdots + \phi_{p+d}^* G_{k-p-d}^* - \theta_k \end{cases} \tag{5.12}$$

其中, 当 $k < 0$ 时, $G_k^* = 0$; 当 $k = 0$ 时, $G_k^* = 1$; 当 $k > q$ 时, $\theta_k = 0$.

根据 (5.11) 式知, x_{t+l} 的真实值为

$$x_{t+l} = (\varepsilon_{t+l} + G_1^* \varepsilon_{t+l-1} + \cdots + G_{l-1}^* \varepsilon_{t+1}) + (G_l^* \varepsilon_t + G_{l+1}^* \varepsilon_{t-1} + \cdots).$$

因为 $\varepsilon_{t+l}, \varepsilon_{t+l-1}, \cdots, \varepsilon_{t+1}$ 不可预测, 所以 x_{t+l} 只能用 $\varepsilon_t, \varepsilon_{t-1}, \cdots$ 来估计:

$$\hat{x}_{t+l} = \tilde{G}_0 \varepsilon_t + \tilde{G}_1 \varepsilon_{t-1} + \tilde{G}_2 \varepsilon_{t-2} + \cdots.$$

于是, 真实值与预测值之间的均方误差为

$$\mathrm{E}(x_{t+l} - \hat{x}_{t+l})^2 = (1 + G_1^{*2} + G_2^{*2} + \cdots + G_{l-1}^{*2})\sigma_\varepsilon^2 + \sum_{i=0}^{\infty} (G_{l+i}^* - \tilde{G}_i)^2 \sigma_\varepsilon^2.$$

为使均方误差最小, 当且仅当 $G_{l+i}^* = \tilde{G}_i$. 因此, 在均方误差最小原则下, l 期预测值为

$$\hat{x}_{t+l} = G_l^* \varepsilon_t + G_{l+1}^* \varepsilon_{t-1} + G_{l+2}^* \varepsilon_{t-2} + \cdots, \tag{5.13}$$

l 期预测误差为

$$e_t(l) = \varepsilon_{t+l} + G_1^* \varepsilon_{t+l-1} + \cdots + G_{l-1}^* \varepsilon_{t+1}.$$

真实值等于预测值加上预测误差

$$x_{t+l} = (\varepsilon_{t+l} + G_1^* \varepsilon_{t+l-1} + \cdots + G_{l-1}^* \varepsilon_{t+1}) + (G_l^* \varepsilon_t + G_{l+1}^* \varepsilon_{t-l} + \cdots)$$
$$= e_t(l) + \hat{x}_{t+l},$$

l 期的预测误差的方差为

$$\mathrm{Var}[e_t(l)] = (1 + G_1^{*2} + G_2^{*2} + \cdots + G_{l-1}^{*2})\sigma_\varepsilon^2. \tag{5.14}$$

在实际的预测中, 一般不会使用预测公式 (5.13), 而是根据模型递推. 但是预测误差却可由公式 (5.14) 给出.

例 5.7 已知某序列服从 ARIMA(1,1,1) 模型: $(1 + 0.5B)(1 - B)x_t = (1 - 0.8B)\varepsilon_t$, 且 $x_1 = 3.9, x_2 = 4.8, \varepsilon_2 = 0.6, \sigma_\varepsilon^2 = 1$, 求: x_5 的 95% 的置信区间.

解 将原模型写成:

$$x_t = 0.5x_{t-1} + 0.5x_{t-2} + \varepsilon_t - 0.8\varepsilon_{t-1},$$

得到预测递推公式

$$\hat{x}_3 = 0.5x_2 + 0.5x_1 + \varepsilon_2 = 4.95,$$
$$\hat{x}_4 = 0.5\hat{x}_3 + 0.5x_2 = 4.875,$$
$$\hat{x}_5 = 0.5\hat{x}_4 + 0.5\hat{x}_3 = 4.9125.$$

由模型的广义自回归系数多项式

$$\varphi(B) = 1 - 0.5B - 0.5B^2,$$

得 $\phi_1^* = 0.5, \phi_2^* = 0.5$. 根据 (5.12) 式得 $G_1^* = -0.3, G_2^* = -1.34$. 第 5 期预测误差的方差为

$$\mathrm{Var}[e_2(3)] = (1 + G_1^{*2} + G_2^{*2})\sigma_\varepsilon^2 = 2.8856.$$

x_5 的 95% 的置信区间为 $(\hat{x}_5 - 1.96\sqrt{\mathrm{Var}[e_2(3)]}, \quad \hat{x}_5 + 1.96\sqrt{\mathrm{Var}[e_2(3)]})$, 即 $(1.583, \quad 8.242)$.

5.4 残差自回归模型

我们知道, 对序列进行 1 阶差分可以消除线性趋势; 进行 2 阶、3 阶等低阶向后差分可以消除曲线趋势, 但是我们也同时分析了这样做会有过差分的风险, 即人为造成的非平稳或 "不好" 的信息. 因此, 在进行 ARIMA 建模时, 一方面要看到差分运算能够充分提取确定性信息, 另一方面也要看到差分运算解释性不强, 同时有过差分风险.

当序列呈现出很强烈的趋势时, 传统的消除确定性趋势的方法显示出一定的优越性, 但是又担心可能浪费残差信息. 不过当残差中含有自相关关系时, 可继续对残差序列建立自回归模型, 这样就自然地提出了残差自回归模型.

5.4.1 残差自回归模型的概念

根据数据分解的形式, 当序列的长期趋势非常显著时, 我们可以将序列分解为

$$x_t = T_t + S_t + \varepsilon_t, \tag{5.15}$$

其中, T_t 为长期的递增或递减趋势, S_t 为季节变化.

一般来讲, (5.15) 式中的趋势项 T_t 和 S_t 不一定能够把数据中的确定性信息充分提取. 当残差中含有显著的自相关关系时, 进一步对残差序列进行自回归拟合, 从而再次提取相关信息. 于是得到如下残差自回归模型的概念.

我们称具有下列结构的模型为**残差自回归模型**:

$$\begin{cases} x_t = T_t + S_t + \varepsilon_t; \\ \varepsilon_t = \phi_1 \varepsilon_{t-1} + \cdots + \phi_p \varepsilon_{t-p} + \omega_t; \\ \mathrm{E}(\omega_t) = 0, \mathrm{Var}(\omega_t) = \sigma^2, \mathrm{Cov}(\omega_t, \ \omega_{t-k}) = 0, \quad k \geqslant 1. \end{cases} \tag{5.16}$$

在建模中, 对趋势项 T_t 的拟合有两种常用形式:

$$T_t = \alpha_0 + \alpha_1 t + \cdots + \alpha_k t^k$$

和

$$T_t = \alpha_0 + \alpha_1 x_{t-1} + \cdots + \alpha_k x_{t-k}.$$

对季节变化项 S_t 的拟合也有两种常用形式:

$$S_t = S_t'$$

和

$$S_t = \alpha_0 + \alpha_1 x_{t-m} + \cdots + \alpha_k x_{t-km},$$

其中 S_t' 为季节指数; m 为季节变化的周期.

在进行残差自回归模型建模时, 首先拟合趋势项和季节变化项, 然后进行残差检验. 当残差序列自相关性不显著时, 则建模结束; 当残差序列自相关性显著时, 再对残差进行建模. 残差的建模步骤与 ARIMA 模型建模步骤一致.

5.4.2　残差的自相关检验

1. Durbin-Watson 检验

我们可以使用由 J.Durbin 和 G. S. Watson 于 1950 年提出的所谓 Durbin-Watson 检验 (简称 DW 检验) 来检验序列残差的自相关性. 下面以 1 阶自相关性检验为例介绍 DW 检验原理.

原假设 $\mathbf{H}_0$: 　残差序列不存在 1 阶自相关性: $\mathrm{E}(\varepsilon_t \varepsilon_{t-1}) = 0$, 即 $\rho(1) = 0$;

备择假设 $\mathbf{H}_1$: 　残差序列存在 1 阶自相关性: $\mathrm{E}(\varepsilon_t \varepsilon_{t-1}) \neq 0$, 即 $\rho(1) \neq 0$.

构造 DW 检验统计量:

$$DW = \frac{\sum_{t=2}^{n}(\varepsilon_t - \varepsilon_{t-1})^2}{\sum_{t=1}^{n}\varepsilon_t^2}. \tag{5.17}$$

当观测样本 n 很大时, 有

$$\sum_{t=2}^{n}\varepsilon_t^2 \approx \sum_{t=2}^{n}\varepsilon_{t-1}^2 \approx \sum_{t=1}^{n}\varepsilon_t^2. \tag{5.18}$$

将 (5.18) 式代入 (5.17) 式得

$$DW \approx 2\left(1 - \frac{\sum_{t=2}^{n}\varepsilon_t \varepsilon_{t-1}}{\sum_{t=1}^{n}\varepsilon_t^2}\right).$$

回顾自相关函数的定义, 得

$$\rho(1) = \frac{\sum_{t=2}^{n} \varepsilon_t \varepsilon_{t-1}}{\sum_{t=1}^{n} \varepsilon_t^2},$$

于是, 有

$$DW \approx 2[1 - \rho(1)].$$

由于自相关函数的范围为 $[-1, 1]$, 所以 DW 的范围也大约介于 $[0, 4]$.

(1) 当 $0 < \rho(1) \leqslant 1$ 时, 序列正相关.

当 $\rho(1) \to 1$ 时, $DW \to 0$; 当 $\rho(1) \to 0$ 时, $DW \to 2$. 由此可确定两个临界值 $0 \leqslant m_\mathrm{L}, m_\mathrm{U} \leqslant 2$. 当 $DW < m_\mathrm{L}$ 时, 序列显著正相关; 当 $DW > m_\mathrm{U}$ 时, 序列显著不相关; 当 $m_\mathrm{L} \leqslant DW \leqslant m_\mathrm{U}$ 时, 无法断定序列的相关性.

(2) 当 $-1 < \rho(1) \leqslant 0$ 时, 序列负相关.

当 $\rho(1) \to -1$ 时, $DW \to 4$; 当 $\rho(1) \to 0$ 时, $DW \to 2$. 同样由此可确定两个临界值 $2 \leqslant m_\mathrm{L}^*, m_\mathrm{U}^* \leqslant 4$. 当 $DW > m_\mathrm{U}^*$ 时, 序列显著负相关; 当 $DW < m_\mathrm{L}^*$ 时, 序列显著不相关; 当 $m_\mathrm{L}^* \leqslant DW \leqslant m_\mathrm{U}^*$ 时, 无法断定序列的相关性.

根据 $\rho(1)$ 的对称性, 可令

$$\begin{cases} 2 - m_\mathrm{U} = m_\mathrm{L}^* - 2; \\ 2 - m_\mathrm{L} = m_\mathrm{U}^* - 2, \end{cases}$$

则

$$\begin{cases} m_\mathrm{L}^* = 4 - m_\mathrm{U}; \\ m_\mathrm{U}^* = 4 - m_\mathrm{L}. \end{cases}$$

由此得到相关性判断表 (见表 5.1).

表 5.1 相关性判断表

DW 的取值区间	$(0, m_\mathrm{L})$	$[m_\mathrm{L}, m_\mathrm{U}]$	$(m_\mathrm{U}, 4 - m_\mathrm{U})$	$[4 - m_\mathrm{U}, 4 - m_\mathrm{L}]$	$(4 - m_\mathrm{L}, 4)$
序列相关性	正相关	相关性待定	不相关	相关性待定	负相关

2. Durbin h 检验

DW 统计量是为回归模型残差自相关性的检验而提出, 它要求自变量 "独立". 在自回归情

况下, 即当回归因子包含延迟因变量时, 有

$$x_t = a_0 + a_1 x_{t-1} + \cdots + a_k x_{t-k} + \varepsilon_t.$$

此时, 残差序列 $\{\varepsilon_t\}$ 的 DW 统计量是个有偏的统计量. 因而, 当 $\rho(1)$ 趋于零时, $DW \neq 2$. 在这种情况下, 使用 DW 统计量会导致残差序列自相关性不显著的误判.

为了克服 DW 检验的有偏性, Durbin 提出了 DW 统计量的修正统计量:

$$D_h = DW \frac{n}{1 - n\sigma_a^2},$$

式中, n 为观察值序列的长度; σ_a^2 为延迟因变量系数的最小二乘估计的方差. 这大大提高了检验的精度.

5.4.3　残差自回归模型建模

本小节, 举例说明残差自回归模型建模.

例 5.8　分析 1882 年至 1936 年苏格兰离婚数序列, 并建立残差自回归模型.

解　读取数据, 并绘制时序图. 从时序图分析, 该序列有显著的线性递增趋势, 但没有季节效应. 因此, 考虑建立如下结构的残差自回归模型:

$$\begin{cases} x_t = T_t + \varepsilon_t; \\ \varepsilon_t = \phi_1 \varepsilon_{t-1} + \cdots + \phi_p \varepsilon_{t-p} + \omega_t; \\ \mathrm{E}(\omega_t) = 0, \mathrm{Var}(\omega_t) = \sigma^2, \mathrm{Cov}(\omega_t,\ \omega_{t-k}) = 0, \quad k \geqslant 1. \end{cases}$$

对 T_t 分别尝试构造如下两个确定性趋势:

(1) 变量为时间 t 的线性函数

$$T_t = \alpha_0 + \alpha_1 \cdot t, \quad t = 1, 2, \cdots;$$

(2) 变量为 1 阶延迟序列值 x_{t-1}

$$T_t = \alpha_0 + \alpha_1 \cdot x_{t-1}.$$

具体命令及运行结果如下, 趋势拟合图如图 5.17 所示.

```
> x <- read.csv("E:/DATA/CHAP5/e5.8.csv",header=T)
> Divorces <- ts(x$Divorces,start=1882)
> plot(Divorces,type="p",col="blue",pch=20)    #绘制时序图
> t <- 1:55
> x.fix1 <- lm(Divorces~t)                      #线性拟合
> summary(x.fix1)


Call:
lm(formula = Divorces ~ t)


Residuals:
    Min      1Q  Median      3Q     Max
-88.329 -43.110  -4.268  33.263 125.234


Coefficients:
            Estimate Std. Error t value Pr(>|t|)
(Intercept)   -3.293     14.421  -0.228     0.82
t              9.812      0.448  21.900   <2e-16 ***
---
Signif. codes:
0 '***' 0.001 '**' 0.01 '*' 0.05 '.' 0.1 ' ' 1


Residual standard error: 52.75 on 53 degrees of freedom
Multiple R-squared:  0.9005,    Adjusted R-squared:  0.8986
F-statistic: 479.6 on 1 and 53 DF,  p-value: < 2.2e-16


> LI <- ts(x.fix1$fitted.values,start=1882)
> lines(LI,col="red",lwd=2)                     #绘制线性拟合图
> X1 <- Divorces[2:55]
> X2 <- Divorces[1:54]
> x.fit2 <- lm(X2~X1)                           #自回归拟合
> summary(x.fit2)


Call:
lm(formula = X2 ~ X1)


Residuals:
```

```
      Min        1Q    Median        3Q       Max
-160.384   -21.735    -1.087    13.487   137.268


Coefficients:
            Estimate Std. Error t value Pr(>|t|)
(Intercept)  11.6956    13.1215   0.891    0.377
X1            0.9189     0.0410  22.412   <2e-16 ***
---
Signif. codes:
0 '***' 0.001 '**' 0.01 '*' 0.05 '.' 0.1 ' ' 1


Residual standard error: 49.21 on 52 degrees of freedom
Multiple R-squared: 0.9062,    Adjusted R-squared:  0.9044
F-statistic: 502.3 on 1 and 52 DF,  p-value: < 2.2e-16

> AR <- ts(x.fit2$fitted.values,start=1882)
> lines(AR,type="o")                    #绘制自回归拟合图
```

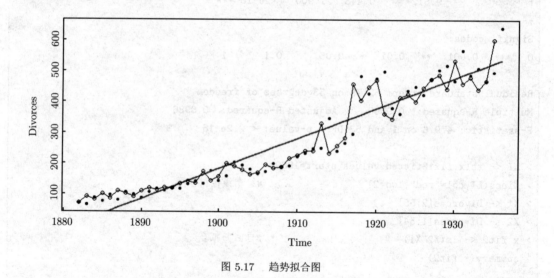

图 5.17   趋势拟合图

在图 5.17 中, 点状图为序列时序图; 直线为关于时间 t 的线性拟合图; 曲线为关于延迟变量的自回归拟合图.

根据输出结果, 得到如下两个确定性趋势拟合模型:

(1) $x_t = -3.293 + 9.812t + \varepsilon_t, \quad \varepsilon_t \sim N(0, 52.75^2)$

(2) $x_t = 11.6956 + 0.9189 x_{t-1} + \varepsilon_t, \quad \varepsilon_t \sim N(0, 49.21^2)$.

在 R 语言中, 使用函数 dwtest() 对残差作 DW 检验. 检验之前, 首先安装并下载程序包 lmtest. 函数 dwtest() 的命令格式如下:

```
dwtest(x.fix,order.by=)
```

该函数的参数说明:

- **x.fix**: 为拟合结果变量名.

- **order.by**: order.by 的取值为延迟因变量, 默认值为无延迟情形.

对残差做 DW 检验的命令及运行结果如下:

```
> dwtest(x.fix1)

Durbin-Watson test

data:  x.fix1
DW = 0.91823, p-value = 2.818e-06
alternative hypothesis: true autocorrelation is greater than 0


> dwtest(x.fit2,order.by=X1)

Durbin-Watson test

data:  x.fit2
DW = 1.8349, p-value = 0.2253
alternative hypothesis: true autocorrelation is greater than 0
```

对拟合 (1) 的残差检验表明, DW 统计量的值小于 1, 且 p 很小. 这说明残差序列高度正相关, 有必要对残差序列继续提取信息. 对拟合 (2) 的残差检验表明, DW 统计量的值接近 2, 且 p 大于 0.05, 说明残差序列不存在显著的相关性, 不需要再进行拟合.

下面对 (1) 的残差序列拟合自相关模型. 首先对残差序列作自相关函数图和偏自相关图. 具体命令如下, 运行结果如图 5.18 和图 5.19 所示.

```
> par(mfrow=c(1,2))
> acf(x.fix1$residuals)
> pacf(x.fix1$residuals)
```

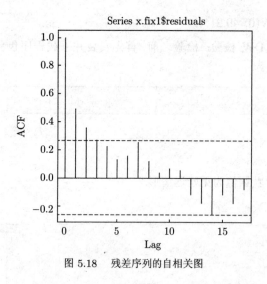

图 5.18   残差序列的自相关图

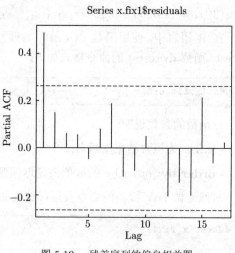

图 5.19   残差序列的偏自相关图

由图 5.18 的拖尾性和图 5.19 的 1 阶截尾性知, 可以用 AR(1) 建模. 具体的建模命令及运行结果如下:

```
> r.fit <- Arima(x.fix1$residuals,order=c(1,0,0),include.mean=F)
> r.fit
Series: x.fix1$residuals
ARIMA(1,0,0) with zero mean

Coefficients:
         ar1
      0.5344
s.e.  0.1196


sigma^2 estimated as 2001:  log likelihood=-286.75
AIC=577.5    AICc=577.73    BIC=581.51
> for(i in 1:2)print(Box.test(r.fit$residuals,lag=6*i))

Box-Pierce test

data:  r.fit$residuals
X-squared = 1.4962, df = 6, p-value = 0.9597

Box-Pierce test
```

```
data:  r.fit$residuals
X-squared = 6.2098, df = 12, p-value = 0.9051
```

拟合结果为

$$\varepsilon_t = 0.5344\varepsilon_{t-1} + \omega_t, \quad \omega_t \sim N(0, 2001).$$

模型显著性检验显示该拟合模型显著成立.

综合前面的分析, 对 1882 年至 1936 年苏格兰离婚数序列, 我们建立如下残差自回归模型:

$$\begin{cases} x_t = -3.293 + 9.812t + \varepsilon_t \\ \varepsilon_t = 0.5344\varepsilon_{t-1} + \omega_t, \quad \omega_t \sim N(0, 2001). \end{cases}$$

习题 5

1. 简述差分运算的本质和趋势信息提取的关系.

2. 举例说明过差分现象产生的本质以及如何最大程度地避免过差分现象发生.

3. 举例说明 ARIMA 模型的建模过程和预测理论.

4. 举例说明为何要建立残差自回归模型?

5. 将下列模型识别成特定的 ARIMA 模型, 请写出 p, d, q 的值和各项系数的值.

(1) $x_t = x_{t-1} - 0.25x_{t-2} + \varepsilon_t - 0.1\varepsilon_{t-1}$;

(2) $x_t = 0.5x_{t-1} - 0.5x_{t-2} + \varepsilon_t - 0.5\varepsilon_{t-1} + 0.25\varepsilon_{t-2}$.

6. 获得 100 个 ARIMA$(0, 1, 1)$ 模型的序列观察值 $x_1, x_2, \cdots, x_{100}$.

(1) 已知 $\theta_1 = 0.3, x_{100} = 50, \hat{x}_{101} = 51$, 求 $\hat{x}_{102}$ 的值.

(2) 假定新获得 $x_{101} = 52$, 求 $\hat{x}_{102}$ 的值.

7. 已知下列 ARIMA 模型, 试求 $\mathrm{E}\nabla x_t$ 与 $\mathrm{Var}(\nabla x_t)$.

(1) $x_t = 3 + x_{t-1} + \varepsilon_t - 0.75\varepsilon_{t-1}$;

(2) $x_t = 10 + 1.25x_{t-1} - 0.25x_{t-2} + \varepsilon_t - 0.1\varepsilon_{t-1}$;

(3) $x_t = 5 + 2x_{t-1} - 1.7x_{t-2} + 0.7x_{t-3} + \varepsilon_t - 0.5\varepsilon_{t-1} + 0.25\varepsilon_{t-2}$.

8. 已知一个序列 $\{y_t\}$ 由

$$y_t = a_0 + a_1 t + x_t$$

给出, 其中 $\{x_t\}$ 是一个随机游走序列, 并假设 a_0 与 a_1 是常数.

(1) $\{y_t\}$ 是否是平稳的?

(2) $\{\nabla y_t\}$ 是否是平稳的?

9. 已知 ARIMA$(1,1,1)$ 模型为

$$(1 - 0.8B)(1 - B)x_t = (1 - 0.6B)\varepsilon_t,$$

且 $x_{t-1} = 4.5, x_t = 5.3, \varepsilon_t = 0.8, \sigma^2 = 1$, 求 x_{t+3} 的 95% 的置信区间.

10. 表 5.2 是某股票若干天的收盘价 (单位: 元)

表 5.2　某股票的收盘价 (行数据)

304	303	307	299	296	293	301	293	301	295	284	286	286	287
284	282	278	277	270	278	270	268	272	273	279	279	280	275
271	277	278	279	283	283	282	283	279	280	280	279	278	283
278	270	275	273	272	273	270	273	271	272	271	273	277	274
272	282	282	292	295	295	294	290	291	288	288	290	293	288
289	291	293	293	290	273	288	287	289	292	288	288	285	282

请选择适当的模型拟合该序列, 并预测未来 5 天的收盘价.

11. 请从网站: https://fred.stlouisfed.org/ 下载一些数据, 并选择适当的模型拟合它.

第 6 章　季节模型

6.1　简单季节自回归移动平均模型

在应用时间序列的很多领域中, 特别是许多商业和经济领域中的数据都呈现出每隔一段时间重复、循环的季节现象. 在前面, 我们曾用确定性趋势方法对这类季节性数据建模, 但是这样建立起来的确定性季节模型不能充分解释此类时间序列的行为, 而且模型残差仍然在许多滞后点高度自相关. 从本节开始介绍随机季节模型, 可以看到该模型可以很好地拟合季节性数据, 有效地克服确定性季节模型的不足. 首先讨论平稳季节模型, 之后再研究非平稳的情况.

6.1.1　季节移动平均模型

一般地, 用 s 表示季节周期: $s = 12$ 表示月度数据, $s = 4$ 表示季度数据.

考虑由下式生成的时间序列:

$$y_t = \varepsilon_t + \theta\varepsilon_{t-12},$$

注意到

$$\mathrm{Cov}(y_t,\, y_{t-i}) = \mathrm{Cov}(\varepsilon_t + \theta\varepsilon_{t-12},\, \varepsilon_{t-i} + \theta\varepsilon_{t-12-i}) = 0, \quad i = 1, 2, \cdots, 11.$$

$$\mathrm{Cov}(y_t,\, y_{t-12}) = \mathrm{Cov}(\varepsilon_t + \theta\varepsilon_{t-12},\, \varepsilon_{t-12} + \theta\varepsilon_{t-24}) = \theta\sigma_\varepsilon^2.$$

易见, 序列 $\{y_t\}$ 平稳且仅在延迟 12 期才具有非零自相关函数.

概括上述想法, 我们称具有如下结构的模型为**季节周期为 s 的 q 阶季节移动平均模型**, 简记为 $\mathrm{MA}(q)_s$,

$$y_t = \varepsilon_t - \theta_1 \varepsilon_{t-s} - \theta_2 \varepsilon_{t-2s} - \cdots - \theta_q \varepsilon_{t-qs},$$

其**季节移动平均 (MA) 系数多项式**为

$$\Theta(B) = 1 - \theta_1 B^s - \theta_2 B^{2s} - \cdots - \theta_q B^{qs}.$$

若 $\Theta(B) = 0$ 的根都在单位圆外, 则该模型可逆. 显然, 该序列总是平稳的, 且其自相关函数只在 $s, 2s, 3s, \cdots, qs$ 等季节滞后点上非零. 特别地

$$\rho(ks) = \frac{\theta_k + \theta_1 \theta_{k+1} + \theta_2 \theta_{k+2} + \cdots + \theta_{q-k} \theta_q}{1 + \theta_1^2 + \theta_2^2 + \cdots + \theta_q^2}, \quad k = 1, 2, \cdots, q.$$

当然, 季节 $\mathrm{MA}(q)_s$ 模型可以看做阶数 qs 的非季节性 MA 模型的特例, 即后者除了在季节滞后点 $s, 2s, 3s, \cdots, qs$ 处非零外, 其余所有的 θ 值都取零.

6.1.2　季节自回归模型

类似地可定义季节自回归模型的概念. 首先考察一个特例. 考虑

$$y_t = \phi y_{t-12} + \varepsilon_t, \tag{6.1}$$

其中, $|\phi| < 1$, 且 ε_t 与 $y_{t-i}(i = 1, 2, 3, \cdots)$ 独立. 容易证明, $|\phi| < 1$ 保证了平稳性, 而且显然 $E(y_t) = 0$. (6.1) 式两边同时乘以 y_{t-k}, 取期望后, 再除以 $\gamma(0)$ 得

$$\rho(k) = \phi \rho(k - 12), \quad k \geqslant 1. \tag{6.2}$$

由 (6.2) 式得到

$$\rho(12) = \phi \rho(0) = \phi, \ \rho(24) = \phi \rho(12) = \phi^2, \cdots, \rho(12k) = \phi^k, \cdots.$$

在 (6.2) 式中, 分别令 $k = 1$ 和 $k = 11$, 由 $\rho(k) = \rho(-k)$ 得

$$\rho(1) = \phi \rho(11), \quad \rho(11) = \phi \rho(1).$$

从而 $\rho(1) = \rho(11) = 0$. 类似可证, 除了在季节滞后 $12, 24, 36, \cdots$ 处以外, $\rho(k)$ 全为零. 而滞后 $12, 24, 36, \cdots$ 期的自相关函数表现出类似 AR(1) 模型的指数衰减.

一般地, 我们称具有如下结构的模型为**季节周期为 s 的 p 阶季节自回归模型**, 简记为 $\mathrm{AR}(p)_s$,

$$y_t = \phi_1 y_{t-s} + \phi_2 y_{t-2s} + \cdots + \phi_p y_{t-ps} + \varepsilon_t, \tag{6.3}$$

其中, **季节自回归 (AR) 系数多项式**为

$$\Phi(B) = 1 - \phi_1 B^s - \phi_2 B^{2s} - \cdots - \phi_p B^{ps}.$$

若 $\Phi(B) = 0$ 全部根的绝对值均大于 1, 则该模型为平稳的. 模型 (6.3) 可以看做是一个阶数 ps 的特定 AR(p) 模型, 仅在季节滞后 $s, 2s, \cdots, ps$ 处才有非零的 ϕ 系数.

6.2 乘积季节自回归移动平均模型

将季节模型和非季节模型相结合, 可以构造出既包括季节延迟自相关又包括低阶临近延迟自相关的简约模型 —— 乘积季节模型.

考虑一个 MA 模型, 其系数多项式如下:

$$(1 + \theta B)(1 + \Theta B^{12}) = 1 + \theta B + \Theta B^{12} + \theta\Theta B^{13},$$

相应的时间序列模型为

$$y_t = \varepsilon_t + \theta\varepsilon_{t-1} + \Theta\varepsilon_{t-12} + \theta\Theta\varepsilon_{t-13}.$$

可验证此模型的自相关函数仅在延迟后 1, 11, 12, 13 期非零, 即

$$\gamma(0) = (1 + \theta^2)(1 + \Theta^2)\sigma_\varepsilon^2,$$

$$\rho(1) = \frac{\theta}{1 + \theta^2}, \quad \rho(12) = \frac{\Theta}{1 + \Theta^2}, \quad \rho(11) = \rho(13) = \frac{\theta\Theta}{(1 + \theta^2)(1 + \Theta^2)}.$$

将这种想法一般化, 可以构造一类乘积季节模型. 一般地, 称具有如下结构的模型为**季节周**

期为 s 的乘积季节 **ARMA**$(p,q) \times (P,Q)_s$ 模型:

$$\phi(B)\boldsymbol{\Phi}(B)x_t = \theta(B)\boldsymbol{\Theta}(B)\varepsilon_t, \quad \varepsilon_t \sim WN(0,\sigma^2),$$

其中, AR 系数多项式和 MA 系数多项式分别为 $\phi(B)\boldsymbol{\Phi}(B)$ 和 $\theta(B)\boldsymbol{\Theta}(B)$, 这里

$$\phi(B) = 1 - \phi_1 B - \phi_2 B^2 - \cdots - \phi_p B^p,$$

$$\boldsymbol{\Phi}(B) = 1 - \Phi_1 B^s - \Phi_2 B^{2s} - \cdots - \Phi_P B^{Ps},$$

$$\theta(B) = 1 - \theta_1 B - \theta_2 B^2 - \cdots - \theta_q B^q,$$

$$\boldsymbol{\Theta}(B) = 1 - \Theta_1 B^s - \Theta_2 B^{2s} - \cdots - \Theta_Q B^{Qs}.$$

乘积季节 ARMA$(p,q) \times (P,Q)_s$ 模型, 可以看做 AR 阶数为 $p+Ps$, MA 阶数为 $q+Qs$ 的 ARMA 模型的特例, 此模型仅有 $p+P+q+Q$ 个系数非零.

特别地, 当 $P = q = 1, p = Q = 0, s = 12$ 时, 我们得到 ARMA$(0,1) \times (1,0)_{12}$ 模型:

$$x_t = \Phi x_{t-12} + \varepsilon_t - \theta\varepsilon_{t-1}.$$

经过计算得到

$$\gamma(1) = \Phi\gamma(11) - \theta\sigma_\varepsilon^2,$$

且

$$\gamma(k) = \Phi\gamma(k-12), \quad k \geqslant 2.$$

进而可得

$$\gamma(0) = \left(\frac{1+\theta^2}{1-\Phi^2}\right)\sigma_\varepsilon^2, \quad \rho(12k) = \Phi^k, \quad \rho(12k-1) = \rho(12k+1) = -\frac{\theta}{1+\theta^2}\Phi^k, \quad k \geqslant 0.$$

当延迟阶数为其他值时, 自相关函数为零.

图 6.1 为 $\theta = \pm 0.4, \Phi = 0.7$ 时, 乘积季节 ARMA$(0,1) \times (1,0)_{12}$ 模型的自相关函数图. 对比两图可以发现, 包含自回归成分的乘积季节模型 ARMA$(0,1) \times (1,0)_{12}$ 模型的自相关函数并不会出现截尾特征, 而是在延迟 $12k-1, 12k$ 和 $12k+1$ $(k=1,2,\cdots)$ 快速衰减. 这是许多季节时间序列的样本自相关函数图的典型特征.

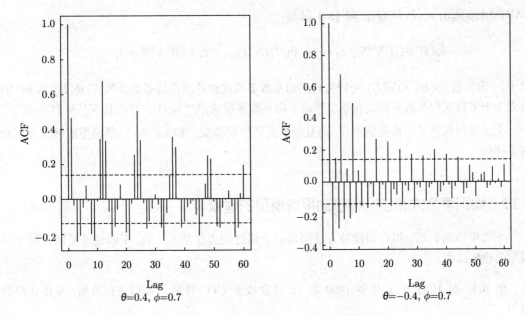

图 6.1 乘积季节 $\mathrm{ARMA}(0,1) \times (1,0)_{12}$ 模型的自相关图

6.3 季节求和自回归移动平均模型

6.3.1 乘积季节求和自回归移动平均模型

季节差分是非平稳季节序列建模的一个重要工具. 设 s 是一个季节时间序列 $\{x_t\}$ 的季节周期, 则它的周期为 s 的季节差分为

$$\nabla_s x_t = x_t - x_{t-s}.$$

值得注意的是, 长度为 n 的序列其季节差分序列的长度为 $n-s$, 即季节差分后丢失 s 个数据值.

对于一些非平稳的时间序列来讲, 经过 d 阶差分和 D 阶季节差分后, 可以变成平稳的时间序列 $\{y_t\}$, 即

$$y_t = \nabla^d \nabla_s^D x_t.$$

若 $\{y_t\}$ 满足季节周期为 s 的 $\mathrm{ARMA}(p,q) \times (P,Q)_s$ 模型, 那么称 $\{x_t\}$ 为**季节周期为 s、非季节阶数为 p, d, q、季节阶数为 P, D, Q 的乘积季节求和自回归移动平均模型**, 记作

$\mathrm{SARIMA}(p,d,q) \times (P,D,Q)_s$, 即 $\{x_t\}$ 满足

$$\phi(B)\boldsymbol{\Phi}(B)\nabla^d\nabla_s^D x_t = c + \theta(B)\boldsymbol{\Theta}(B)\varepsilon_t, \quad \varepsilon_t \sim WN(0,\sigma^2),$$

其中, c 为常数, $\phi(B)$ 和 $\theta(B)$ 分别为自回归系数多项式和移动平均系数多项式; $\boldsymbol{\Phi}(B)$ 和 $\boldsymbol{\Theta}(B)$ 分别为季节自回归系数多项式和季节移动平均系数多项式; $\nabla^d = (1-B)^d$ 且 $\nabla_s^D = (1-B^s)^D$.

上述模型包含了一族范围很广, 而且表示灵活的模型类. 实践表明, 这些模型能够充分拟合许多序列.

6.3.2 乘积季节求和自回归移动平均模型的建模

季节模型的识别、拟合和检验方法同以前介绍过的方法基本一致. 下面通过举例说明季节模型的建模过程.

例 6.1 对 1966 年 1 月至 1990 年 12 月夏威夷 CO_2 排放量数据进行分析, 并建立拟合模型.

解 下面我们按照建模步骤来分析 1966 年 1 月至 1990 年 12 月夏威夷 CO_2 排放量数据.

1. 模型识别

首先读入数据, 并绘制时序图. 根据图 6.2 中的时序图可知, 1966 年 1 月至 1990 年 12 月夏威夷 CO_2 排放量呈现季节性递增趋势. 然后, 对该排放量观察值序列进行 1 阶差分以消除线性递增趋势. 具体命令如下, 运行结果见图 6.2.

```
> co2 <- read.table(file="E:/DATA/CHAP6/1.csv",sep=",",header=T)
> co2 <- ts(co2$Carbondioxide,start=c(1966,1),frequency = 12)
> par(mfrow=c(2,1))
> plot(co2,lwd=2,col="blue",main="夏威夷二氧化碳排放量时序图")
> plot(diff(co2,1,1),lwd=2,main="夏威夷二氧化碳排放量一阶差分时序图")
```

由图 6.2 中的 1 阶差分时序图可见, 经过 1 阶差分运算, 该序列已无递增趋势, 但是有明显的季节性周期. 故继续对 1 阶差分序列作周期为 12 的季节差分, 并且绘制时序图. 具体命令如下, 运行结果见图 6.3.

```
> par(mfrow=c(1,1))
> x <- diff(diff(co2),12,1)
> plot(x)
```

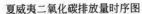

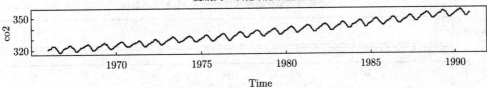

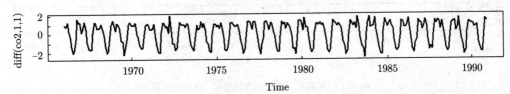

图 6.2　1966 年 1 月至 1990 年 12 月夏威夷 CO_2 排放量图

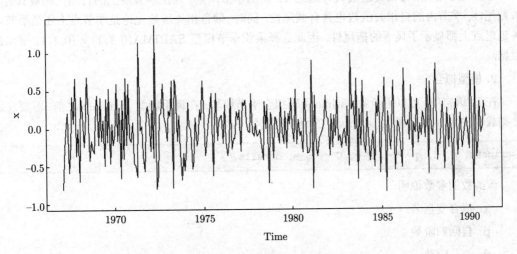

图 6.3　夏威夷二氧化碳排放量季节差分序列时序图

由图 6.3 中的季节差分时序图可见, 序列季节差分之后已经没有显著的季节性了, 并且表现出一定平稳序列的特征. 为了定阶, 做出差分序列的自相关函数图和偏自相关函数图. 具体命令如下, 运行结果如图 6.4 所示.

```
> par(mfrow=c(2,1))
> acf(as.vector(x),lag=60,main="夏威夷二氧化碳排放量差分序列自相关函数图")
> pacf(as.vector(x),lag=60,main="夏威夷二氧化碳排放量差分序列偏自相关函数图")
```

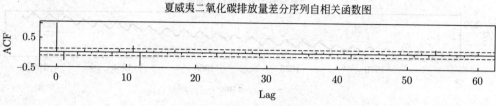

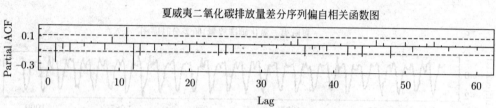

图 6.4　　夏威夷二氧化碳排放量差分序列相关图

从图 6.4 可见, 自相关函数具有延迟 12 期的季节周期, 且在季节点上的自相关函数具有 1 阶截尾性, 季节内的自相关函数也具有截尾性. 同时, 偏自相关函数无论是季节点上还是季节内各延迟点上都显示了显著的拖尾性. 因此选择乘积季节模型 SARIMA$(0,1,1) \times (0,1,1)$ 来拟合数据.

2. 模型拟合

在 R 语言中, 可以用函数 sarima() 来拟合季节模型. 在调用函数 sarima() 之前, 需要安装并加载程序包 astsa. 函数 sarima() 的命令格式如下:

```
sarima(x, p, d, q, P =, D =, Q =, S =, details =)
```

该函数的参数说明:

- **x**: 拟合变量名.

- **p**: 自回归阶数.

- **d**: 差分阶数.

- **q**: 移动平均阶数.

- **P**: 季节自回归阶数, 仅用于季节模型.

- **D**: 季节差分阶数, 仅用于季节模型.

- **Q**: 季节移动平均阶数, 仅用于季节模型.

- **S**: 季节周期数, 仅用于季节模型.

- **details**: 非线性优化结果输出按钮. details=TRUE 表示输出结果, 是默认值; details= FALSE 表示不输出结果.

用函数 sarima() 来拟合 1966 年 1 月至 1990 年 12 月夏威夷 CO_2 排放量数据. 具体命令及运行结果如下:

```
> co2.fix <- sarima(co2,0,1,1,P=0,D=1,Q=1,S=12,details=F)
> co2.fix
$fit

Call:
stats::arima(x = xdata, order = c(p, d, q), seasonal = list(order
    = c(P, D, Q), period = S), include.mean = !no.constant, optim
    .control = list(trace = trc, REPORT = 1, reltol = tol))

Coefficients:
         ma1      sma1
      -0.3369   -0.8614
s.e.   0.0624    0.0465

sigma^2 estimated as 0.07766: log likelihood = -48.72, aic = 103.45

$degrees_of_freedom
[1] 298
$ttable
     Estimate     SE  t.value p.value
ma1   -0.3369  0.0624  -5.4022       0
sma1  -0.8614  0.0465 -18.5082       0

$AIC
[1] -1.54205

$AICc
[1] -1.535113

$BIC
[1] -2.517358
```

根据拟合结果, 我们得到 1966 年 1 月至 1990 年 12 月夏威夷 CO_2 排放量数据拟合的时间序列模型为

$$(1 - B^{12})(1 - B)x_t = (1 + 0.8614B^{12})(1 + 0.3369B)\varepsilon_t, \quad \varepsilon_t \sim N(0, \ 0.07766). \quad (6.4)$$

也可看出, 移动平均系数和季节移动平均系数都显著异于零.

3. 诊断检验

从图 6.5 中可以看到, 标准化残差图、残差自相关图、QQ 图和 Ljung-Box 统计量图都显示残差不存在显著相关性, 即残差为白噪声序列. 因此拟合方程 (6.4) 通过诊断检验, 拟合效果良好.

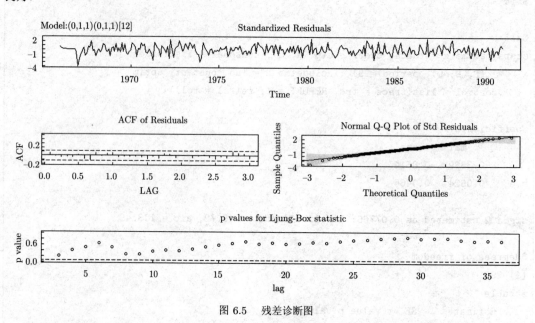

图 6.5　残差诊断图

6.4　季节求和自回归移动平均模型的预测

季节 ARIMA 模型预测的最简单方法是对模型递归地应用差分方程形式. 下面举例说明.

1. 季节 $AR(1)_{12}$ 模型的预测

季节 $AR(1)_{12}$ 模型为

$$x_t = \Phi x_{t-12} + \varepsilon_t,$$

于是可以得到向前 l 步的预测值为

$$\hat{x}_{t+l} = \Phi \hat{x}_{t+l-12}.$$

利用上式, 进行迭代得

$$\hat{x}_{t+l} = \Phi^{k+1} x_{t+l-12(k+1)}.$$

如果最后一个观测值在当年 12 月, 那么下一年 1 月的预测值为 Φ 乘以当年 1 月的观测值. 下一年 2 月的预测值为 Φ 乘以当年 2 月的观测值. 以此类推, 下一年 1 月的预测值为 Φ^2 乘以前年 1 月的观测值.

如果 $|\Phi| < 1$, 那么未来预测值以指数方式衰减. 根据 (5.14) 式可知, 预测方差可以写成

$$\mathrm{Var}[e_t(l)] = \frac{1 - \Phi^{2k+2}}{1 - \Phi^2}\sigma_\varepsilon^2,$$

其中 k 是 $(l-1)/12$ 的整数部分.

2. 季节 $\mathbf{MA(1)_{12}}$ 模型的预测

季节 $\mathrm{MA}(1)_{12}$ 模型为

$$x_t = \mu + \varepsilon_t + \Theta\varepsilon_{t-12}.$$

从而得其预测值为

$$\hat{x}_{t+1} = \mu + \Theta\varepsilon_{t-11}, \quad \hat{x}_{t+2} = \mu + \Theta\varepsilon_{t-10}, \quad \cdots, \quad \hat{x}_{t+12} = \mu + \Theta\varepsilon_t$$

和

$$\hat{x}_{t+l} = \mu, \quad l > 12.$$

可见, 该模型能够给出第一年中各个月份的不同预测值, 然而一年之后的所有的预测值都由序列均值给出. 同样由 (5.14) 式给出预测方差

$$\mathrm{Var}[e_t(l)] = \begin{cases} \sigma_\varepsilon^2, & 1 \leqslant l \leqslant 12, \\ (1+\Theta^2)\sigma_\varepsilon^2, & l > 12. \end{cases}$$

3. $\mathbf{SARIMA(0,1,1) \times (1,0,1)_{12}}$ 模型的预测

$\mathrm{SARIMA}(0,1,1) \times (1,0,1)_{12}$ 模型:

$$x_t - x_{t-1} = \phi(x_{t-12} - x_{t-13}) + \varepsilon_t - \theta\varepsilon_{t-1} - \Theta\varepsilon_{t-12} + \theta\Theta\varepsilon_{t-13}.$$

由上式可得

$$x_t = x_{t-1} + \phi x_{t-12} - \phi x_{t-13} + \varepsilon_t - \theta\varepsilon_{t-1} - \Theta\varepsilon_{t-12} + \theta\Theta\varepsilon_{t-13}.$$

于是当前时刻 t 的下一步预测值为

$$\hat{x}_{t+1} = x_t + \phi x_{t-11} - \phi x_{t-12} - \theta\varepsilon_t - \Theta\varepsilon_{t-11} + \theta\Theta\varepsilon_{t-12}.$$

再下一步的预测值为

$$\hat{x}_{t+2} = \hat{x}_{t+1} + \phi x_{t-10} - \phi x_{t-11} - \Theta \varepsilon_{t-10} + \theta \Theta \varepsilon_{t-11}.$$

以此类推, 向前预测 l ($l = 1, 2, \cdots, 13$) 步时, 噪声项 $\varepsilon_{t-13}, \varepsilon_{t-12}, \cdots, \varepsilon_t$ 进入预测表达式, 但是对于 $l > 13$, 有回归公式

$$\hat{x}_{t+l} = \hat{x}_{t+l-1} + \phi \hat{x}_{t+l-12} - \phi \hat{x}_{t+l-13}, \quad l > 13.$$

4. SARIMA$(0, 0, 0) \times (0, 1, 1)_{12}$ 模型的预测

SARIMA$(0, 0, 0) \times (0, 1, 1)_{12}$ 模型为

$$x_t - x_{t-12} = \varepsilon_t - \Theta \varepsilon_{t-12}.$$

或者将上式写成

$$x_{t+l} = x_{t+l-12} + \varepsilon_{t+l} - \Theta \varepsilon_{t+l-12}.$$

因此

$$\hat{x}_{t+1} = x_{t-11} - \Theta \varepsilon_{t-11}, \quad \hat{x}_{t+2} = x_{t-10} - \Theta \varepsilon_{t-10}, \quad \cdots, \quad \hat{x}_{t+12} = x_t - \Theta \varepsilon_t.$$

并且

$$\hat{x}_{t+l} = \hat{x}_{t+l-12}, \quad l > 12.$$

据此, 我们可以得到所有 1 月的预测, 同样可以得到所有 2 月的预测, 等等.

在 R 语言中, 可以用函数 sarima.for() 来预测季节模型. 在调用函数 sarima.for() 之前, 需要安装并加载程序包 astsa. 函数 sarima.for() 的命令格式以及主要参数使用方法与函数 sarima() 几乎一样, 故略去.

例 6.2　选择模型 SARIMA$(0, 1, 1) \times (0, 1, 1)_{12}$ 拟合 1966 年 1 月至 1990 年 2 月夏威夷 CO_2 排放量数据. 预测 1990 年 3 月至 1990 年 12 月的排放量, 并与实际值对比.

解　读入数据, 并且截取 1966 年 1 月至 1990 年 2 月的排放量数据, 应用截取的数据拟合模型 SARIMA$(0, 1, 1) \times (0, 1, 1)_{12}$. 具体命令如下, 运行结果如图 6.6 所示.

```
> co2 <- read.table(file="E:/DATA/CHAP6/1.csv",sep=",",header=T)
> co2 <- ts(co2$Carbondioxide,start=c(1966,1),frequency = 12)
> pco2 <- window(co2,start=c(1966,1),end=c(1990,2))        #截取数据
> co2.fore <- sarima.for(pco2,10,0,1,1,P=0,D=1,Q=1,S=12)#作10期预测
```

将二氧化碳排放量的预测值与实际值进行比较. 具体命令如下, 运行结果见图 6.7.

```
> EXP <- c("实际值","预测值")
> ts.plot(co2,co2.fore$pred,gpars=list(lty=c(1,2)),col=c("red",
+ "blue"),lwd=c(1,3))
> legend(x="topleft",EXP,lty=c(1,2))
```

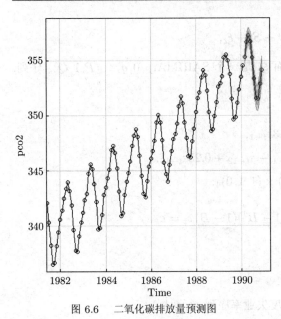

图 6.6 二氧化碳排放量预测图

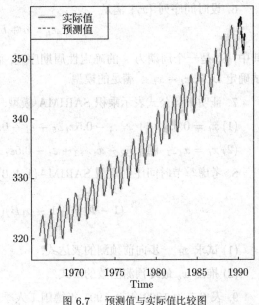

图 6.7 预测值与实际值比较图

习题 6

1. 举例说明季节时间序列的特点, 并且阐释确定性季节模型和随机季节模型的异同.

2. 已知季节模型 $x_t = \phi x_{t-4} + \varepsilon_t - \theta \varepsilon_{t-1}$, 其中 $|\phi| < 1$, 求 $\gamma(0)$ 和 $\rho(k)$.

3. 计算下列季节时间序列模型的自相关函数:

(1) $x_t = (1 + \theta_1 B)(1 + \Theta_1 B^s)\varepsilon_t$;

(2) $(1 - \Phi_1 B^s)x_t = (1 + \theta_1 B)\varepsilon_t$.

4. 假设时间序列 $\{x_t\}$ 满足 $x_t = x_{t-4} + \varepsilon_t$, 当 $t = 1,2,3,4$ 时, $x_t = \varepsilon_t$.

(1) 求序列 $\{x_t\}$ 方差函数和自相关函数.

(2) 证明 $\{x_t\}$ 满足的模型是 SARIMA 模型.

5. 已知一个 AR 模型的自回归系数多项式为

$$(1 - 1.6B + 0.7B^2)(1 - 0.8B^{12}).$$

(1) 判断此模型的平稳性.

(2) 证明此模型是一个季节 ARIMA 模型.

6. 设时间序列 $\{x_t\}$ 满足

$$x_t = a + bt + S_t + \xi_t,$$

其中, S_t 是一个周期为 s 的确定性周期序列, 而 ξ_t 是一个 $SARIMA(p, 0, q) \times (P, 1, Q)_s$ 序列. 试确定 $\omega_t = x_t - x_{t-s}$ 满足的模型.

7. 证明下列公式表示乘积 SARIMA 模型:

(1) $x_t = 0.5x_{t-1} + x_{t-4} - 0.5x_{t-5} + \varepsilon_t - 0.3\varepsilon_{t-1}$;

(2) $x_t = x_{t-1} + x_{t-12} - x_{t-13} + \varepsilon_t - 0.5\varepsilon_{t-1} - \varepsilon_{t-12} + 0.25\varepsilon_{t-13}$.

8. 考虑季节时间序列模型 $SARIMA(1, 1, 0) \times (1, 1, 0)_4$:

$$(1 - \Phi_1 B^4)(1 - \phi_1 B)(1 - B^4)(1 - B)x_t = \varepsilon_t$$

(1) 试求 x_t 一步向前预测的表达式.

(2) 推出 x_t 最终预测函数的形式.

9. 表 6.1 为 1962 年至 1991 年德国工人季度失业率序列 (行数据).

表 6.1　　1962 年至 1991 年德国工人季度失业率

1.1	0.5	0.4	0.7	1.6	0.6	0.5	0.7	1.3	0.6	0.5	0.7	1.2	0.5	0.4	0.6
0.9	0.5	0.5	1.1	2.9	2.1	1.7	2.0	2.7	1.3	0.9	1.0	1.6	0.6	0.5	0.7
1.1	0.5	0.5	0.6	1.2	0.7	0.7	1.0	1.5	1.0	0.9	1.1	1.5	1.0	1.0	1.6
2.6	2.1	2.3	3.6	5.0	4.5	4.5	4.9	5.7	4.3	4.0	4.4	5.2	4.3	4.2	4.5
5.2	4.1	3.9	4.1	4.8	3.5	3.4	3.5	4.2	3.4	3.6	4.3	5.5	4.8	5.4	6.5
8.0	7.0	7.4	8.5	10.1	8.9	8.9	9.0	10.2	8.6	8.4	8.4	9.9	8.5	8.6	8.7
9.8	8.6	8.4	8.2	8.8	7.6	7.5	7.6	8.1	7.1	6.9	6.6	6.8	6.0	6.2	6.2

(1) 绘制该观察值序列的时序图, 分析并阐释该时序图.

(2) 绘制并阐释该观察值序列的 1 阶差分序列的时序图.

(3) 绘制并阐释该观察值序列的 1 阶差分和季节差分后序列的时序图.

(4) 计算该观察值序列的 1 阶差分和季节差分后序列的 ACF 和 PACF.

(5) 根据上述观察结果, 尝试对序列进行模型识别、拟合和诊断检验.

(6) 利用建立的模型预测未来 1 年德国工人季度失业率.

10. 美国 Johnson & Johnson 公司于 1960 年至 1980 年间每股收益的季度数据见表 6.2.

表 6.2　1960 年至 1980 年间 Johnson & Johnson 公司每股收益的季度数据

0.71	0.63	0.85	0.44	0.61	0.69	0.92	0.55	0.72	0.77	0.92	0.60
0.83	0.80	1.00	0.77	0.92	1.00	1.24	1.00	1.16	1.30	1.45	1.25
1.26	1.38	1.86	1.56	1.53	1.59	1.83	1.86	1.53	2.07	2.34	2.25
2.16	2.43	2.70	2.25	2.79	3.42	3.69	3.60	3.60	4.32	4.32	4.05
4.86	5.04	5.04	4.41	5.58	5.85	6.57	5.31	6.03	6.39	6.93	5.85
6.93	7.74	7.83	6.12	7.74	8.91	8.28	6.84	9.54	10.26	9.54	8.72
11.88	12.06	12.15	8.91	14.04	12.96	14.85	9.99	16.20	14.67	16.02	11.61

(1) 为该数据建立 SAMIMA 模型.

(2) 预测未来 4 个季度的观测值以及它们 95% 的预测区间.

11. 分析表 6.3 的月度数据, 请按要求完成以下内容:

表 6.3　数据列表 (行数据)

30	30	31	35	38	38	38	37	38	37	37	36
37	37	38	34	33	34	33	33	31	29	28	27
25	24	23	24	26	26	27	27	27	30	33	35
34	34	35	34	33	32	32	32	33	34	33	33
34	33	33	35	35	37	40	41	39	37	34	35
34	33	33	32	31	31	30	27	27	28	27	26

(1) 为数据建立 SARIMA 模型 (要求按照时序建模的详细过程编程实现).

(2) 预测接下来的 12 个月观测值以及它们 95% 的预测区间 (按要求画出图示).

第 7 章　单位根检验和协整

7.1　伪回归

随着时间序列分析的发展, 非平稳时间序列的理论逐步成为时间序列分析的主要分支之一, 并且在计量经济学的理论和实证分析中得到了广泛的应用. 从 20 世纪 70 年代开始, 人们逐渐发现用传统方法处理时间序列数据时, 经常会出现虚假回归现象, 也称为伪回归现象, 究其原因在于经典分析中隐含了许多假定条件, 如平稳性等. 如果将非平稳序列数据应用于传统的建模分析中, 实际上是默认了假定成立. 在这些假定条件成立的情况下, 传统的 t 检验和 F 检验具有可信度, 但是如果假定条件不满足, 那么传统的 t 检验和 F 检验是不可信的.

7.1.1　"伪回归"现象

考虑如下一元回归模型:

$$Y_t = \beta_0 + \beta_1 X_t + \xi_t. \tag{7.1}$$

现在对该模型做显著性检验, 即

原假设 $\mathbf{H}_0$:　$\beta_1 = 0$　$\leftrightarrow$　备择假设 $\mathbf{H}_1$:　$\beta_1 \neq 0$.

现在假定响应序列 $\{Y_t\}$ 和 输入序列 $\{X_t\}$ 相互独立, 就是说响应序列 $\{Y_t\}$ 和 输入序列 $\{X_t\}$ 之间没有显著的线性关系. 因此, 从理论上来讲, 检验结果应该接受原假设 $\beta_1 = 0$. 但是, 如果检验结果却接受备择假设, 即支持 $\beta_1 \neq 0$, 那么就会得到响应序列 $\{Y_t\}$ 和 输入序列 $\{X_t\}$ 之间具有显著线性关系的错误结论, 从而承认原本不成立的回归模型 (7.1), 这就犯了第一类错误, 即拒真错误.

一般地, 由于样本的随机性, 拒真错误始终都会存在, 不过通过设置显著性水平 α 可以控制犯拒真错误的概率. 构造 t 检验统计量:

$$t = \beta_1 / \sigma_{\beta_1}.$$

当响应序列和输入序列都平稳时, 该统计量服从自由度为样本容量 n 的 t 分布. 当 $|t| \leqslant t_{\alpha/2}(n)$ 时, 可以将拒真错误发生的概率控制在显著性水平 α 内, 即

$$P_r(|t| \leqslant t_{\alpha/2}(n) | 平稳序列) \leqslant \alpha.$$

当响应序列和输入序列不平稳时, 检验统计量 t 不再服从 t 分布. 如果仍然采用 t 分布的临界值进行检验, 那么拒绝原假设的概率就会大大增加, 即

$$P_r(|t| \leqslant t_{\alpha/2}(n) | 非平稳序列) \geqslant \alpha.$$

在这种情况下, 我们将无法控制拒真错误, 非常容易接受回归模型显著成立的错误结论, 这种现象称为 **"伪回归"** 现象或 **"虚假回归"** 现象.

7.1.2 非平稳对回归的影响

考虑如下回归问题:

假设 $\{x_t\}, \{y_t\}$ 是相互独立的随机游走序列, 即

$$\begin{cases} x_t = x_{t-1} + u_t, & u_t \sim N(0, \sigma_u^2); \\ y_t = y_{t-1} + v_t, & v_t \sim N(0, \sigma_v^2), \end{cases}$$

式中, $\{u_t\}, \{v_t\}$ 是相互独立的白噪声序列. 现在形式地引入回归模型

$$y_t = \alpha + \beta x_t + \varepsilon_t.$$

由于序列 $\{x_t\}$ 与 $\{y_t\}$ 不相关, 所以 β 应该为零. 如果模拟结果显示拒绝原假设的概率远远大于显著性水平 α, 那么我们认为伪回归显著成立.

Granger 和 Newbold 于 1974 年进行了蒙特卡罗 (Monte Carlo) 模拟. 模拟结果显示, 每 100 次回归拟合中, 平均有 76 次拒绝 $\beta_1 = 0$ 的假定, 远远大于显著性水平 $\alpha = 0.05$. 这说明在非平稳的场合, 参数显著性检验犯拒真错误的概率远大于 α, 即伪回归显著成立.

产生伪回归的原因是在非平稳场合, 参数 t 检验统计量不再服从 t 分布. 在样本容量 $n = 100$ 的情况下, 进行大量的随机拟合, 得到 β_1 的 t 检验统计量的样本分布 $t(\widehat{\beta}_1)$ 的密度 (见图 7.1 中的虚线). 从图中可以看到, β_1 的样本分布 $t(\widehat{\beta}_1)$ 的密度尾部肥, 方差大, 比 t 分布要扁平很多. 因此, 在 $t(\widehat{\beta}_1)$ 分布下, $\widehat{\beta}_1$ 落入 t 分布所确定的显著性水平为 5% 的双侧拒绝域的概率远远大于 5% (见图 7.1).

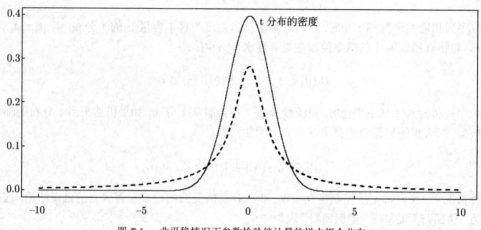

图 7.1   非平稳情况下参数检验统计量的样本拟合分布

7.2   单位根检验

由于伪回归问题的存在, 在进行回归建模时, 必须先检验各序列的平稳性. 只有各序列平稳了, 才可避开伪回归. 在前面我们主要是应用图检验的方法进行平稳性检验, 但是由于图检验带有很强的主观性, 因此必须研究平稳性的统计检验方法. 在实际问题中, 应用最广的是单位根检验. 从这一小节课开始, 我们来学习单位根检验方法.

7.2.1   理论基础

首先考虑单位根序列, 这是一类最为常见的非平稳序列. 所谓**单位根序列 (unit root series)**, 就是满足如下条件的序列 $\{x_t\}$:

$$x_t = x_{t-1} + \xi_t, \tag{7.2}$$

其中, $\{\xi_t\}$ 为一平稳序列, 且 $E(\xi_t) = 0, \text{Cov}(\xi_t, \xi_{t-s}) = \gamma(s) < \infty, s = 0, 1, 2, \cdots$. 如果包含非零常数项:

$$x_t = \alpha + x_{t-1} + \xi_t, \tag{7.3}$$

那么称序列 $\{x_t\}$ 为**带漂移的单位根序列 (unit root series with drift)**.

借助滞后算子, 将 (7.2) 式改写成如下形式:

$$(1 - B)x_t = \xi_t.$$

滞后多项式的特征方程为 $1 - B = 0$, 它的根为 $B = 1$. 这就是将序列 $\{x_t\}$ 称为单位根序列的原因. 当 ξ_t 为白噪声序列 ε_t 时, (7.2) 式和 (7.3) 式表示的分别为随机游动序列和带漂移的随机游动序列.

若 $\{x_t\}$ 为单位根序列, 则对其进行 1 阶差分: $\nabla x_t = \xi_t$, 显然差分序列是一个平稳序列. 一般地, 我们把经过一次差分运算后变为平稳的序列称为**一阶单整 (integration) 序列**, 记为 $\{x_t\} \sim I(1)$. 如果一个序列经过一次差分运算之后所得序列仍然非平稳, 而序列经过两次差分运算之后才变成平稳, 那么我们称该序列为**二阶单整序列**, 记为 $\{x_t\} \sim I(2)$. 类似地, 如果一个序列经过 n 次差分之后平稳, 而 $n-1$ 次差分却不平稳, 那么称 $\{x_t\}$ 为 **n 阶单整序列**, 记为 $\{x_t\} \sim I(n)$. 有时我们也称平稳序列 $\{x_t\}$ 为零阶单整序列, 记为 $\{x_t\} \sim I(0)$. 显然, 如果 $\{x_t\} \sim I(1)$, 那么 $\{\nabla x_t\} \sim I(0)$; 如果 $\{x_t\} \sim I(2)$, 那么 $\{\nabla^2 x_t\} \sim I(0), \cdots$.

单整衡量的是单个序列的平稳性, 它具有如下有用的性质:

(1) 若 $x_t \sim I(0)$, 则对于任意实数 c_1, c_2, 有 $c_1 + c_2 x_t \sim I(0)$.

(2) 若 $x_t \sim I(d)$, 则对于任意非零实数 c_1, c_2, 有 $c_1 + c_2 x_t \sim I(d)$.

(3) 若 $x_t \sim I(0)$, $y_t \sim I(0)$, 则对于任意实数 c_1, c_2, 有 $c_1 x_t + c_2 y_t \sim I(0)$.

(4) 若 $x_t \sim I(m)$, $y_t \sim I(n)$, 则对于任意非零实数 c_1, c_2, 有 $c_1 x_t + c_2 y_t \sim I(k)$, 其中 $k \leqslant \max\{m, n\}$.

为了分析单位根序列, 我们简要介绍一些维纳过程和泛函中心极限定理的基本内容.

1. 维纳过程 (Wiener process)

设 $W(t)$ 是定义在闭区间 $[0, 1]$ 上的连续变化的随机过程, 若该过程满足:

(1) $W(0) = 0$;

(2) 独立增量过程: 对闭区间 $[0, 1]$ 上任意一组分割 $0 \leqslant t_1 < t_2 < \cdots < t_k = 1$, $W(t)$ 的增量: $W(t_2) - W(t_1), W(t_3) - W(t_2), \cdots, W(t_k) - W(t_{k-1})$ 为相互独立的随机变量;

(3) 对任意 $0 \leqslant s < t \leqslant 1$, 有

$$W(t) - W(s) \sim N(0, \ t - s).$$

则称 $W(t)$ 为标准维纳过程, 也称为**布朗运动 (Brownian motion)**.

由定义可见, 标准维纳过程是一个正态独立增量过程, 且

$$W(t) = W(t) - W(0) \sim N(0, \ t), \quad W(1) \sim N(0, \ 1).$$

将标准维纳过程 $W(t)$ 推广, 可得到一般维纳过程. 令

$$B(t) = \sigma W(t),$$

则 $B(t)$ 是一个方差为 σ^2 的维纳过程, 即 $B(t)$ 满足维纳过程定义中的 (1), (2) 两条, 以及对任意 $0 \leqslant s < t \leqslant 1$, 有

$$B(t) - B(s) \sim N(0, \ \sigma^2(t - s)),$$

从而

$$B(t) = B(t) - B(0) \sim N(0, \ \sigma^2 t), \quad B(1) \sim N(0, \ \sigma^2).$$

维纳过程在理论和实践中都有重要作用, 比如用它可构造其他的过程: 令 $y_t = [W(t)]^2$, 则

$$y_t \sim t\chi^2(1), \quad \forall t > 0.$$

2. 泛函中心极限定理 (Functional central limit theorem)

泛函中心极限定理是研究非平稳时间序列的重要工具, 具体内容如下:

设序列 $\{\varepsilon_t\}$ 满足条件: $\varepsilon_1, \varepsilon_2, \cdots, \varepsilon_t, \cdots$ 独立同分布, 且

$$E(\varepsilon_t) = 0, \quad D(\varepsilon_t) = \sigma^2, \quad t = 1, 2, \cdots$$

w 为闭区间 $[0, 1]$ 上的任一实数, 给定样本 $\varepsilon_1, \varepsilon_2, \cdots, \varepsilon_N$, 记 $M_w = [wN]$, 则当 $N \to \infty$ 时,

$$\frac{1}{\sqrt{N}} \sum_{t=1}^{M_w} \varepsilon_t \ \xrightarrow{L} \ B(w) = \sigma W(w).$$

在上式中令 $w = 1$, 有

$$\frac{1}{\sqrt{N}} \sum_{t=1}^{M} \varepsilon_t \ \xrightarrow{L} \ B(1) = \sigma W(1) \sim N(0, \ \sigma^2).$$

该定理是单位根检验统计量极限分布推导的理论基础, 许多单位根检验方法统计量的极限分布都是基于此定理构造出来的.

7.2.2 DF 检验

非平稳序列构成复杂, 不同结构的非平稳序列分析方法也不尽相同. 在进行单位根检验时, 通常把非平稳分成如下三种类型.

1. 无漂移项自回归情形

考虑如下的简单 AR(1) 模型:

$$x_t = \phi x_{t-1} + \varepsilon_t, \tag{7.4}$$

其中, $\varepsilon_t \sim WN(0, \sigma^2)$. 单位根检验的假设为:

原假设 $\mathbf{H}_0$: $\quad \phi = 1 \quad \Leftrightarrow \quad x_t \sim I(1) \quad \longleftrightarrow \quad$ 备择假设 $\mathbf{H}_1$: $\quad |\phi| < 1 \quad \Leftrightarrow \quad x_t \sim I(0)$.

构造检验统计量

$$t = \frac{\widehat{\rho} - 1}{\widehat{\sigma}_{\widehat{\rho}}},$$

其中, $\widehat{\rho}$ 为 AR(1) 模型中的最小二乘估计量, $\widehat{\sigma}_{\widehat{\rho}}$ 为估计量 $\widehat{\rho}$ 的标准差. 可以证明, 在原假设成立的情况下, t 统计量依分布收敛于维纳过程的泛函, 即

$$t \xrightarrow{L} \frac{1}{2}[W^2(1) - 1] \Big/ \Big[\int_0^1 W^2(r)\mathrm{d}r\Big]^{1/2}.$$

这说明 t 检验统计量不再服从传统的 t 分布, 传统的 t 检验法失效. 上面的极限分布一般称为 Dickey-Fuller 分布, 对应的检验称为 DF 检验. 进一步的考察表明, 上述 t 检验统计量的极限分布是非对称、左偏的. 又因为 $P(\chi^2(1) \leqslant 1) \cong 0.7$, 所以检验值大都是负数.

对于 Dickey-Fuller 分布, 可用蒙特卡罗方法模拟得到检验的临界值, 并编成 DF 临界值表供查询. 在进行 DF 检验时, 比较 t 统计量与 DF 检验临界值, 就可在某个显著性水平上拒绝或接受原假设. 若 t 统计量小于 DF 检验临界值, 则拒绝原假设, 说明序列不存在单位根; 若 t 统计量值大于或等于 DF 检验临界值, 则接受原假设, 说明序列存在单位根. 图 7.2 为以样本容量为 100, 进行 10000 次模拟, 得到模拟的 t 统计量分布的密度函数图. 从图中可以看到, 相对于正态分布的密度, t 统计量分布的密度呈现出左偏分布.

2. 带漂移项自回归情形

考虑如下带漂移项的自回归模型:

$$x_t = \alpha + \phi x_{t-1} + \varepsilon_t,$$

其中, 引入 α 是为了捕捉非零均值. 作如下检验假设:

原假设 $\mathbf{H}_0$: $\quad \phi = 1 \quad \Leftrightarrow \quad x_t \sim I(1) \quad \longleftrightarrow \quad$ 备择假设 $\mathbf{H}_1$: $\quad |\phi| < 1 \quad \Leftrightarrow \quad x_t \sim I(0)$.

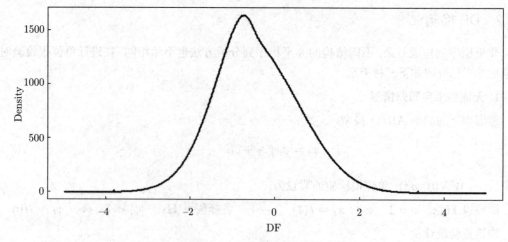

图 7.2   DF 检验的 t 统计量密度图

在原假设条件下, 检验的 t 统计量的渐近分布的分位数和 p 值都可以通过常用软件进行计算. 由于在这种情况下, t 统计量的渐近分布有些繁复, 所以这里就不再列出.

在 R 语言中, 可以用函数 qunitroot() 来计算单位根检验 t 统计量的样本分位数. 在使用该函数之前, 需要调用程序包 urca. 函数 qunitroot() 的命令格式如下:

```
qunitroot(p, N= ,trend= ,statistic = )
```

该函数的参数说明:

- **p**: 概率值向量.

- **N**: 样本观察值的个数.

- **trend**: trend 通常可取三个值, trend="c" 意味着模型中含有漂移项; trend="nc" 意味着模型中不含漂移项; trend="ct" 意味着模型中含有漂移项和时间趋势项. 默认取值为 c.

- **statistic**: statistic 仅取两个值. statistic="t" 表示检验用 t 统计量; statistic="n" 表示检验用标准化统计量, 有时称为 ρ 统计量. 默认值取为 t.

例 7.1   分别计算没有漂移项和含有漂移项的单位根检验下, t 统计量的概率值分别为 0.25, 0.5, 0.75, 0.85 的分位数.

解   基于 MacKinnon (1996) 的研究, 使用函数 qunitroot() 进行计算. 具体命令及运行结果如下:

```
> qunitroot(c(0.25,0.5,0.75,0.85),N=100,trend="nc",statistic ="t")
[1] -1.0853871 -0.4935008  0.2264920  0.6262640
```

```
> qunitroot(c(0.25,0.5,0.75,0.85),N=100,trend="c",statistic ="t")
[1] -2.0879152 -1.5584449 -1.0028885 -0.6640883
```

可见, 模型中含有漂移项的 t 统计量比不含漂移项的 t 统计量分布更偏左.

3. 带趋势自回归情形

考虑如下回归模型:

$$x_t = \alpha + \beta t + \phi x_{t-1} + \varepsilon_t,$$

其中, 引入常数项 α 和时间趋势 βt 是为了捕捉确定性趋势. 这类型适合带有趋势性的时间序列, 像资产价格或者宏观总量指标等. 类似地, 作如下检验假设:

原假设 $\mathbf{H}_0$: $\phi = 1$ $\Leftrightarrow$ $x_t \sim I(1)$ $\longleftrightarrow$ 备择假设 $\mathbf{H}_1$: $|\phi| < 1$ $\Leftrightarrow$ $x_t \sim I(0)$.

在原假设条件下, 检验的 t 统计量的渐近分布受到常数项和时间趋势项的影响, 其分位数和 p 值也都可以通过常用软件进行计算.

在 R 语言中, fUnitRoots 程序包中的函数 adfTest() 和 unitrootTest() 都可以进行单位根检验. tseries 程序包中的函数 adf.test() 和 pp.test() 也可以方便地进行单位根检验. urca 程序包中的函数 ur.df() 和 ur.pp() 也都可以快捷地进行单位根检验. 函数 adfTest() 的命令格式如下:

```
adfTest(x, lag= ,type= )
```

该函数的参数说明:

- **x**: 需要进行单位根检验的序列名.

- **lag**: 延迟阶数. lag=1, 默认设置, 此时进行 DF 检验; lag=n, n>1, 此时进行 ADF 检验 (下小节介绍).

- **type**: 检验类型. type 通常可取三个值, type="c" 意味着模型中含有漂移项, 而无时间趋势; type="nc" 意味着模型中不含漂移项, 也不含时间趋势; type="ct" 意味着模型中含有漂移项和时间趋势项. 默认取值为 c.

函数 adf.test() 的命令格式如下:

```
adf.test(x, alternative= ,k= )
```

该函数的参数说明:

- **x**: 需要进行单位根检验的序列名.

- **alternative**: 表明备择假设. alternative="stationary" 为默认设置; 另一个取值是 "explosive".

- **k**: 延迟阶数. k 默认取值为 $\text{trunc}((\text{length}(x)-1)^{1/3})$.

至于 unitrootTest()、pp.test() 等函数的用法类似.

例 7.2　分析 1996 年至 2015 年国内居民出境人数的对数序列 $\{\ln x_t\}$ 和外国人入境游客人数的对数序列 $\{\ln y_t\}$, 并进行 DF 检验. (单位: 万人次)

解　首先绘制两个序列的时序图. 然后分别按三种模型类型进行检验. 具体命令如下, 运行结果如图 7.3 所示.

```
> ys <- read.csv("E:/DATA/CHAP7/7.2.csv",header=T)
> xt <- ts(log(ys$GNJMCG),start=1996)
> yt <- ts(log(ys$WGRRJ),start=1996)
> l1 <- min(xt,yt)
> l2 <- max(xt,yt)
> plot(xt,ylim=c(l1,l2),type="o",lwd=2,col=2,pch=20,ylab="xt-yt")
> lines(yt,lty=2,col=4,type="o",pch=20)
> legend(x="topleft",c("xt","yt"),lwd=c(2,1),lty=c(1,2),col=c(2,4))
```

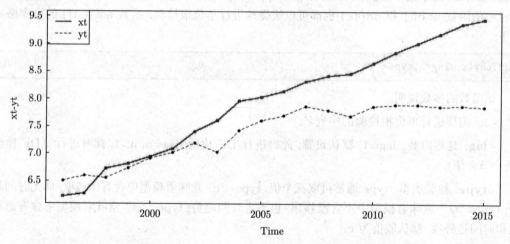

图 7.3　国内居民出境人数的对数序列 $\{\ln x_t\}$ 和外国人入境游客人数的对数序列 $\{\ln y_t\}$ 的时序图

对国内居民出境人数的对数序列 $\{\ln x_t\}$ 序列进行 DF 检验. 具体命令及运行结果如下:

```
> adfTest(xt,lag=1,type="nc")

Title:
  Augmented Dickey-Fuller Test
```

```
Test Results:
  PARAMETER:
    Lag Order: 1
  STATISTIC:
    Dickey-Fuller: 3.7254
  P VALUE:
    0.99

> adfTest(xt,lag=1,type="c")

Title:
 Augmented Dickey-Fuller Test

Test Results:
  PARAMETER:
    Lag Order: 1
  STATISTIC:
    Dickey-Fuller: -2.0516
  P VALUE:
    0.3047

> adfTest(xt,lag=1,type="ct")

Title:
 Augmented Dickey-Fuller Test

Test Results:
  PARAMETER:
    Lag Order: 1
  STATISTIC:
    Dickey-Fuller: -2.309
  P VALUE:
    0.4547

> adf.test(xt,k=1)

    Augmented Dickey-Fuller Test
```

```
data: xt
Dickey-Fuller = -2.309, Lag order = 1, p-value = 0.4547
alternative hypothesis: stationary
```

检验结果表明, $\{\ln x_t\}$ 序列滞后 1 阶的自回归系数为 1, 且更倾向于满足无漂移的自回归模型类型. 对外国人入境游客人数的对数序列 $\{\ln y_t\}$ 进行 DF 检验. 具体命令及运行结果如下:

```
> adfTest(yt,lag=1,type="nc")

Title:
 Augmented Dickey-Fuller Test

Test Results:
  PARAMETER:
    Lag Order: 1
  STATISTIC:
    Dickey-Fuller: 1.9688
  P VALUE:
    0.9838

> adfTest(yt,lag=1,type="c")

Title:
 Augmented Dickey-Fuller Test

Test Results:
  PARAMETER:
    Lag Order: 1
  STATISTIC:
    Dickey-Fuller: -1.7131
  P VALUE:
    0.4246

> adfTest(yt,lag=1,type="ct")

Title:
 Augmented Dickey-Fuller Test
```

```
Test Results:
  PARAMETER:
    Lag Order: 1
  STATISTIC:
    Dickey-Fuller: -0.5394
  P VALUE:
    0.9717

> adf.test(yt,k=1)

Augmented Dickey-Fuller Test

data: yt
Dickey-Fuller = -0.53936, Lag order = 1, p-value = 0.9717
alternative hypothesis: stationary
```

检验结果表明, $\{\ln y_t\}$ 序列滞后 1 阶的自回归系数为 1, 且更倾向于满足无漂移的自回归模型类型.

7.2.3 ADF 检验

单位根 DF 检验只适用于带有白噪声的 AR(1) 模型, 然而许多金融时间序列可能包含更为复杂的动态结构, 并不能用简单的 AR(1) 模型来刻画. 为了检验高阶的自回归模型 AR(p), $p > 1$, Dickey 和 Fuller 1979 年提出了**增广 DF (augmented Dickey-Fuller) 检验**, 简称为 **ADF 检验**.

1. ADF 检验的原理

假设时间序列 $\{x_t\}$ 服从 AR(p) 过程:

$$x_t = \phi_1 x_{t-1} + \phi_2 x_{t-2} + \cdots + \phi_p x_{t-p} + \varepsilon_t, \tag{7.5}$$

其中, ε_t 为白噪声. 将 (7.5) 式变形为

$$
\begin{aligned}
x_t &= [\phi_1 x_{t-1} + (\phi_2 + \phi_3 + \cdots + \phi_p)x_{t-1}] - [(\phi_2 + \phi_3 + \cdots + \phi_p)x_{t-1} - \phi_2 x_{t-2} \\
&\quad -(\phi_3 + \phi_4 + \cdots + \phi_p)x_{t-2}] - (\phi_3 + \cdots + \phi_p)x_{t-2} + \cdots - \phi_p x_{t-p+1} + \phi_p x_{t-p} + \varepsilon_t \\
&= (\phi_1 + \phi_2 + \cdots + \phi_p)x_{t-1} - (\phi_2 + \phi_3 + \cdots + \phi_p)\nabla x_{t-1} - \cdots - \phi_p \nabla x_{t-p+1} + \varepsilon_t \\
&= \alpha x_{t-1} + \beta_1 \nabla x_{t-1} + \beta_2 \nabla x_{t-2} + \cdots + \beta_{p-1} \nabla x_{t-p+1} + \varepsilon_t, \tag{7.6}
\end{aligned}
$$

其中, $\alpha = \phi_1 + \phi_2 + \cdots + \phi_p$, $\beta_i = -(\phi_{i+1} + \cdots + \phi_p)$, $i = 1, 2, \cdots, p-1$. 如果将 $p-1$ 个滞后项 ∇x_{t-i} $(i = 1, 2, \cdots, p-1)$ 归到随机干扰项中, 则干扰项就成为序列相关的平稳序列. 于是, 将 (7.6) 式与 (7.4) 式相比较, 对模型 (7.6) 的单位根检验就是对干扰项为一平稳序列的单位根检验.

通过上面分析可知, $\mathrm{AR}(p)$ 模型单位根检验的假设条件为

原假设 $\mathbf{H}_0$: $\alpha = 1$ (序列 $\{x_t\}$ 非平稳)　$\longleftrightarrow$　备择假设 $\mathbf{H}_1$: $|\alpha| < 1$ (序列 $\{x_t\}$ 平稳).

在实际应用中, 也可将 (7.6) 式写成:

$$\nabla x_t = \rho x_{t-1} + \beta_1 \nabla x_{t-1} + \beta_2 \nabla x_{t-2} + \cdots + \beta_{p-1} \nabla x_{t-p+1} + \varepsilon_t, \tag{7.7}$$

其中, $\rho = \alpha - 1$. 相应地, $\mathrm{AR}(p)$ 模型单位根检验的假设条件也可写为

原假设 $\mathbf{H}_0$: $\rho = 0$ (序列 $\{x_t\}$ 非平稳)　$\longleftrightarrow$　备择假设 $\mathbf{H}_1$: $\rho < 0$ (序列 $\{x_t\}$ 平稳).

构造 ADF 检验统计量:

$$\tau = \widehat{\rho}/\sigma_{\widehat{\rho}},$$

其中, $\widehat{\rho}$ 为原假设条件下, 对模型 (7.7) 进行的最小二乘估计. $\sigma_{\widehat{\rho}}$ 为参数 ρ 的样本标准差.

通过蒙特卡罗方法, 可以得到 τ 检验统计量的临界值表. 显然 DF 检验是 ADF 检验在自相关阶数为 1 时的一个特例, 所以统称为 ADF 检验.

2. ADF 检验的类型

在实际应用中, 和 DF 检验一样, ADF 检验也可以用于如下三种类型的单位根检验:

(1) 无漂移项、无时间趋势项的 p 阶自回归模型:

$$x_t = \phi_1 x_{t-1} + \phi_2 x_{t-2} + \cdots + \phi_p x_{t-p} + \varepsilon_t.$$

(2) 有漂移项、无时间趋势项的 p 阶自回归模型:

$$x_t = \mu + \phi_1 x_{t-1} + \phi_2 x_{t-2} + \cdots + \phi_p x_{t-p} + \varepsilon_t.$$

(3) 有漂移项、有时间趋势项的 p 阶自回归模型:

$$x_t = \mu + \beta t + \phi_1 x_{t-1} + \phi_2 x_{t-2} + \cdots + \phi_p x_{t-p} + \varepsilon_t.$$

相应地, 我们可得 ADF 检验回归方程 (1), (2), (3) 的另一种形式分别为 (7.7) 式和

$$\nabla x_t = \mu + \rho x_{t-1} + \beta_1 \nabla x_{t-1} + \beta_2 \nabla x_{t-2} + \cdots + \beta_{p-1} \nabla x_{t-p+1} + \varepsilon_t,$$

$$\nabla x_t = \mu + \beta t + \rho x_{t-1} + \beta_1 \nabla x_{t-1} + \beta_2 \nabla x_{t-2} + \cdots + \beta_{p-1} \nabla x_{t-p+1} + \varepsilon_t.$$

例 7.3 对 1996 年至 2015 年国内居民出境人数的对数差分序列 $\{\nabla \ln x_t\}$ 和外国人入境游客人数的对数差分序列 $\{\nabla \ln y_t\}$ 进行 ADF 检验.

解 首先加载程序包 fUnitRoots; 然后读入数据, 作取对数处理, 建立时间序列, 并进行差分; 最后分别做三种类型的 ADF 检验. 具体命令及运行结果如下:

```
> library(fUnitRoots)
> ys <- read.csv("E:/DATA/CHAP7/7.2.csv",header=T)
> xt <- ts(log(ys$GNJMCG),start=1996)
> yt <- ts(log(ys$WGRRJ),start=1996)
> dx <- diff(xt)
> dy <- diff(yt)
> for(i in 1:3)print(adfTest(dx,lag=i,type="nc"))


Title:
 Augmented Dickey-Fuller Test

Test Results:
 PARAMETER:
   Lag Order: 1
 STATISTIC:
   Dickey-Fuller: -1.5838
 P VALUE:
   0.1051


Title:
 Augmented Dickey-Fuller Test


Test Results:
 PARAMETER:
   Lag Order: 2
 STATISTIC:
   Dickey-Fuller: -0.8501
 P VALUE:
   0.3381


Title:
 Augmented Dickey-Fuller Test
```

```
Test Results:
  PARAMETER:
    Lag Order: 3
  STATISTIC:
    Dickey-Fuller: -0.4841
  P VALUE:
    0.4542


> for(i in 1:3)print(adfTest(dx,lag=i,type="c"))

Title:
 Augmented Dickey-Fuller Test


Test Results:
  PARAMETER:
    Lag Order: 1
  STATISTIC:
    Dickey-Fuller: -3.362
  P VALUE:
    0.02386


Title:
 Augmented Dickey-Fuller Test


Test Results:
  PARAMETER:
    Lag Order: 2
  STATISTIC:
    Dickey-Fuller: -2.4831
  P VALUE:
    0.152


Title:
 Augmented Dickey-Fuller Test


Test Results:
  PARAMETER:
```

```
   Lag Order: 3
STATISTIC:
   Dickey-Fuller: -1.5123
P VALUE:
   0.4957

> for(i in 1:3)print(adfTest(dx,lag=i,type="ct"))

Title:
 Augmented Dickey-Fuller Test

Test Results:
  PARAMETER:
    Lag Order: 1
  STATISTIC:
    Dickey-Fuller: -3.2992
  P VALUE:
    0.09178


Title:
 Augmented Dickey-Fuller Test

Test Results:
  PARAMETER:
    Lag Order: 2
  STATISTIC:
    Dickey-Fuller: -2.8003
  P VALUE:
    0.2675

Title:
 Augmented Dickey-Fuller Test

Test Results:
  PARAMETER:
    Lag Order: 3
  STATISTIC:
    Dickey-Fuller: -2.0453
```

```
 P VALUE:
    0.5551


> for(i in 1:3)print(adfTest(dy,lag=i,type="nc"))

Title:
 Augmented Dickey-Fuller Test

Test Results:
  PARAMETER:
    Lag Order: 1
  STATISTIC:
    Dickey-Fuller: -1.9733
  P VALUE:
    0.04812


Title:
 Augmented Dickey-Fuller Test

Test Results:
  PARAMETER:
    Lag Order: 2
  STATISTIC:
    Dickey-Fuller: -1.3116
  P VALUE:
    0.1915


Title:
 Augmented Dickey-Fuller Test

Test Results:
  PARAMETER:
    Lag Order: 3
  STATISTIC:
    Dickey-Fuller: -1.3472
  P VALUE:
    0.1803
```

```
> for(i in 1:3)print(adfTest(dy,lag=i,type="c"))

Title:
 Augmented Dickey-Fuller Test

Test Results:
  PARAMETER:
    Lag Order: 1
  STATISTIC:
    Dickey-Fuller: -2.8038
  P VALUE:
    0.07651

Title:
 Augmented Dickey-Fuller Test

Test Results:
  PARAMETER:
    Lag Order: 2
  STATISTIC:
    Dickey-Fuller: -1.6816
  P VALUE:
    0.4357

Title:
 Augmented Dickey-Fuller Test

Test Results:
  PARAMETER:
    Lag Order: 3
  STATISTIC:
    Dickey-Fuller: -1.5607
  P VALUE:
    0.4785

> for(i in 1:3)print(adfTest(dy,lag=i,type="ct"))
```

```
Title:
 Augmented Dickey-Fuller Test

Test Results:
  PARAMETER:
    Lag Order: 1
  STATISTIC:
    Dickey-Fuller: -3.921
  P VALUE:
    0.02707

Title:
 Augmented Dickey-Fuller Test

Test Results:
  PARAMETER:
    Lag Order: 2
  STATISTIC:
    Dickey-Fuller: -2.8665
  P VALUE:
    0.2423

Title:
 Augmented Dickey-Fuller Test

Test Results:
  PARAMETER:
    Lag Order: 3
  STATISTIC:
    Dickey-Fuller: -2.7895
  P VALUE:
    0.2716
```

　　检验结果表明, 国内居民出境人数的对数差分序列是有漂移项的平稳序列, 该平稳序列 1 阶自相关 (ADF 检验 p 值等于 0.02386). 外国人入境游客人数的对数差分序列一个是有漂移项和时间趋势项的 1 阶自相关模型 (ADF 检验 p 值等于 0.02707).

7.2.4 PP 单位根检验

Phillips 和 Perron 1988 年提出了一种单位根检验的方法, 简称为 **PP 检验**. 这种方法在时间序列分析中得到了广泛使用. PP 检验的回归方程如下:

$$\nabla x_t = \beta D_t + \rho x_{t-1} + \mu_t,$$

其中, D_t 包含确定性成分, 如常数项或常数项加时间趋势项; μ_t 是一个 0 阶单整序列. PP 检验与 ADF 检验最大的不同在于, PP 检验可以通过调整统计量, 使其能够适用于任何存在序列相关和异方差的误差项 μ_t.

在原假设 $\rho = 0$ 的条件下, PP 检验的 Z 统计量与 ADF 检验的 τ 统计量具有相同的渐近分布, 因而具有相同的临界值.

在 R 语言中, urca 程序包中的函数 ur.pp() 可以进行 PP 单位根检验. 函数 ur.pp() 的命令格式如下:

```
ur.pp(x, type= ,model= ,lags= , use.lag= )
```

该函数的参数说明:

- **x**: 需要进行 PP 单位根检验的序列名.

- **type**: 检验统计量类型. type 可以取 "Z-alpha" 和 "Z-tau" 两个值.

- **model**: 回归模型的类型. model 通常可取两个值, model="constant" 意味着模型中含有漂移项, 而无时间趋势; model="trend" 意味着模型中不含漂移项, 而含时间趋势项.

- **lags**: 滞后阶数. 可取两个值: lags = "short" 或 "long", 表示两个特定阶数.

- **use.lag**: 使用者自己指定的阶数.

例 7.4 对 1996 年至 2015 年国内居民出境人数的对数序列 $\{\ln x_t\}$ 和外国人入境游客人数的对数序列 $\{\ln y_t\}$, 进行 PP 检验.

解 读入数据, 并进行 PP 检验. 具体命令及运行结果如下:

```
> ys <- read.csv("E:/DATA/CHAP7/7.2.csv",header=T)
> xt <- ts(log(ys$GNJMCG),start=1996)
> yt <- ts(log(ys$WGRRJ),start=1996)
> gx1.pp <- ur.pp(as.vector(xt),type="Z-tau",model="constant",
+ lags="long")
```

```
> gx1.pp@teststat
[1] -2.219878
> gx1.pp@cval
                       1pct       5pct       10pct
critical values -3.830262 -3.029363 -2.655194
> gy1.pp <- ur.pp(as.vector(yt),type="Z-tau",model="trend",
+ lags="long")
> gy1.pp@teststat
[1] -0.7135191
> gy1.pp@cval
                       1pct      5pct      10pct
critical values -4.534844 -3.67457 -3.27616
```

可以看到, 两个序列的 Z_τ 统计量值分别为 -2.219878 和 -0.7135191, 都大于各自 1%、5% 和 10% 显著性水平下的临界值, 因此不能够拒绝存在单位根的原假设. 进一步对两个序列差分分别作 PP 检验. 具体命令及运行结果如下:

```
> gx2.pp <- ur.pp(as.vector(diff(xt)),type="Z-tau",model="constant",
+ lags="long")
> gx2.pp@teststat
[1] -5.39613
> gx2.pp@cval
                       1pct       5pct       10pct
critical values -3.857056 -3.040014 -2.660816
>
> gy2.pp <- ur.pp(as.vector(diff(yt)),type="Z-tau",model="trend",
+ lags="long")
> gy2.pp@teststat
[1] -5.784781
> gy2.pp@cval
                       1pct      5pct      10pct
critical values -4.574275 -3.69202 -3.285628
```

可见, 两个序列的对数差分序列的 Z_τ 统计量值分别为 -5.39613 和 -5.784781, 都小于各自 1%、5% 和 10% 显著性水平下的临界值, 因此拒绝存在单位根的原假设, 有理由认为差分序列平稳. 这一结果也与例 7.3 的结论一致.

7.2.5   KPSS 单位根检验

Kwiatkowski、Phillips、Schmidt 和 Shin 1992 年提出了所谓的 **KPSS 检验**, 用于序列平稳性的检验. 设时间序列 $\{x_t, 0 < t \leqslant T\}$ 满足方程

$$x_t = \beta D_t + \omega_t + u_t,$$

$$\omega_t = \omega_{t-1} + \varepsilon_t, \quad \varepsilon_t \sim WN(0, \sigma_\varepsilon^2),$$

其中, D_t 包含确定性成分; u_t 是一个可能含有异方差的平稳序列; ω_t 是一个随机游走过程.

KPSS 检验的原假设是序列 $\{x_t\}$ 平稳, 即 $\sigma_\varepsilon^2 = 0$; 备择假设是序列 $\{x_t\}$ 非平稳, 即 $\sigma_\varepsilon^2 > 0$. KPSS 检验的统计量为

$$\text{KPSS} = \frac{\sum\limits_{t=1}^{T} S_t^2}{T^2 \hat{\sigma}_\varepsilon^2},$$

其中, $S_t = u_1 + u_2 + \cdots + u_t$, $t = 1, 2, \cdots, T$, u_t 为 x_t 对 D_t 回归后的残差, $\hat{\sigma}_\varepsilon^2$ 是 u_t 的长期方差的一致估计量. 在序列平稳的原假设下, 当 D_t 恒为常数时, 有

$$\text{KPSS} \xrightarrow{L} \int_0^1 V_1(r)\mathrm{d}r, \tag{7.8}$$

其中, $V_1(r) = W(r) - rW(1)$, $W(r)$ 是一个标准布朗运动. 当 D_t 中含有时间趋势时, 有

$$\text{KPSS} \xrightarrow{L} \int_0^1 V_2(r)\mathrm{d}r, \tag{7.9}$$

其中, $V_2(r) = W(r) + r(2 - 3r)W(1) + 6r(r^2 - 1)\int_0^1 W(s)\mathrm{d}s$.

KPSS 检验的临界值可以通过模拟得出. 平稳性检验是一个单边右尾检验, 如果 KPSS 检验统计量大于 (7.8) 式或 (7.9) 式的 $1 - \alpha$ 分位数, 我们可以拒绝序列为平稳的假设.

在 R 语言中, urca 程序包中的函数 ur.kpss() 可以进行 KPSS 检验. 函数 ur.kpss() 的命令格式如下:

```
ur.kpss(x, type= ,lags= , use.lag= )
```

该函数的参数说明:

- **x**: 需要进行 KPSS 检验的序列名.

- **type**: 检验模型的类型. type 可以取 "mu" 和 "tau" 两个值. type="mu" 意味着检验模

型中含有常数项; type = "tau" 意味着检验模型中含有常数项和时间趋势项.

　　- **lags**: 滞后阶数. 可取三个值: lags = "short" 或 "long", 表示两个特定阶数; lags = "nil" 表示无误差修正.

　　- **use.lag**: 使用者自己指定的阶数.

此外, 也可用程序包 tseries 中的函数 kpss.test() 来进行 KPSS 检验.

例 7.5　使用 KPSS 检验法检验 2014 年 10 月至 2017 年 8 月我国货币月度供应量 (期末值) 的对数差分序列的平稳性.

　　解　读入数据, 并取对数, 然后对序列对数差分作 KPSS 检验. 具体命令及运行结果如下:

```
> gy <- read.csv("E:/DATA/CHAP7/7.5.csv",header=T)
> gy.log.ts <- ts(log(gy$GYL),start=c(2014,10),frequency = 12)
> gy.kpss <- ur.kpss(diff(gy.log.ts),type="mu",use.lag=3)
> summary(gy.kpss)


#######################
# KPSS Unit Root Test #
#######################


Test is of type: mu with 3 lags.


Value of test-statistic is: 0.2987


Critical value for a significance level of:
                10pct  5pct 2.5pct  1pct
critical values 0.347 0.463  0.574 0.739
```

　　可以看出, KPSS 统计量的值 0.2987 小于显著性水平 10%、5%、2.5% 和 1% 的临界值 0.347、0.463、0.574 和 0.739, 故不能够拒绝平稳的原假设.

7.3　协整

　　在 7.1 节中, 我们讨论了伪回归现象, 其实避免伪回归的方法很多, 其中一种办法是避免回归方程中出现非平稳时间序列变量. 一般的做法是对非平稳时间序列变量进行差分, 使得差分序列变成平稳序列, 然后对差分变量进行回归. 虽然这种做法可以消除因变量非平稳带来的伪回归, 但是差分运算会损失变量的部分信息, 尤其是多次差分运算损失的信息量更大. 这是需要格外引起注意的问题. 另一种办法是直接对非平稳变量进行回归, 寻找变量之间存在的相依关系, 以建立反映水平变量间长期关系的回归方程. 这种方法就是本节介绍的协整分析.

7.3.1 协整的概念

在现实生活中, 有些序列自身的变化虽然是非平稳的, 但是序列与序列之间却具有非常密切的长期均衡关系. 例如: 收入与消费、工资与价格、政府支出与税收、出口与进口, 等等, 这些经济时间序列一般各自都是非平稳的序列, 但是它们之间却往往存在着长期均衡关系. 这些均衡关系具体表现为它们的某个线性组合保持着长期稳定的关系, 这种现象就是所谓的**协整** (**cointegration**).

为进一步认识协整, 我们看一个简单的模拟系统.

例 7.6 已知时间序列 $\{x_{1t}\}, \{x_{2t}\}$ 满足如下系统:

$$\begin{cases} x_{1t} = 0.5x_{2t} + \varepsilon_{1t}, \\ x_{2t} = x_{2,t-1} + \varepsilon_{2t}, \end{cases} \tag{7.10}$$

其中, $\varepsilon_{it} \sim N(0,1)$, $i = 1, 2$, 且 ε_{it} $(i = 1, 2)$ 相互独立. 试分析序列 $\{x_{1t}\}, \{x_{2t}\}$ 之间是否存在协整关系.

解 从关联系统 (7.10) 容易得到:

(1) 序列 $\{x_{it}\}(i = 1, 2)$ 都是 1 阶单整序列, 即 $x_{it} \sim I(1)$, $i = 1, 2$.

(2) $\varepsilon_{1t} = x_{1t} - 0.5x_{2t} \sim I(0)$, 即序列 $\{x_{it}\}(i = 1, 2)$ 的线性组合平稳.

下面我们通过绘制时序图来进行分析. 具体命令如下, 运行结果如图 7.4 所示.

```
> set.seed(1)
> e1 <- rnorm(1000)
> e2 <- rnorm(1000)
> y2 <- cumsum(e2)
> y1 <- 0.5*y2+e1
> par(mfrow=c(2,2))
> plot.ts(y1,main="y1~I(1)",xlab="(a)",ylab=" ",col=3)
> plot.ts(y2,main="y2~I(1)",xlab="(b)",ylab=" ",col=4)
> plot.ts(cbind(y1,y2),plot.type="single",main="cointegration",
+ xlab="(c)",ylab=" ",col=c(3,4))
> plot.ts(y1-0.5*y2,main="y1-0.5*y2~I(0)",xlab="(d)",ylab=" ",
```

```
+ col=2)
> par(mfrow=c(1,1))
```

　　由图 7.4 (a) 和 (b) 可见, 序列 $\{x_{1t}\}, \{x_{2t}\}$ 都呈现一种非平稳的游走态势. 将图 (a), (b) 重叠放在一起, 由图 7.4 (c) 可见, 两序列 $\{x_{1t}\}, \{x_{2t}\}$ 之间具有非常稳定的线性关系, 即它们的变化速度几乎一致. 这种稳定的同变关系, 让我们怀疑它们之间具有一种内在的均衡关系. 最后由图 7.4 (d) 知, 两序列 $\{x_{1t}\}, \{x_{2t}\}$ 的线性组合的时序图呈现平稳序列关系, 因而序列 $\{x_{1t}\}, \{x_{2t}\}$ 具有协整关系.

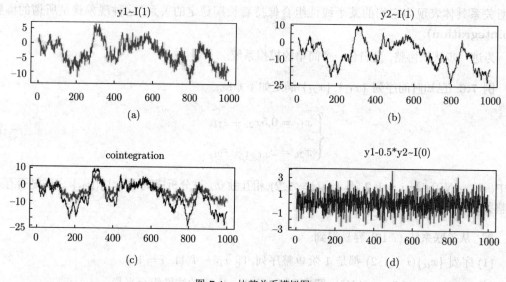

图 7.4   协整关系模拟图

　　在 1987 年, Engle 和 Granger 给出了下面协整的严格定义:

　　一般地, 如果向量 $\boldsymbol{x}_t = (x_{1t}, x_{2t}, \cdots, x_{nt})^{\mathrm{T}}$ 的所有分量序列都是 d 阶单整序列, 且存在一个非零向量 $\boldsymbol{\alpha} = (\alpha_1, \alpha_2, \cdots, \alpha_n)^{\mathrm{T}}$, 使得 $\boldsymbol{\alpha}^{\mathrm{T}}\boldsymbol{x}_t = \alpha_1 x_{1t} + \alpha_2 x_{2t} + \cdots + \alpha_n x_{nt}$ 是 $d - b$ 阶单整序列, 其中 $0 < b \leqslant d$, 那么称向量 $\boldsymbol{x}_t$ 的各分量之间是 (d, b) 阶协整的, 记为 $\boldsymbol{x}_t \sim CI(d, b)$. 向量 $\boldsymbol{\alpha}$ 称为协整向量.

　　从协整的定义来看, 协整向量并不唯一. 显然, 如果 $\boldsymbol{x}_t$ 有两个协整向量 $\boldsymbol{\alpha}_1$ 和 $\boldsymbol{\alpha}_2$, 那么它们的线性组合 $k_1\boldsymbol{\alpha}_1 + k_2\boldsymbol{\alpha}_2$ (k_1 和 k_2 不同时为零) 也是 $\boldsymbol{x}_t$ 的一个协整向量.

7.3.2   协整检验

　　由协整的定义可以看出, 多个非平稳序列之间能否建立动态回归模型的关键是, 它们之间是否存在协整关系, 因此, 对多个非平稳序列建模必须先进行协整检验. 协整检验也称为 **Engle-Granger 检验**, 简称 **EG 检验**或 **EG 两步检验**.

由于实际生活中, 大多数序列之间不具有协整关系, 所以 EG 检验的假设条件可以确定为:

原假设 $\mathbf{H}_0$: 非平稳序列之间不存在协整关系.

备择假设 $\mathbf{H}_1$: 非平稳序列之间存在协整关系.

一般来讲, 协整关系主要是通过考察回归残差的平稳性确定的, 因而上述假设条件等价于:

原假设 $\mathbf{H}_0$: 回归残差序列 $\{\varepsilon_t\}$ 非平稳 $\longleftrightarrow$ 备择假设 $\mathbf{H}_1$: 回归残差序列 $\{\varepsilon_t\}$ 平稳.

EG 两步检验的检验步骤如下:

(1) 确定各序列的单整阶数, 并建立回归模型:

$$y_t = \hat{\alpha}_0 + \hat{\alpha}_1 x_{1t} + \hat{\alpha}_2 x_{2t} + \cdots + \hat{\alpha}_n x_{nt} + \varepsilon_t,$$

式中, $\hat{\alpha}_k$ $(0 \leqslant k \leqslant n)$ 是普通最小二乘估计值.

(2) 对回归残差序列 $\{\varepsilon_t\}$ 进行平稳性检验.

通常对回归残差平稳性的检验采用单位根检验法, 所以假设条件等价于:

原假设 $\mathbf{H}_0$: $\varepsilon_t \sim I(k), k \geqslant 1$ $\longleftrightarrow$ 备择假设 $\mathbf{H}_1$: $\varepsilon_t \sim I(0)$.

利用 ADF 检验或者 PP 检验的协整分析方法来判断残差序列是否平稳, 如果残差序列是平稳的, 那么回归方程的设定是合理的, 即回归方程的被解释变量和解释变量之间存在稳定的长期均衡关系; 反之, 说明回归方程的被解释变量和解释变量之间不存在稳定的长期均衡关系, 即使参数估计的结果很理想, 这样的回归也是没有意义的, 因为模型本身的设定出现了问题. 这样的回归必然是一个伪回归.

例 7.7 分析 1978 年至 2002 年我国农村居民家庭平均每人纯收入的对数序列 $\{\ln x_t\}$ 和现金消费支出的对数序列 $\{\ln y_t\}$, 并进行 EG 检验.

解 读入数据, 并绘制时序图. 具体命令如下, 运行结果见图 7.5.

```
> xz <- read.csv("E:/DATA/CHAP7/7.7.csv",header=T)
> xt <- ts(log(xz$SR),start=1978)
> yt <- ts(log(xz$XF),start=1978)
> plot.ts(cbind(xt,yt),plot.type="single",main=" ",xlab=" ",
+ ylab=" ",lwd=c(1,2))
```

从图 7.5 可以看出, 我国农村居民家庭平均每人纯收入的对数序列 $\{\ln x_t\}$ 和现金消费支出的对数序列 $\{\ln y_t\}$ 具有很强的同变关系, 可能二者具有协整关系, 下面进行 EG 检验. 为此, 需确定两序列的单整阶数. 首先, 对序列 $\{\ln x_t\}$ 和 $\{\ln y_t\}$ 分别作三种类型的 DF 单位根检验. 具体命令及运行结果如下:

```
> adfTest(xt,lag=1,type="nc")

Title:
 Augmented Dickey-Fuller Test

Test Results:
  PARAMETER:
    Lag Order: 1
  STATISTIC:
    Dickey-Fuller: 1.077
  P VALUE:
    0.9191


> adfTest(xt,lag=1,type="c")

Title:
 Augmented Dickey-Fuller Test

Test Results:
  PARAMETER:
    Lag Order: 1
  STATISTIC:
    Dickey-Fuller: -1.1822
  P VALUE:
    0.6125


> adfTest(xt,lag=1,type="ct")

Title:
 Augmented Dickey-Fuller Test

Test Results:
  PARAMETER:
    Lag Order: 1
  STATISTIC:
```

```
     Dickey-Fuller: -3.1553
  P VALUE:
     0.1323
> adfTest(yt,lag=1,type="nc")

Title:
 Augmented Dickey-Fuller Test

Test Results:
  PARAMETER:
     Lag Order: 1
  STATISTIC:
     Dickey-Fuller: 1.3212
  P VALUE:
     0.9489

> adfTest(yt,lag=1,type="c")

Title:
 Augmented Dickey-Fuller Test

Test Results:
  PARAMETER:
     Lag Order: 1
  STATISTIC:
     Dickey-Fuller: -1.4821
  P VALUE:
     0.5064

> adfTest(yt,lag=1,type="ct")

Title:
 Augmented Dickey-Fuller Test

Test Results:
  PARAMETER:
     Lag Order: 1
  STATISTIC:
```

```
     Dickey-Fuller: -3.0817
   P VALUE:
     0.1603
```

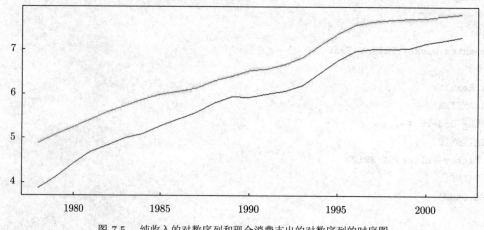

图 7.5　纯收入的对数序列和现金消费支出的对数序列的时序图

检验结果表明, 在显著性水平取 0.05 时, 可以认为我国农村居民家庭平均每人纯收入的对数序列和家庭平均每人现金消费支出的对数序列均为非平稳时间序列. 这与图 7.5 显示出来的性质完全一致. 其次, 分别对两序列进行 1 阶差分, 再次作单位根检验. 具体命令及运行结果如下:

```
> dx <- diff(xt)
> for(i in 1:3)print(adfTest(dx,lag=i,type="c"))

Title:
 Augmented Dickey-Fuller Test

Test Results:
 PARAMETER:
   Lag Order: 1
 STATISTIC:
   Dickey-Fuller: -2.23
 P VALUE:
   0.2416


Title:
 Augmented Dickey-Fuller Test
```

```
Test Results:
  PARAMETER:
    Lag Order: 2
  STATISTIC:
    Dickey-Fuller: -3.1176
  P VALUE:
    0.04109


Title:
 Augmented Dickey-Fuller Test

Test Results:
  PARAMETER:
    Lag Order: 3
  STATISTIC:
    Dickey-Fuller: -1.8689
  P VALUE:
    0.3694
```

```
> dy <- diff(yt)
> for(i in 1:3)print(adfTest(dy,lag=i,type="c"))
```

```
Title:
 Augmented Dickey-Fuller Test

Test Results:
  PARAMETER:
    Lag Order: 1
  STATISTIC:
    Dickey-Fuller: -3.211
  P VALUE:
    0.03401


Title:
 Augmented Dickey-Fuller Test

Test Results:
```

```
  PARAMETER:
    Lag Order: 2
  STATISTIC:
    Dickey-Fuller: -3.1489
  P VALUE:
    0.03872


Title:
 Augmented Dickey-Fuller Test

Test Results:
  PARAMETER:
    Lag Order: 3
  STATISTIC:
    Dickey-Fuller: -2.6076
  P VALUE:
    0.1079
```

　　检验结果表明, 两序列的 1 阶差分序列都是有漂移项的平稳序列, 因此这两个序列都是 1 阶单整序列. 下面构造回归模型. 具体命令及运行结果如下:

```
> moni <- lm(yt~xt)
> moni

Call:
lm(formula = yt ~ xt)

Coefficients:
(Intercept)          xt
    -1.308        1.099
```

　　估计农村居民家庭平均每人现金消费支出的对数关于家庭平均每人纯收入的对数的回归方程, 估计结果为

$$\ln y_t = -1.308 + 1.099 \ln x_t + \varepsilon_t. \tag{7.11}$$

　　最后, 检验残差序列 $\{\varepsilon_t\}$ 的平稳性. 具体命令及运行结果如下:

```
> for(i in 1:3)print(adfTest(moni$residuals,lag=i,type="nc"))
```

```
Title:
 Augmented Dickey-Fuller Test

Test Results:
  PARAMETER:
    Lag Order: 1
  STATISTIC:
    Dickey-Fuller: -2.4715
  P VALUE:
    0.01707


Title:
 Augmented Dickey-Fuller Test

Test Results:
  PARAMETER:
    Lag Order: 2
  STATISTIC:
    Dickey-Fuller: -2.0348
  P VALUE:
    0.04316


Title:
 Augmented Dickey-Fuller Test

Test Results:
  PARAMETER:
    Lag Order: 3
  STATISTIC:
    Dickey-Fuller: -1.4538
  P VALUE:
    0.1464
```

检验结果表明, 残差序列为无漂移项的 1 阶自相关平稳序列, ADF 检验的 p 值为 0.01707.

综上所述, 尽管我国农村居民家庭平均每人纯收入的对数序列和家庭平均每人现金消费支出的对数序列均为非平稳时间序列, 但是它们之间存在协整关系, 所以可建立 (7.11) 式所示的回归模型拟合它们之间的长期均衡关系.

7.4 误差修正模型

当序列之间存在协整关系时, 说明它们之间存在长期的均衡关系. 形象地讲, 这些序列之间似乎受到某种作用, 使它们协调一致做同变运动. 但是就短期而言, 序列之间经常会受到某些随机干扰的冲击, 可能造成不协调而存在偏差, 不过这种偏差会在以后某时期得到修正. 为了解释序列之间的短期波动关系和长期均衡关系的内在机理, Hendry 和 Anderson 1977 年提出了**误差修正模型 (error correction model)**, 简称为**ECM 模型**. 本小节将简要地介绍 ECM 模型的构造方法.

设非平稳序列 $\{x_{1t}\}$ 和 $\{x_{2t}\}$ 之间具有协整关系, 即存在非零常数 α, 使得

$$\varepsilon_t = x_{2t} - \alpha x_{1t} \sim I(0). \tag{7.12}$$

将 (7.12) 式写成

$$x_{2t} = \alpha x_{1t} + \varepsilon_t. \tag{7.13}$$

进一步由 (7.13) 式得到

$$x_{2t} - x_{2,t-1} = \alpha x_{1t} - x_{2,t-1} + \varepsilon_t = \alpha x_{1t} - \alpha x_{1,t-1} - \varepsilon_{t-1} + \varepsilon_t,$$

也即

$$\nabla x_{2t} = \alpha \nabla x_{1t} - \varepsilon_{t-1} + \varepsilon_t. \tag{7.14}$$

设 α 的最小二乘估计值为 $\hat{\alpha}$, 则 $\hat{\varepsilon}_{t-1} = x_{2,t-1} - \hat{\alpha} x_{1,t-1}$ 为上一期误差, 记作 ECM_{t-1}, 从而 (7.14) 式可以写成如下形式:

$$\nabla x_{2t} = \alpha \nabla x_{1t} - \text{ECM}_{t-1} + \varepsilon_t. \tag{7.15}$$

(7.15) 式表明, 序列 $\{x_{2t}\}$ 的当期波动值主要受到三个短期波动的影响: 当期波动值 ∇x_{1t}、上一期误差 ECM_{t-1} 和当期纯随机波动 ε_t. 为了测量上述三方面的影响, 构造如下 ECM 模型:

$$\nabla x_{2t} = \alpha_0 \nabla x_{1t} + \alpha_1 \text{ECM}_{t-1} + \varepsilon_t,$$

其中, α_1 称为**误差修正系数**, 表示误差修正项对当期波动的修正力度. 根据 (7.15) 式的推导, 可见 α_1 应当小于零. 此时, 当 $\text{ECM}_{t-1} > 0$, 也即 $x_{2,t-1} > \hat{\alpha} x_{1,t-1}$ 时, 上期真实值大于估计值,

因而导致下期适当减少, 即 $\nabla x_{2t} < 0$; 反之, 当 $\mathrm{ECM}_{t-1} < 0$, 也即 $x_{2,t-1} < \hat{\alpha} x_{1,t-1}$ 时, 上期真实值小于估计值, 因而导致下期适当增加, 即 $\nabla x_{2t} > 0$.

例 7.8 续例 7.7, 对 1978 年至 2002 年我国农村居民家庭平均每人纯收入的对数序列 $\{\ln x_t\}$ 和现金消费支出的对数序列 $\{\ln y_t\}$ 构造 ECM 模型.

解 首先提取残差, 然后估计模型参数. 具体命令及运行结果如下:

```
> yt.fit <- lm(yt~xt)
> ECM <- yt.fit$residuals[1:24]
> xiuz.fit <- lm(diff(yt)~0+diff(xt)+ECM)
> summary(xiuz.fit)


Call:
lm(formula = diff(yt) ~ 0 + diff(xt) + ECM)


Residuals:
      Min        1Q    Median        3Q       Max
-0.095627 -0.040492 -0.004121  0.059199  0.086703


Coefficients:
          Estimate Std. Error t value Pr(>|t|)
diff(xt)   1.12606    0.08192  13.746 2.81e-12 ***
ECM       -0.30140    0.11933  -2.526   0.0193 *
---
Signif. codes: 0 '***' 0.001 '**' 0.01 '*' 0.05 '.' 0.1 ' ' 1


Residual standard error: 0.0565 on 22 degrees of freedom
Multiple R-squared: 0.8986,    Adjusted R-squared:  0.8894
F-statistic: 97.47 on 2 and 22 DF,  p-value: 1.166e-11
```

从上面的估计, 我们得到误差修正模型:

$$\nabla x_{2t} = 1.12606 \nabla x_{1t} - 0.3014 \mathrm{ECM}_{t-1} + \varepsilon_t.$$

从上述误差修正模型来看, 收入的当期波动对消费支出当期波动影响较大, 每增加 1 单位的对数收入, 会增加 1.12606 单位的对数消费支出. 上期误差 ECM_{t-1} 对消费支出影响较小, 单位调整比例为 -0.30140, 而且系数显著性检验显示该系数并不显著非零.

习题 7

1. 为什么在对时间序列进行回归分析时, 要对序列的平稳性进行检验?

2. 单位根检验的原理是什么? 使用单位根检验方法重新考察例 1.22、例 3.1 和例 3.2 的平稳性, 并将检验结果与图检验方法得出的结果进行比较研究.

3. 假定 $\{x_t\}$ 和 $\{y_t\}$ 都是 $I(1)$ 序列, 但对于某个 $\beta \neq 0$, $\{x_t - \beta y_t\}$ 是 $I(0)$, 证明: 对于任何 $\alpha \neq \beta$, $\{x_t - \alpha y_t\}$ 一定是 $I(1)$.

4. 如何判断变量之间是否存在协整关系? 简述 EG 两步检验的思路和步骤.

5. 简述误差修正模型的建模思想.

6. 表 7.1 和 表 7.2 是建立某地区消费模型所需的行数据. 对实际人均年消费支出 $\{x_t\}$ 和人均年收入 $\{y_t\}$ (单位: 元) 分别取对数, 得到 $\{\ln x_t\}$ 和 $\{\ln y_t\}$. 试完成下列要求:

(1) 使用单位根检验, 分别考察序列 $\{\ln x_t\}$ 和 $\{\ln y_t\}$ 的平稳性.

(2) 用 EG 检验法对序列 $\{\ln x_t\}$ 和 $\{\ln y_t\}$ 进行协整检验.

(3) 建立误差修正模型, 并分析该模型的经济意义.

表 7.1　　1950 年至 1990 年间某地区实际人均年消费支出 $\{x_t\}$　 (单位: 元)

92.28	97.92	105.00	118.08	121.92	132.96	123.84	137.88	138.00	145.08
143.04	155.40	144.24	132.72	136.20	141.12	132.84	139.20	140.76	133.56
144.60	151.20	163.20	165.00	170.52	170.16	177.36	181.56	200.40	219.60
260.76	271.08	290.28	318.48	365.40	418.92	517.56	577.92	655.76	756.24
833.76									

表 7.2　　1950 年至 1990 年间某地区实际人均年收入 $\{y_t\}$　 (单位: 元)

151.20	165.60	182.40	198.48	203.64	211.68	206.28	255.48	226.20	236.88
245.40	240.00	234.84	232.68	238.56	239.88	239.04	237.48	239.40	248.04
261.48	274.08	286.68	288.00	293.52	301.92	313.80	330.12	361.44	398.76
491.76	501.00	529.20	529.72	671.16	811.80	988.44	1094.64	1231.80	1374.60
1522.20									

7. 表 7.3 和 表 7.4 分别是某地区过去 38 年谷物产量序列和该地区相应的降雨量序列. 试完成下列要求:

(1) 使用单位根检验, 分别考察这两个模型的平稳性.

(2) 选择适当模型, 分别拟合这两个序列的发展.

(3) 确定这两个序列之间是否具有协整关系.

(4) 如果这两个序列之间具有协整关系, 请建立适当的模型拟合谷物产量序列对降雨量序列的回归模型.

表 7.3　某地区谷物产量 (行数据)

24.5	33.7	27.9	27.5	21.7	31.9	36.8	29.9	30.2	32.0	34.0	19.4	36.0
30.2	32.4	36.4	36.9	31.5	30.5	32.3	34.9	30.1	36.9	26.8	30.5	33.3
29.7	35.0	29.9	35.2	38.3	35.2	35.5	36.7	26.8	38.0	31.7	32.6	

表 7.4　某地区降雨量 (行数据)

9.6	12.9	9.9	8.7	6.8	12.5	13.0	10.1	10.1	10.1	10.8	7.8	16.2
14.1	10.6	10.0	11.5	13.6	12.1	12.0	9.3	7.7	11.0	6.9	9.5	16.5
9.3	9.4	8.7	9.5	11.6	12.1	8.0	10.7	13.9	11.3	11.6	10.4	

8. 我国 1950 年至 2008 年进出口总额数据 (单位: 亿元) 如表 7.5 和 表 7.6 所示. 请完成下列要求:

(1) 使用单位根检验, 分别考察进口序列和出口序列的平稳性.

(2) 分别对进口总额序列和出口总额序列拟合模型.

(3) 考察这两个序列是否具有协整关系.

(4) 如果这两个序列具有协整关系, 请建立适当模型拟合它们之间的相关关系.

(5) 构造该协整模型的误差修正模型.

表 7.5　进口总额数据 (行数据)

21.3	35.3	37.5	46.1	44.7	61.1	53.0	50.0	61.7
71.2	65.1	43.0	33.8	35.7	42.1	55.3	61.1	53.4
50.9	47.2	56.1	52.4	64.0	103.6	152.8	147.4	129.3
132.8	187.4	242.9	298.8	367.7	357.5	421.8	620.5	1257.8
1498.3	1614.2	2055.1	2199.9	2574.3	3398.7	4443.3	5986.2	9960.1
11048.1	11557.4	11806.5	11626.1	13736.5	18638.8	20159.2	24430.3	34165.6
46435.8	54273.7	63376.9	73284.6	79526.5				

表 7.6　出口总额数据 (行数据)

20.0	24.2	27.1	34.8	40.0	48.7	55.7	54.5	67.0
78.1	63.3	47.7	47.1	50.0	55.4	63.1	66.0	58.8
57.6	59.8	56.8	68.5	82.9	116.9	139.4	143.0	134.8
139.7	167.6	211.7	271.2	367.6	413.8	438.3	580.5	808.9
1082.1	1470.0	1766.7	1956.0	2985.8	3827.1	4676.3	5284.8	10421.8
1254.8	12576.4	15160.7	15223.6	16159.8	20634.4	22024.4	26947.9	36287.9
49103.3	62648.1	77594.6	93455.6	100394.9				

9. 假设两个时间序列 $\{x_t\}$ 和 $\{y_t\}$ 满足

$$\begin{cases} y_t = \beta x_t + \varepsilon_{1t}, \\ \nabla x_t = \alpha \nabla x_{t-1} + \varepsilon_{2t}, \end{cases}$$

其中，$|\alpha| < 1$，$\beta \neq 0$，且 ε_{1t} 与 ε_{2t} 分别是两个 $I(0)$ 序列. 证明: 从这两个方程可以推出一个如下形式的误差修正模型:

$$\nabla y_t = \alpha_1 \nabla x_{t-1} + \delta(y_{t-1} - \beta x_{t-1}) + \varepsilon_t,$$

其中，$\alpha_1 = \alpha\beta$，$\delta = -1$，$\varepsilon_t = \varepsilon_{1t} + \beta\varepsilon_{2t}$.

第 8 章　异方差时间序列模型

8.1　简单异方差模型

在前面的建模中, 我们基本默认残差序列是满足方差齐性条件, 即残差的方差始终为一常数. 但是, 在处理金融时间数据时, 忽视异方差的存在会导致参数显著性检验容易犯纳伪错误, 这使得参数的显著性检验失去意义, 继而影响模型的拟合精度. 为了提高模型的拟合精度, 我们必须对异方差序列进行深入研究.

8.1.1　异方差的现象

由于对序列进行中心化处理之后残差序列均值为零, 所以残差方差实际上就是它平方的期望, 即

$$\text{Var}(\varepsilon_t) = \text{E}(\varepsilon_t^2).$$

因而残差序列的方差是否齐性主要考察残差平方的性质. 像前面章节一样, 我们可以通过观察残差平方的时序图对残差序列的方差齐性进行诊断. 一般地, 如果残差序列的方差满足齐性, 那么残差平方的时序图应该在某个常数值附近随机波动, 它不应该具有任何明显的趋势, 否则就呈现出异方差性.

例 8.1　考察新西兰 1970 年第一季度至 2012 年第一季度居民消费价格指数 (CPI) 序列的方差齐性.

解　读入数据, 并对序列进行 1 阶差分, 然后绘制残差平方时序图. 具体命令如下, 运行结果如图 8.1 所示.

```
> x <- read.csv("E:/DATA/CHAR8/1.csv",header=T)
> y <- ts(x$All.groups,start=c(1970,1),frequency=4)
> z.re <- diff(y)
> plot(z.re^2)
> abline(v=c(1980,1990),col=4,lty=2)
> abline(v=c(2006,2011),col=4,lty=2)
```

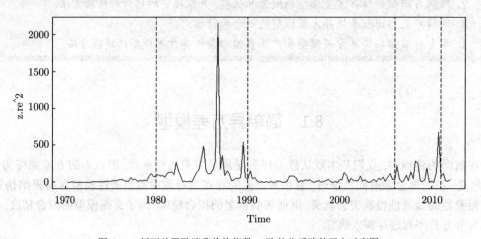

图 8.1　新西兰居民消费价格指数 1 阶差分后残差平方时序图

从图 8.1 明显地看出, 残差平方时序图呈现出新西兰居民消费价格指数序列具有异方差性.

许多经济或金融市场的时间数据表现出在经历一段相对平稳的时期后, 集中出现非常大的波动, 我们称这种现象为**集群效应 (cluster effect)**. 由于集群效应的存在, 所以我们对序列同方差的假设是不恰当的.

例 8.2　分析 2000 年 1 月 3 日至 2017 年 9 月 29 日美元兑欧元汇率: 绘制汇率的对数时序图, 观察走势; 绘制回报率 (即汇率对数的差分) 平方时序图, 观察集群效应.

解　读入数据, 并应用样条插值法补充缺失数据, 然后绘制汇率的对数时序图和回报率平方时序图. 具体命令如下, 运行结果如图 8.2 所示.

```
> x <- read.csv("E:/DATA/CHAR8/2.csv",header=T)
> USEU <- na.spline(x$exchangerate)
> USEU.log <- log(USEU)
> par(mfrow=c(2,1))
> plot.ts(USEU.log,type="l")
> squa <- (diff(USEU.log*100))^2
> plot.ts(squa)
```

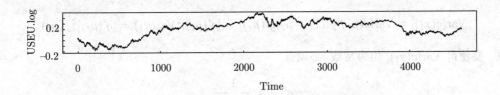

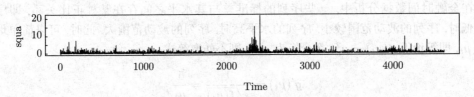

图 8.2　美元兑欧元汇率对数时序图和回报率平方时序图

从图 8.2 可见, 美元兑欧元汇率的对数时序图呈现较大波动. 进一步观察其 1 阶差分之后的残差平方时序图发现, 具有明显的集群效应. 显然, 这时对汇率序列建模, 应该充分考虑到集群效应引起的异方差现象, 否则导致模型不准确, 预测偏差过大.

当序列出现异方差时, 一般有两种处理手段:

(1) 如果方差函数具体形式已知, 那么可以通过方差齐性变换, 化为方差齐性序列进行建模.

(2) 如果方差函数具体形式未知, 那么建立条件异方差模型.

第一种处理手段较为简单, 但是假设过于理想化, 适用范围不广. 下面我们首先来处理这种模型, 第二种处理手段留待后续小节来处理.

8.1.2　方差齐性变换

设时间序列 $\{x_t, t \in T\}$ 的方差函数 σ_t^2 与均值函数 μ_t 之间存在函数关系

$$\sigma_t^2 = f(\mu_t),$$

其中, $f(\cdot)$ 是已知函数. 现在尝试寻找一个变换 $g(\cdot)$, 使得经过变换之后的序列 $\{g(x_t)\}$ 满足方差齐性条件:

$$\mathrm{Var}[g(x_t)] = \sigma^2.$$

将 $g(x_t)$ 在 μ_t 附近作 1 阶泰勒展开, 得

$$g(x_t) \approx g(\mu_t) + (x_t - \mu_t)g'(\mu_t).$$

上式两边求方差得

$$\mathrm{Var}[g(x_t)] \approx \mathrm{Var}[g(\mu_t) + (x_t - \mu_t)g'(\mu_t)] = [g'(\mu_t)]^2 \mathrm{Var}(x_t) = [g'(\mu_t)]^2 f(\mu_t).$$

可见, 要使得 $\mathrm{Var}[g(x_t)]$ 恒为常数, 必须有

$$g'(\cdot) \propto \frac{1}{\sqrt{f(\cdot)}}.$$

在金融时间数据分析中, 一些序列的标准差与其水平之间存在某种正比关系, 即序列的水平低时, 序列的波动范围较小, 序列的水平高时, 序列的波动范围大. 此时, 可以简单地假定 $\sigma_t = \mu_t$, 即等价于 $f(\mu_t) = \mu_t^2$. 令变换为 $g(\cdot)$, 则不妨取等式

$$g'(\mu_t) = \frac{1}{\sqrt{f(\mu_t)}} = \frac{1}{\mu_t}.$$

于是推得 $g(\mu_t) = \ln(\mu_t)$. 这表明对于标准差与水平成正比的异方差序列, 对数变换可以有效地实现方差齐性.

例 8.3　考察 2016 年 8 月 3 日至 2017 年 10 月 4 日 10 年期美国国债收益率序列, 并使用方差齐性变换方法进行分析.

解　首先读取数据, 并绘制 2016 年 8 月 3 日至 2017 年 10 月 4 日 10 年期美国国债收益率序列的时序图. 具体命令如下, 运行结果见图 8.3.

```
> x <- read.csv("E:/DATA/CHAR8/3.csv",header=T)
> y <- ts(na.spline(x$DGS10))
> plot(y,ylab="10-Year Treasury Constant Maturity Rate")
```

从图 8.3 我们看到, 10 年期美国国债收益率序列的波动性与序列水平值之间有正相关性, 于是假定它们之间具有正比关系. 对原序列作对数变换, 并绘制对数变换之后序列的时序图. 然后进行 1 阶差分, 并绘制 1 阶差分后所得序列的时序图. 最后对 1 阶差分后所得序列作白噪声检验. 具体命令如下, 运行结果如图 8.4 所示.

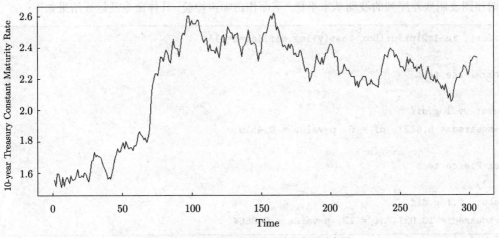

图 8.3　10 年期美国国债收益率序列时序图

```
> x <- read.csv("E:/DATA/CHAR8/3.csv",header=T)
> y <- ts(na.spline(x$DGS10))
> par(mfrow=c(1,2))
> y.log <- log(y)
> plot(y.log)
> y.log.dif <- diff(y.log)
> plot(y.log.dif)
```

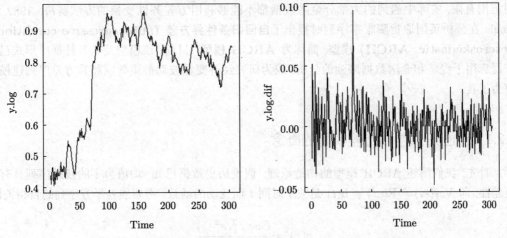

图 8.4　10 年期美国国债收益率序列的对数及其 1 阶差分序列时序图

从图 8.4 可见, 10 年期美国国债收益率对数序列保持了原序列的变化趋势. 但是, 其 1 阶差

分时序图表明残差序列的波动基本平稳. 下面作白噪声检验, 具体命令及运行结果如下:

```
> for(i in 1:2)print(Box.test(y.log.dif,lag=6*i))

Box-Pierce test

data:  y.log.dif
X-squared = 5.6637, df = 6, p-value = 0.4619

Box-Pierce test

data:  y.log.dif
X-squared = 13.037, df = 12, p-value = 0.3664
```

白噪声检验显示残差序列为白噪声. 于是可以得到序列的拟合模型:

$$\nabla \ln(x_t) = \varepsilon_t,$$

其中 ε_t 为零均值白噪声序列.

8.2　自回归条件异方差模型

方差齐性变换方法为异方差序列的精确拟合提供了一种很好的解决方法, 不过可惜的是适用范围有限, 实际中遇到的大部分金融数据都不能够利用方差齐性变换的方法解决. 1982 年, Engle 在分析英国通货膨胀率序列时提出了**自回归条件异方差 (autoregressive conditional heteroskedastic, ARCH) 模型**, 简称为 **ARCH 模型**. 目前, 该模型及其各种推广形式已被广泛应用于经济和金融数据序列的分析, 成为研究经济变量波动群集效应和异方差序列建模的有力工具.

8.2.1　自回归条件异方差模型的概念

首先, 我们简述 ARCH 模型的构造原理. 假设历史数据已知, 均值为零的残差序列具有异方差性, 即 $\mathrm{Var}(\varepsilon_t) = \mathrm{E}(\varepsilon_t^2) = h(t)$ 是关于时间 t 而变动的函数. 考察残差平方序列的自相关性:

$$\rho(k) = \frac{\mathrm{Cov}(\varepsilon_t^2, \varepsilon_{t-k}^2)}{\mathrm{Var}(\varepsilon_t^2)}.$$

当自相关系数恒为零, 即 $\rho(k) = 0(k = 1, 2, \cdots)$ 时, 表明残差平方序列是纯随机的序列, 历史数据对未来残差的估计没有作用. 这种情况难以分析, 本书不做讨论. 当存在某个 $k \geqslant 1$, 使得 $\rho(k) \neq 0$ 时, 表明残差平方序列中蕴含着某种相关信息, 可以通过构造适当的模型提取这些相关信息, 以获得序列异方差波动特征. ARCH 模型就是基于这种情况构造的模型.

一般地, 设一个时间序列 $\{x_t, t \in T\}$ 满足

$$x_t = f(t, x_{t-1}, x_{t-2}, \cdots) + u_t,$$

其中, $f(t, x_{t-1}, x_{t-2}, \cdots)$ 为 $\{x_t\}$ 的确定信息拟合模型; u_t 为残差项. 如果 u_t 满足下列条件

$$\begin{cases} u_t | \Omega_{t-1} \sim N(0, \ h_t), \\ h_t = h(u_{t-1}, u_{t-2}, \cdots, u_{t-q}), \end{cases}$$

其中, Ω_{t-1} 为包含了 t 期以前全部信息的集合; $h(\cdot)$ 是一个 q 元非负函数, 那么我们称 $\{u_t\}$ 服从 $\boldsymbol{q}$ 阶自回归条件异方差模型, 简称为 $\mathbf{ARCH}(\boldsymbol{q})$ 模型.

上面的定义是 ARCH 模型的一般性定义, 在应用中可以有不同的形式. 比如: 如果 $\{u_t\}$ 满足

$$u_t^2 = \beta_0 + \beta_1 u_{t-1}^2 + \cdots + \beta_q u_{t-q}^2 + \varepsilon_t,$$

其中, 系数 $\beta_0 > 0$, $\beta_k \geqslant 0, k = 1, 2, \cdots, q$; $\{\varepsilon_t\}$ 为白噪声, 则有

$$h_t = \mathrm{Var}(u_t | \Omega_{t-1}) = \mathrm{E}(u_t^2 | \Omega_{t-1}) = \beta_0 + \beta_1 u_{t-1}^2 + \cdots + \beta_q u_{t-q}^2.$$

可见条件方差 h_t 随 $\{u_t\}$ 过去值的变化而变化. 我们称满足这种情况的 $\{u_t\}$ 为服从具有线性参数形式的 q 阶自回归条件异方差模型 $\mathrm{ARCH}(q)$.

在实际应用中, 为了简化模型, 可以对模型做出一些合理假设. 一种比较简便的处理方式是假定

$$\begin{cases} x_t = \boldsymbol{X}_t^{\mathrm{T}} \boldsymbol{\eta} + u_t, \\ u_t = \sqrt{h_t} \varepsilon_t, \\ h_t = \beta_0 + \beta_1 u_{t-1}^2 + \cdots + \beta_q u_{t-q}^2, \end{cases} \tag{8.1}$$

其中, $\boldsymbol{X}_t$ 是前定解释变量向量, 包括被解释变量的滞后项, $\boldsymbol{\eta}$ 是回归参数, ε_t 独立同分布, 且 $\varepsilon_t \sim N(0, \ 1)$. 由上面假设容易得到

$$\mathrm{E}(u_t | \Omega_{t-1}) = \mathrm{E}(\sqrt{h_t} \varepsilon_t | \Omega_{t-1}) = \sqrt{h_t} \mathrm{E}(\varepsilon_t | \Omega_{t-1}) = 0,$$

$$\mathrm{Var}(u_t|\Omega_{t-1}) = \mathrm{E}(u_t^2|\Omega_{t-1}) = h_t\mathrm{E}(\varepsilon_t^2|\Omega_{t-1}) = h_t,$$

即 $u_t|\Omega_{t-1} \sim N(0,\ h_t)$, 从而 $\{u_t\}$ 服从 ARCH(q) 模型.

下面, 我们主要以模型 (8.1) 所表示的情况展开讨论.

8.2.2   自回归条件异方差模型的估计

估计自回归条件异方差模型的常用方法是极大似然方法. 对于回归模型 (8.1) 而言, 假设前 q 组观测值已知, 记

$$\Omega_t = \{x_t, x_{t-1}, \cdots, x_1, x_0, \cdots, x_{-q+1}, \boldsymbol{X}_t^{\mathrm{T}}, \boldsymbol{X}_{t-1}^{\mathrm{T}}, \cdots, \boldsymbol{X}_1^{\mathrm{T}}, \boldsymbol{X}_0^{\mathrm{T}}, \cdots, \boldsymbol{X}_{-q+1}^{\mathrm{T}}\}$$

则

$$x_t|\Omega_{t-1} \sim N(\boldsymbol{X}_t^{\mathrm{T}}\boldsymbol{\eta},\ h_t).$$

从而 x_t 的条件密度函数为

$$p(x_t|\boldsymbol{X}_t, \Omega_{t-1}) = \frac{1}{\sqrt{2\pi h_t}} \exp\left\{-\frac{(x_t - \boldsymbol{X}_t^{\mathrm{T}}\boldsymbol{\eta})^2}{2h_t}\right\},$$

其中

$$h_t = \beta_0 + \beta_1 u_{t-1}^2 + \cdots + \beta_q u_{t-q}^2$$
$$= \beta_0 + \beta_1(x_{t-1} - \boldsymbol{X}_{t-1}^{\mathrm{T}}\boldsymbol{\eta})^2 + \cdots + \beta_q(x_{t-q} - \boldsymbol{X}_{t-q}^{\mathrm{T}}\boldsymbol{\eta})^2$$
$$= [W_t(\boldsymbol{\eta})]^{\mathrm{T}}\boldsymbol{\beta},$$

这里 $\boldsymbol{\beta} = (\beta_0, \beta_1, \cdots, \beta_q)^{\mathrm{T}}$, $W_t(\boldsymbol{\eta}) = [1, (x_{t-1} - \boldsymbol{X}_{t-1}^{\mathrm{T}}\boldsymbol{\eta})^2, \cdots, (x_{t-q} - \boldsymbol{X}_{t-q}^{\mathrm{T}}\boldsymbol{\eta})^2]^{\mathrm{T}}$.

可见待估参数向量为 $\boldsymbol{\eta}$ 和 $\boldsymbol{\beta}$. 记

$$\boldsymbol{\theta} = \begin{pmatrix} \boldsymbol{\beta} \\ \boldsymbol{\eta} \end{pmatrix},$$

则 $\boldsymbol{\theta}$ 为回归模型 (8.1) 的参数向量. 于是, 样本的对数似然函数为

$$L(\boldsymbol{\theta}) = \sum_{t=1}^{T} \ln p(x_t|\boldsymbol{X}_t, \Omega_{t-1}; \boldsymbol{\theta}) = -\frac{T}{2}\ln(2\pi) - \frac{1}{2}\sum_{t=1}^{T}\ln(h_t) - \frac{1}{2}\sum_{t=1}^{T}\frac{(x_t - \boldsymbol{X}_t^{\mathrm{T}}\boldsymbol{\eta})^2}{h_t}.$$

上式两边关于 $\boldsymbol{\theta}$ 求 1 阶偏导数, 并令偏导数为零, 得

$$\frac{\partial L(\boldsymbol{\theta})}{\partial \boldsymbol{\theta}} = -\frac{1}{2} \sum_{t=1}^{T} \left\{ \frac{\ln(h_t)}{\partial \boldsymbol{\theta}} + \left[\frac{1}{h_t} \frac{\partial (x_t - \boldsymbol{X}_t^{\mathrm{T}} \boldsymbol{\eta})^2}{\partial \boldsymbol{\theta}} - \frac{(x_t - \boldsymbol{X}_t^{\mathrm{T}} \boldsymbol{\eta})^2}{h_t^2} \frac{\partial h_t}{\partial \boldsymbol{\theta}} \right] \right\} = \mathbf{0}.$$

解此方程组, 可得到 $\boldsymbol{\theta}$ 的极大似然估计 $\hat{\boldsymbol{\theta}}$. 在实际应用中, 可借助于软件进行计算.

8.2.3 自回归条件异方差模型的检验

ARCH 模型的检验不仅要检验序列具有异方差性, 而且要检验这种异方差性是可以用残差序列的自回归模型进行拟合. 常用的两种 ARCH 检验方法是 LM 检验和 Q 检验.

1. Lagrange 乘子检验

Lagrange 乘子检验, 简记为 LM 检验, 其构造思想是, 如果残差序列方差非齐, 且具有集群效应, 那么残差平方序列通常具有自相关性. 于是, 可以使用 ARCH(q) 模型拟合残差平方序列

$$u_t^2 = \beta_0 + \beta_1 u_{t-1}^2 + \cdots + \beta_q u_{t-q}^2 + \varepsilon_t. \tag{8.2}$$

这样方差齐性的检验就转化为 (8.2) 式是否显著成立的检验. 因此, 针对回归方程 (8.2), Lagrange 乘子检验的假设条件为:

原假设 $\mathbf{H}_0$: $\beta_1 = \beta_2 = \cdots = \beta_q = 0$ $\longleftrightarrow$ 备择假设 $\mathbf{H}_1$: $\beta_1, \beta_2, \cdots, \beta_q$ 不全为零.

Lagrange 乘子检验的统计量为

$$LM(q) = \frac{\left[\sum_{t=q+1}^{T} (u_t^2 - \varepsilon_t^2) \right] / q}{\left(\sum_{t=q+1}^{T} \varepsilon_t^2 \right) / (T - 2q - 1)}.$$

经过计算可知, 在原假设成立时统计量 $LM(q)$ 近似服从自由度为 $q - 1$ 的 χ^2 分布, 即

$$LM(q) \sim \chi^2(q - 1).$$

当 $LM(q)$ 检验统计量的 p 值小于显著性水平 α 时, 拒绝原假设, 认为该序列方差非齐, 可用 (8.2) 式拟合残差平方序列中的自相关关系.

2. Portmanteau Q 检验

Portmanteau Q 检验, 简记为 Q 检验, 其检验思想是, 如果残差序列方差非齐, 且具有集群

效应, 那么残差平方序列通常具有自相关性. 故可将方差非齐次的检验转化为残差平方序列的自相关性检验. 该检验的假设条件为:

原假设 $\mathbf{H}_0$: 残差平方序列纯随机 $\longleftrightarrow$ 备择假设 $\mathbf{H}_1$: 残差平方序列自相关.

或等价地表述为

原假设 $\mathbf{H}_0$: $\rho(1) = \rho(2) = \cdots = \rho(q) = 0$ $\longleftrightarrow$ 备择假设 $\mathbf{H}_1$: $\rho(1), \rho(2), \cdots, \rho(q)$ 不全为零. 这里 ρ_k 表示残差平方序列的延迟 k 阶自相关函数.

Portmanteau Q 检验的统计量 Q(q) 实际上就是 $\{u_t^2\}$ 的 LB 统计量. 因此, 当原假设成立时, Portmanteau Q 检验的统计量近似服从自由度为 $q - 1$ 的 χ^2 分布. 当统计量 Q(q) 的 p 值小于显著性水平 α 时, 拒绝原假设, 认为该序列方差非齐次且具有自相关关系.

在 R 语言中, 可用 FinTS 程序包中的函数 ArchTest() 来作 LM 检验. 而 Portmanteau Q 检验其实就是残差平方序列的纯随机性检验, 所以只需调用 Box.test() 函数就可以了. 函数 ArchTest() 的命令格式如下:

```
ArchTest(x, lags= )
```

该函数的参数说明:

- **x**: 需要进行检验的序列名.

- **lags**: 滞后阶数.

拟合 ARCH 模型可以用 tseries 程序包中的 garch() 函数. 函数 garch() 的命令格式如下:

```
garch(x, order= )
```

该函数的参数说明:

- **x**: 需要进行拟合的序列名.

- **order**: 拟合模型阶数. order=c(0,q) 表示拟合模型 ARCH(q); order=c(p,q) 表示拟合模型 GARCH(p,q).

例 8.4　分析 2012 年 10 月 8 日至 2017 年 10 月 5 日美国美银美林欧元高收益指数总回报指数序列, 对其 1 阶差分序列进行 ARCH 检验, 并拟合差分序列的波动性.

解　读取数据, 并作差分, 绘制差分平方时序图. 具体命令如下, 运行结果见图 8.5.

```
> x <- read.csv("E:/DATA/CHAR8/4.csv",header=T)
> EU <- x$BAMLHE00EHYITRIV
> EU.dif <- diff(EU)
> plot.ts(EU.dif^2,type="l",ylab="差分平方")
```

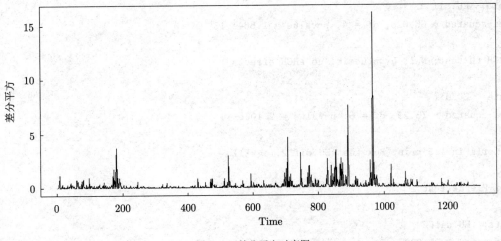

图 8.5 差分平方时序图

由图 8.5 可见, 该序列残差具有群集效应, 因此, 进一步进行 LM 检验和 Q 检验. 具体命令及运行结果如下:

```
> for(i in 1:5)print(ArchTest(EU.dif,lag=i))

ARCH LM-test; Null hypothesis: no ARCH effects

data: EU.dif
Chi-squared = 33.6, df = 1, p-value = 6.77e-09

ARCH LM-test; Null hypothesis: no ARCH effects

data: EU.dif
Chi-squared = 50.766, df = 2, p-value = 9.467e-12

ARCH LM-test; Null hypothesis: no ARCH effects

data: EU.dif
Chi-squared = 59.3, df = 3, p-value = 8.293e-13

ARCH LM-test; Null hypothesis: no ARCH effects
```

```
data:  EU.dif
Chi-squared = 66.026, df = 4, p-value = 1.564e-13


ARCH LM-test; Null hypothesis: no ARCH effects

data:  EU.dif
Chi-squared = 73.29, df = 5, p-value = 2.109e-14

> for(i in 1:5)print(Box.test(EU.dif^2,lag=i))

Box-Pierce test

data:  EU.dif^2
X-squared = 33.622, df = 1, p-value = 6.694e-09

Box-Pierce test

data:  EU.dif^2
X-squared = 58.91, df = 2, p-value = 1.614e-13

Box-Pierce test

data:  EU.dif^2
X-squared = 77.11, df = 3, p-value < 2.2e-16

Box-Pierce test

data:  EU.dif^2
X-squared = 94.076, df = 4, p-value < 2.2e-16

Box-Pierce test

data:  EU.dif^2
X-squared = 113.13, df = 5, p-value < 2.2e-16
```

　　LM 检验和 Q 检验都表明, 该序列残差平方具有显著的长期相关性, 可以建立 ARCH 模型进行拟合. 通过观察检验过程, 并尝试多次, 选择 ARCH(2) 进行拟合. 具体命令及运行结果如下:

```
> EU.fit <- garch(EU.dif,order=c(0,2))
> summary(EU.fit)

Call:
garch(x = EU.dif, order = c(0, 2))

Model:
GARCH(0,2)

Residuals:
    Min      1Q  Median      3Q     Max
-8.3448 -0.1806  0.2935  0.6839  5.0174

Coefficient(s):
    Estimate  Std. Error  t value Pr(>|t|)
a0  0.067602    0.001874   36.070  < 2e-16 ***
a1  0.630903    0.029150   21.644  < 2e-16 ***
a2  0.178153    0.028854    6.174 6.65e-10 ***
---
Signif. codes: 0 '***' 0.001 '**' 0.01 '*' 0.05 '.' 0.1 ' ' 1

Diagnostic Tests:
Jarque Bera Test

data: Residuals
X-squared = 6925.1, df = 2, p-value < 2.2e-16

Box-Ljung test

data: Squared.Residuals
X-squared = 0.062658, df = 1, p-value = 0.8023
```

检验结果表明, 模型和参数均显著, 因此最后拟合的残差模型为

$$u_t^2 = 0.067602 + 0.630903 u_{t-1}^2 + 0.178153 u_{t-2}^2 + \varepsilon_t,$$

式中 ε_t 为白噪声.

8.3　广义自回归条件异方差模型

在实践中, 许多残差序列的异方差函数具有长期自相关性, 用 ARCH 模型拟合会产生很高的移动平均阶数. 在样本有限的情况下, 不但增加了估计的难度, 而且参数估计的效率大大降低. 为了弥补这一缺陷, Bollerslev 1986 年提出了**广义自回归条件异方差 (generalized autoregressive conditional heteroskedastic, GARCH) 模型**. 它的结构如下:

$$\begin{cases} x_t = f(t, x_{t-1}, x_{t-2}, \cdots) + u_t, \\ u_t = \sqrt{h_t}\varepsilon_t, \\ h_t = \alpha_0 + \sum_{i=1}^{q} \alpha_i u_{t-i}^2 + \sum_{j=1}^{p} \beta_j h_{t-j}, \end{cases}$$

式中, $\alpha_0 > 0, \alpha_i \geqslant 0, \beta_j \geqslant 0$; ε_t 独立同分布, 且 $\varepsilon_t \sim N(0, 1)$. 该模型简记为 **GARCH**$(p, q)$.

可见 GARCH 模型实际上就是在 ARCH 模型的基础上增加了异方差函数的 p 阶自相关性而形成的; 它可以有效地拟合具有长期记忆性的异方差函数. ARCH 模型是 GARCH 模型当 $p = 0$ 时的一个特例.

当回归函数 $f(t, x_{t-1}, x_{t-2}, \cdots)$ 不能够充分提取原序列中的相关信息时, u_t 中还可能含有自相关性, 这时可先对 $\{u_t\}$ 拟合自回归模型, 然后再考察自回归残差 $\{v_t\}$ 的方差齐性. 如果 $\{v_t\}$ 异方差, 对它拟合 GARCH 模型. 此时, 模型结构如下:

$$\begin{cases} x_t = f(t, x_{t-1}, x_{t-2}, \cdots) + u_t, \\ u_t = \gamma_1 u_{t-1} + \gamma_2 u_{t-2} + \cdots + \gamma_m u_{t-m} + v_t, \\ v_t = \sqrt{h_t}\varepsilon_t, \\ h_t = \alpha_0 + \sum_{i=1}^{q} \alpha_i v_{t-i}^2 + \sum_{j=1}^{p} \beta_j h_{t-j}, \end{cases} \tag{8.3}$$

式中, ε_t 独立同分布, 且 $\varepsilon_t \sim N(0, 1)$. 形如 (8.3) 式的模型有时也被称为 AR$(m)$-GARCH$(p, q)$ 模型.

GARCH 模型的常用估计方法仍然是极大似然法, 常用检验法仍然是 LM 法.

例 8.5　分析拟合 2012 年 10 月 9 日至 2017 年 10 月 5 日中国/美国外汇汇率序列.

解　读入数据, 并对缺失部分做样条插值, 然后绘制时序图. 从时序图 8.6 可见, 该序列没有任何平稳特征, 不过具有一定趋势性, 因此, 对序列进行 1 阶差分, 并绘制差分序列的时序图. 1 阶差分时序图表明, 差分序列具有明显的群集效应. 作差分序列自相关图和偏自相关图. 具体命令如下, 运行结果如图 8.6 和图 8.7 所示.

```
> x <- read.csv("E:/DATA/CHAR8/5.csv",header=T)
> y <- ts(na.spline(x$DEXCHUS))
> y.dif <- diff(y)
> par(mfrow=c(1,2))
> plot(y,ylab=" China / U.S. Foreign Exchange Rate")
> plot(y.dif,ylab="difference of Exchange Rate")
> acf(y.dif,main=" "); pacf(y.dif,main=" ")
```

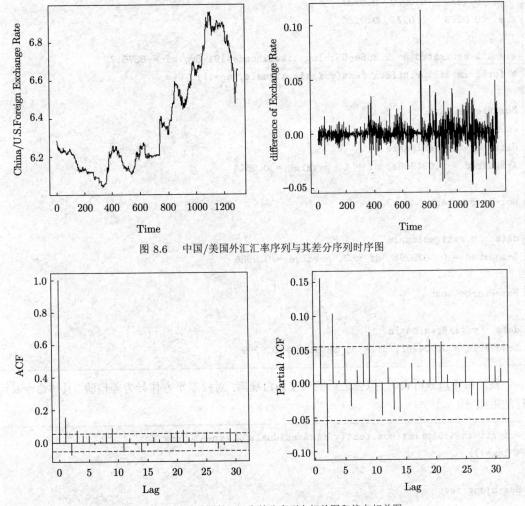

图 8.6　中国/美国外汇汇率序列与其差分序列时序图

图 8.7　中国/美国外汇汇率差分序列自相关图和偏自相关图

从图 8.7 可见, 自相关系数具有 3 阶截尾性, 偏自相关系数具有拖尾性. 于是, 选用 ARIMA$(0,1,3)$ 模型拟合差分序列, 并对残差作白噪声检验. 具体命令及运行结果如下:

```
> y.fix <- arima(y,order=c(0,1,3));y.fix

Call:
arima(x = y, order = c(0, 1, 3))

Coefficients:
         ma1      ma2     ma3
      0.1834  -0.0920  0.0737
s.e.  0.0278   0.0271  0.0280

sigma^2 estimated as 9.355e-05: log likelihood=4191.86, aic=-8375.72
> for(i in 1:3)print(Box.test(y.fix$residuals,lag=i))

Box-Pierce test

data:  y.fix$residuals
X-squared = 0.0019883, df = 1, p-value = 0.9644

Box-Pierce test

data:  y.fix$residuals
X-squared = 0.0028265, df = 2, p-value = 0.9986

Box-Pierce test

data:  y.fix$residuals
X-squared = 0.004207, df = 3, p-value = 0.9999
```

残差白噪声分析表明, 拟合之后的残差为白噪声. 对残差平方作异方差检验. 具体命令及运行结果如下:

```
> for(i in 1:5)print(Box.test(y.fix$residuals^2,type="Ljung-Box",
+ lag=i))

Box-Ljung test
```

```
data: y.fix$residuals^2
X-squared = 21.489, df = 1, p-value = 3.559e-06


Box-Ljung test

data: y.fix$residuals^2
X-squared = 25.123, df = 2, p-value = 3.505e-06


Box-Ljung test

data: y.fix$residuals^2
X-squared = 26.958, df = 3, p-value = 6.008e-06

Box-Ljung test

data: y.fix$residuals^2
X-squared = 29.599, df = 4, p-value = 5.906e-06

Box-Ljung test

data: y.fix$residuals^2
X-squared = 31.285, df = 5, p-value = 8.23e-06
```

检验结果表明, 残差具有群集效应, 且蕴含长期相关关系. 用 GARCH(1, 1) 模型拟合异方差. 具体命令及运行结果如下:

```
> r.fix <- garch(y.fix$residuals,order=c(1,1))
> summary(r.fix)


Call:
garch(x = y.fix$residuals, order = c(1, 1))


Model:
GARCH(1,1)


Residuals:
     Min        1Q      Median        3Q       Max
-4.671511 -0.382684  0.004896  0.411170  15.928403
```

```
Coefficient(s):
    Estimate  Std. Error  t value Pr(>|t|)
a0 1.694e-05   1.805e-06    9.383  < 2e-16 ***
a1 1.677e-01   2.461e-02    6.813 9.57e-12 ***
b1 6.653e-01   3.553e-02   18.727  < 2e-16 ***
---
Signif. codes:  0 '***' 0.001 '**' 0.01 '*' 0.05 '.' 0.1 ' ' 1

Diagnostic Tests:
Jarque Bera Test


data:  Residuals
X-squared = 143320, df = 2, p-value < 2.2e-16


Box-Ljung test


data:  Squared.Residuals
X-squared = 0.0028366, df = 1, p-value = 0.9575
```

绘制波动的 95% 置信区间. 具体命令如下, 运行结果如图 8.8 所示.

```
c.pred <- predict(r.fix)
plot(c.pred,main=" ")
```

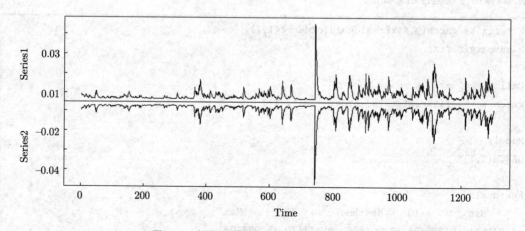

图 8.8　中国/美国外汇汇率序列波动置信区间图

综合整个拟合过程, 我们得到完整的拟合模型:

$$
\begin{cases}
x_t = x_{t-1} + u_t + 0.1843u_{t-1} - 0.0920u_{t-2} + 0.0737u_{t-3} + v_t, & v_t \sim N(0,\ 0.00009355), \\
v_t = \sqrt{h_t}\varepsilon_t, \\
h_t = 0.6653h_{t-1} + 0.1677v_{t-1}^2.
\end{cases}
$$

GARCH 模型为金融时间数据的波动性建模提供了有效的方法, 但是实际使用中也存在一些不足. 为此, 人们提出了许多 GARCH 的衍生模型, 以便高效地处理金融中的时间数据. 最常见的 GARCH 衍生模型有 EGARCH 模型、GARCH-M 模型和 IGARCH 模型, 等等. 感兴趣的读者可参阅有关书籍.

习题 8

1. 请分别写出 ARCH(q) 和 GARCH(p, q) 模型, 并指出它们的联系和区别?

2. 在模型 (8.1) 的形式下, 假设 $\{u_t\}$ 服从 ARCH(1) 模型:

$$
h_t = \beta_0 + \beta_1 u_{t-1}^2.
$$

证明: (1) $\mathrm{E}h_t^2 = \dfrac{\beta_0^2}{1-\beta_1}\dfrac{1+\beta_1}{1-3\beta_1^2}$;   (2) $\mathrm{E}u_t^4 = 3\left(\dfrac{1-\beta_1^2}{1-3\beta_1^2}\right)$.

3. 假设 $\{u_t\}$ 服从 GARCH$(3, 2)$ 模型:

$$
h_t = \alpha_0 + \sum_{i=1}^{3}\alpha_i u_{t-i}^2 + \sum_{j=1}^{2}\beta_j h_{t-j}.
$$

证明: $\{u_t^2\}$ 可写成 ARMA$(3, 2)$ 模型.

4. 假设 $\{v_t\}$ 是 WN$(0,\ 1)$ 过程, 满足:

$$
\begin{cases}
r_t = 3 + 0.72r_{t-1} + u_t, \\
u_t = v_t\sqrt{1 + 0.35u_{t-1}^2}.
\end{cases}
$$

(1) 求 $\{r_t\}$ 的均值和方差.

(2) 计算 $\{r_t\}$ 的自相关函数.

(3) 计算 $\{u_t^2\}$ 的自相关函数.

5. 某股票连续若干天的收盘价如表 8.1 所示. 选择适当模型拟合该序列的发展, 并估计下一天的收盘价.

表 8.1　某股票收盘价 (行数据)

304	303	307	299	296	293	301	293	301	295	284	286	286	287	284
282	278	281	278	277	279	278	270	268	272	273	279	279	280	275
271	277	278	279	283	284	282	283	279	280	280	279	278	283	278
270	275	273	273	272	275	273	273	272	273	272	273	271	272	271
273	277	274	274	272	280	282	292	295	295	294	290	291	288	288
290	293	288	289	291	293	293	290	288	287	289	292	288	288	285
282	286	286	287	284	283	286	282	287	286	287	292	292	294	291
288	289													

6. 1750—1849 年瑞典人口出生率 (‰) 数据如表 8.2 所示.

表 8.2　瑞典人口出生率 (行数据)

9	12	8	12	10	10	8	2	0	7	10	9	4	1	7	5	8	9	5
5	6	4	−9	−27	12	10	10	8	8	9	14	7	4	1	1	2	6	7
7	−2	−1	7	12	10	10	4	9	10	9	5	4	3	7	6	8	3
4	−5	−14	1	6	3	2	6	1	13	10	10	6	9	10	13	16	14	16
12	8	7	6	9	4	7	12	8	14	11	5	5	10	11	11	9	12
13	8	6	10	13										

(1) 请选择适当的模型拟合该序列的发展.

(2) 检验序列的异方差性, 如果存在异方差, 请拟合条件异方差.

7. 1867—1938 年英国 (英格兰及威尔士) 绵羊数量如表 8.3 (行数据) 所示.

表 8.3　英国 (英格兰及威尔士) 绵羊数量 (行数据)

2203	2360	2254	2165	2024	2078	2214	2292	2207	2119	2119	2137
2132	1955	1785	1747	1818	1909	1958	1892	1919	1853	1868	1991
2111	2119	1991	1859	1856	1924	1892	1916	1968	1928	1898	1850
1841	1824	1823	1843	1880	1968	2029	1996	1933	1805	1713	1726
1752	1795	1717	1648	1512	1338	1383	1344	1384	1484	1597	1686
1707	1640	1611	1632	1775	1850	1809	1653	1648	1665	1627	1791

(1) 确定该序列的平稳性.

(2) 选择适当模型, 拟合该序列的发展.

(3) 利用拟合模型预测 1939—1945 年英国绵羊的数量.

8. 已知一个时间序列 $\{u_t\}$ 服从 GARCH$(1, 1)$ 模型, 试求 $\{u_t\}$ 的无条件期望和方差、条件期望和方差, 并与 ARCH(1) 模型的情形比较.

参考文献

[1] Cryer J D, Chan S. Time Series Analysis with Applications in R[M]. 2nd ed. New York: Springer, 2008.

[2] Hamilton J D. Time Series Analysis[M]. New Jersey: Princeton University Press, 1994.

[3] Kirchgässner G, Wolters J, Hassler U. Introduction to Modern Time Series Analysis[M]. 2nd ed. Berlin Heidelberg: Springer-Verlag, 2013.

[4] Shumway R H, Stoffer D S . Time Series Analysis and Its Applications: With R Examples[M]. 3rd ed. New York: Springer, 2011.

[5] Tsay R S. Analysis of Financial Time Series[M]. 3rd ed. New Jersey: Wiley, 2010.

[6] Tsay R S. An Introduction to Analysis of Financial Data with R [M]. New Jersey: Wiley, 2013.

[7] Tsay R S. Multivariate Time Series Analysis: With R and Financial Applications[M]. New Jersey: Wiley, 2014.

[8] 吴喜之, 刘苗. 应用时间序列分析 [M]. 北京：机械工业出版社, 2014.

[9] 史代敏, 谢小燕. 应用时间序列分析 [M]. 北京：高等教育出版社, 2011.

[10] 王燕. 时间序列分析 [M]. 北京：中国人民大学出版社, 2015.

[11] 赵华. 时间序列数据分析 [M]. 北京：清华大学出版社, 2016.

[12] 肖枝洪, 郭明月. 时间序列分析与 SAS 应用 [M]. 武汉：武汉大学出版社, 2012.

[13] 王振龙, 胡永宏. 应用时间序列分析 [M]. 北京：科学出版社, 2012.

[14] 何书元. 应用时间序列分析 [M]. 北京：北京大学出版社, 2003.

[15] 周永道, 王会琦, 吕王勇. 时间序列分析及应用 [M]. 北京：高等教育出版社, 2015.

[16] 孙祝岭. 时间序列与多元统计分析 [M]. 上海：上海交通大学出版社, 2016.

[17] 张树京, 齐立心. 时间序列分析简明教程 [M]. 北京：北京交通大学出版社, 2003.

[18] 易丹辉. 时间序列分析: 方法与应用 [M]. 北京: 中国人民大学出版社, 2011.

[19] 彭作祥. 金融时间序列建模分析 [M]. 成都: 西南财经大学出版社, 2006.

[20] 王黎明, 王连, 杨楠. 应用时间序列分析 [M]. 上海: 复旦大学出版社, 2009.

[21] 刘伟. 金融时间序列分析案例集 [M]. 北京: 清华大学出版社, 2016.

[22] 张世英. 协整理论与波动模型 [M]. 北京: 清华大学出版社, 2013.